Gesellschaftliche Naturkonzeptionen

Jana Rückert-John
(Hrsg.)

Gesellschaftliche Naturkonzeptionen

Ansätze verschiedener Wissenschaftsdisziplinen

Herausgeber
Jana Rückert-John
Fulda, Deutschland

ISBN 978-3-658-15732-6 ISBN 978-3-658-15733-3 (eBook)
DOI 10.1007/978-3-658-15733-3

Die Deutsche Nationalbibliothek verzeichnet diese Publikation in der Deutschen Nationalbibliografie; detaillierte bibliografische Daten sind im Internet über http://dnb.d-nb.de abrufbar.

Springer VS

Gedruckt auf säurefreiem und chlorfrei gebleichtem Papier

Springer VS ist Teil von Springer Nature
Die eingetragene Gesellschaft ist Springer Fachmedien Wiesbaden GmbH
Die Anschrift der Gesellschaft ist: Abraham-Lincoln-Str. 46, 65189 Wiesbaden, Germany

Inhaltsverzeichnis

Naturverständnisse aus disziplinären Perspektiven

Jana Rückert-John

Das Naturverständnis der Moderne ist wesentlich durch die Entwicklung von Technologien und Produktionsweisen, der Wissenschaften (wie der Physik, Biologie, Chemie) als auch durch die Erschließung neuer Lebensräume geprägt (Heiland 1992). Natur wird in der modernen Gesellschaft in vielfältiger Weise verwendet und mit ganz unterschiedlichen Attributen versehen. Natur kann dabei als das unendlich Weite und Große angesehen und kommuniziert werden, als etwas Starkes und Schönes, als Quelle ewigen Lebens und Wachstums, aber auch als Topos der Bedrohung und Gefahr (Reusswig 2002).

Der Begriff „Natur" weist verschiedene Dimensionen auf: die materielle (Landschaft, Pflanze, Tiere), die ästhetische (Anblicke und Darstellungen), die emotionale (Geborgenheit, Harmonie) und die spirituelle (Natur als ursprüngliche, göttliche Ordnung) (Gloy 1998, Heiland 1992, Schäfer/Ströker 1993, Schiemann 1996). In empirischen Untersuchungen wurde deutlich, dass in Deutschland unter „Natur" vorwiegend außermenschliche Natur assoziiert wird und gefühlsbetonte Aspekte überwiegen (u. a. Trommer 2000, Kleinhückelkotten/Neitzke 2010). Der hieran anschließende Begriff des „Naturbewusstseins" wird in der gleichnamigen Studie des Bundesamts für Naturschutz als „die Gesamtheit der Erinnerungen, Wahrnehmungen, Emotionen, Vorstellungen, Überlegungen, Einschätzungen und Bewertungen im Zusammenhang mit Natur" verstanden (Kleinhückelkotten/Neitzke 2010). Naturbewusstsein impliziert in diesem Verständnis eine Wertschätzung von Natur, ein Verantwortungsbewusstsein für Natur und ebenso Naturkenntnis. Naturbewusstsein drückt sich in subjektiven Auffassungen von und Einstellungen zur Natur aus. In diesem Zusammenhang sind auch Arbeiten zum Begriff „Naturbild" von zentraler Bedeutung. Hierunter werden in Anlehnung an die Naturmythen der Cultural Theory (Thomson et al. 1990) bildhafte Vorstellungen von und Assoziationen mit Natur erfasst (z. B. Reusswig 2002, Rink 2002, Sawicka 2005). Die vier Naturmythen der Cultural Theory – ‚robuste Natur', ‚in Grenzen belastbare Natur', ‚empfindliche Natur‘ und ‚unberechenbare Natur‘ – bringen die Risikovorstellungen in Bezug auf Natur zum Ausdruck.

Einstellungen zur Natur unterscheiden sich in unterschiedlichen Lebensstilsegmenten deutlich voneinander. Hierbei sind verschiedene Studien beispielsweise zu Einstellungen zum Wald und seiner Nutzung (Braun 2000), zur Freizeitgestaltung in der Natur sowie zu Lebensstilen und Naturschutz (Reusswig 2002, Lantermann et al. 2002) erschienen. Auch in den Naturbewusstseinsstudien fand der Lebensstilansatz mittels der Sinus-Milieus Anwendung (BMU/BfN 2010, 2012, 2014). Schließlich bietet er das Potenzial, Einstellungen zur Natur und zum Naturschutz sowie unterschiedliche Vorstellungen von Natur in einen alltagsweltlichen und akteursspezifischen Kontext zu stellen, Handlungsbarrieren gegen nachhaltige Lebensweisen zu identifizieren und zielgruppenspezifische Strategien ihrer Überwindung zu entwickeln. Hierbei ist nicht von der Ökologisierung des modernen Lebensstils auszugehen; es sind vielmehr „verschiedene, bereichsspezifische Ökologisierungspfade moderner Lebensstile“ zu erwarten (Reusswig 1994: 120).

Mit der Fokussierung von Lebensstilen ist in der Naturbewusstseinsforschung bereits der Alltagsbezug angelegt. In den letzten Jahren werden auch verstärkt in der sozialwissenschaftlichen Umweltforschung Praxistheorien diskutiert, die grundsätzlicher für einen „practical turn“ in den Sozialwissenschaften stehen. Im Unterschied zur bisherigen Umwelt- und Naturbewusstseinsforschung geht es nicht mehr darum, vom Bewusstsein oder Wissen auf ein entsprechendes Verhalten zu schließen oder das Bewusstsein in tatsächliches Handeln zu überführen (siehe Rädiker/Kuckartz 2012), sondern vielmehr darum, beim Alltagshandeln der Akteure, Bürgerinnen und Bürger, anzusetzen. Damit wird die bisherige Forschung zum Umwelt- und Naturbewusstsein radikal von der Feststellung von Defiziten umgestellt. Fortan geht es um die Potenziale der Alltagspraktiken, so dass nun die Gestaltungsfähigkeit von beispielsweise Naturorientierungen und Naturschutz im Zentrum des Interesses steht. Ebenso bietet der Ansatz eine fruchtbare Alternative zur langjährigen Unterscheidung von Umwelt-/Naturbewusstsein und -verhalten und vermag die häufig konstatierte Kluft zwischen beiden zu überbrücken. In verschiedenen Projekten der sozialökologischen Forschung wurden die Praxistheorien bereits erprobt (Brand 2006, Schäfer/Jaeger-Erben 2011, John 2012a, John 2012b). Ebenso gibt es Beiträge aus den Planungswissenschaften zur alltagsweltlichen Konstruktion von Kulturlandschaft (Micheel 2012). Auf der Grundlage von Erkenntnissen zur Rolle und Bedeutung von Umwelt und Natur im Kontext verschiedener Alltagspraktiken können milieuspezifische Kommunikations- und Handlungsstrategien sowie konkrete politische Maßnahmen zur nachhaltigeren Gestaltung des Alltags ausgearbeitet werden.

Vor diesem thematischen Hintergrund fand im Jahre 2013 im Auftrag des Bundesamts für Naturschutz ein „Expertenworkshop zum Naturbewusstsein“[1] in Berlin statt, der eine fundierte Auseinandersetzung mit den Ergebnissen der bisherigen Naturbewusstseinsstudien[2] zum Ziel hatte. Hierzu diskutierten unter Berücksichtigung des aktuellen Standes der wissenschaftlichen Forschung Vertreter und Vertreterinnen unterschiedlicher Fachdisziplinen zu den Themen Natur, Naturschutz und Naturbewusstsein angehört. Vor dem Hintergrund der Vision der „Nationalen Strategie zur biologischen Vielfalt“ (BMU 2007) lag der Fokus vor allem auf dem Handeln der Menschen im Alltag, das immer in naturgegebene Kontexte eingebunden ist und somit folgenreich für die Natur ist.

Mit dem vorliegenden Sammelband werden diese unterschiedlichen disziplinären Sichtweisen mit Blick auf ihre jeweiligen Naturverständnisse zusammengeführt. Im ersten Teil des Buches liegt der Schwerpunkt auf empirische Ergebnisse der Naturbewusstseinsstudien; im zweiten Teil stehen theoretisch-konzeptionelle Beiträge im Vordergrund. Im Folgenden werden die versammelten Beiträge mit Blick auf ihre Zielstellung und Vorgehensweise sowie zentraler Befunde kurz vorgestellt.

Andreas Mues, Christiane Schell und Karl-Heinz Erdmann widmen sich in ihrem Beitrag der Darstellung der Studie „Naturbewusstsein in Deutschland“ aus Sicht des Bundesamtes für Naturschutz. Politischer Hintergrund der Naturbewusstseinsstudie sind internationale und nationale Übereinkommen zum Erhalt der biologischen Vielfalt, die nur mithilfe öffentlicher und gesellschaftlicher Unterstützung umgesetzt werden können. Mit einem Monitoring soll deshalb das gesellschaftliche Bewusstsein zum Erhalt von Biodiversität erfasst werden, um so politisch verwertbare Informationen für die Verbesserung des Bewusstseins zu gewinnen und förderliche Maßnahmen abzuleiten. Ziel des

---

1 Der Expertenworkshop wurde vom Institut für Sozialinnovation e. V. im Auftrag des Bundesamts für Naturschutz durchgeführt und gefördert (FKZ 3512 80 3100). Die Buchveröffentlichung ist ebenfalls Gegenstand der Förderung.

2 Die Naturbewusstseinsstudien des Bundesumweltministeriums (BMUB) und des Bundesamts für Naturschutz (BfN) liefern repräsentative Ergebnisse, wie die deutsche Bevölkerung zu Themen wie Naturschutz und biologische Vielfalt steht und generell Natur wahrnimmt. Zentrale Aspekte sind die in der Bevölkerung vorherrschenden Naturbilder, die persönliche Bedeutung von Natur sowie Wissen, Einstellungen und die Handlungsbereitschaft im Kontext der Erhaltung biologischer Vielfalt. Die Ergebnisse geben wichtige Hinweise für übergreifende Felder der Naturschutzpolitik, insbesondere für Kommunikation, Bildung, soziale Gerechtigkeit, Nachhaltigkeit und Alltagshandeln.

Instruments der Naturbewusstseinsstudie ist es, fundierte Kenntnisse über Werthaltungen, Verhaltensgründe, Lebensstile und Naturbilder der deutschen Bevölkerung zu erlangen. Nach anfänglicher Begründung und Vorstellung des methodischen Designs der Studie präsentieren die Autoren und die Autorin zentrale Ergebnisse zweier Befragungen. Zentralen Stellenwert nimmt hierbei der Gesellschaftsindikator „Biologische Vielfalt" ein. Abschließend werden Schlussfolgerungen für die Naturschutzarbeit in Deutschland vorgestellt.

In Ergänzung zum Beitrag von Mues, Schell und Erdmann stellt Silke Kleinhückelkotten in ihrem Beitrag das konzeptionelle Design und weiterführende empirische Befunde der Naturbewusstseinsstudien vor. Hierzu geht sie eingangs auf die Zielsetzungen der Studie und Erwartungen unterschiedlicher gesellschaftlicher Akteure ein, die mittels Experteninterviews erfasst wurden. Daran schließen sich inhaltlich konzeptionelle Überlegungen und Begriffsklärungen an, die die Grundlage für das Befragungskonzept der Naturbewusstseinsstudien bildeten. Zentrale Themen der Befragungen sind das Naturbewusstsein, der Gesellschaftsindikator „Biologische Vielfalt" und Schwerpunktthemen, wie zum Beispiel Naturschutzpolitik, Landschaftswandel und Energiewende, Leistungen der Natur oder ehrenamtliches Engagement. Zu den jeweiligen Themenschwerpunkten werden sodann ausgewählte Ergebnisse vorgestellt und diskutiert. Kleinhückelkotten beschließt ihren Beitrag mit Überlegungen zur konzeptionellen Weiterentwicklung der Naturbewusstseinsstudien.

Im dritten Beitrag des ersten Themenkomplexes diskutiert Ute Eser das Verhältnis von Naturbewusstsein, Kommunikation und Ethik. Dies in insofern von Bedeutung, als es in den Naturbewusstseinsstudien nicht um eine wertfreie Erhebung sozialer Tatsachen, sondern auch um die Wertung des ermittelten Bewusstseins als erwünscht oder nicht erwünscht geht. Eser argumentiert, gerade weil die empirische Naturbewusstseinsforschung in einem umweltpolitischen Kontext eingebunden ist, müsse der Wertdimension ausdrücklich Aufmerksamkeit geschenkt werden. Sie macht deutlich, dass es ihr nicht um den „moralischen Zeigefinger" in der Umweltkommunikation geht, sondern vielmehr darum, die aus Gründen der Adressatenorientierung vorgeschlagene Vermeidung der Thematisierung moralischer Anliegen kritisch zu hinterfragen. In ihrem Beitrag geht sie dazu näher auf ethische Überlegungen ein, die ihren Niederschlag in der Naturbewusstseinsstudie 2011 gefunden haben; zudem stellt sie hierzu empirische Befunde vor. Drei zentrale Argumente, die sie hierbei in den Mittelpunkt stellt und diskutiert, sind Klugheit, Glück und Gerechtigkeit. Aus den hohen Zustimmungsraten der Bürgerinnen und Bürger zu den Argumenten in der Naturbewusstseinsstudie folgert Eser, dass die Umweltkommunikation Fragen der Gerechtigkeit und des „Guten Lebens" nicht zu scheuen braucht.

Wichtig sei es aber, die konkrete Ebene des Alltagshandelns mit der abstrakten Ebene der Argumente zu verbinden.

Der zweite Themenkomplex des Sammelbandes widmet sich Naturverständnissen aus unterschiedlichen disziplinären Sichtweisen, die sich in unterschiedlichen Begrifflichkeiten von „Natur", „Naturbewusstsein" oder „Naturbildern" widerspiegeln. Den Auftakt gibt hierzu Angelika Poferl mit einem soziologisch ausgerichteten Beitrag unter der Überschrift „Zur ‚Natur' der ökologischen Frage: Gesellschaftliche Naturverhältnisse zwischen öffentlichen Diskurs und Alltagspolitik". Hierzu beginnt sie die Entwicklungslinien des ökologischen Diskurses nachzuzeichnen, um typische Merkmale der diskursiven Formierung des Feldes zu verdeutlichen, in dem sich die Erforschung von ‚Bewusstseins'- und Verhaltensphänomenen' bewegt. Poferl blickt auf die Umweltbewusstseins- und Lebensstilforschung zurück und diskutiert ihre Verdienste und Grenzen. Weiterführend lenkt sie ihren Blick auf Desiderate der Erforschung von Alltagswissen und Alltagshandeln. Die Spezifik und relative Eigenständigkeit von Alltag als Erfahrungs-, Handlungs- und Symbolraum spielen hierbei ebenso eine Rolle wie die Frage nach der Möglichkeit von Regelveränderungen, die unter dem Aspekt einer den Akteuren auferlegten ‚Alltagspolitik' aufgegriffen wird. Gesellschaftstheoretisch schließt der Beitrag von Poferl an das konstruktivistische Konzept einer Vergesellschaftung von Natur nach Klaus Eder an, das Natur immer schon als menschlich wahrgenommen, bearbeitet, gestaltet, und so ‚hergestellt' versteht.

Fritz Reusswig wendet sich Natur ebenfalls aus einer soziologischen Sicht zu. Natur scheint für die Soziologie in der Tradition von Emile Durkheim, nach dem „Soziales nur durch Soziales erklärt werden soll", als Problem. Deshalb ist es Reusswig wichtig, dass der Versuch ihrer ‚Einholung' und ebenso der Operationalisierung für die empirische Forschung nicht zu kurz greift. Für ihn kann es der Soziologie nicht nur um die Reflexion über Natur und über Naturverständnisse der Naturwissenschaften gehen. Einer kritischen Soziologie der gesellschaftlichen Naturverhältnisse geht es aus Sicht Reusswigs vor allem um die Übernahme einer Mitverantwortung für die Gesellschaft angesichts ihrer langfristig selbstgefährdenden ökologischen Nebenfolgen. Er beginnt seinen Beitrag mit Ausführungen zum Naturbegriff von der Antike bis in die Gegenwart der Moderne und macht hierbei das ambivalente Verhältnis von Naturausblendung und Naturabhängigkeit deutlich. Am Beispiel des Begriffs „Wildnis" zeigt er diese Ambivalenz für die neuere Zeit empirisch detailliert auf. Der Beitrag schließt mit einem Plädoyer für eine kritische Soziologie gesellschaftlicher Naturverhältnisse. Reusswig versteht unter soziologischer Kritik auch das praktische Einmischen in die Gestaltung der gesellschaftlichen Naturverhältnisse.

Lediglich eine kritische Beobachtung der Gesellschaft greift seiner Meinung nach zu kurz.

Melanie Jaeger-Erben stellt in ihrem Beitrag „Zwischen kommuniziertem und routiniertem Sinn – Alternative Perspektiven auf die Rolle von Umwelt- und Naturbewusstsein für umweltrelevante soziale Praktiken“ eingangs fest, dass das Konzept des Umwelt- und Naturbewusstseins trotz einer geringen Erklärungs- und Vorhersagekraft für das Umweltverhalten nach wie vor wissenschaftliches und vor allem politisches Interesse findet. Problematisch an diesem Konzept ist jedoch, dass von einem idealtypischen Zusammenhang von Bewusstsein/Wissen und Handeln ausgegangen wird. Kognitiven Aspekten wird eine hohe Wirkmacht zugesprochen, dabei sind sie lediglich ausgewählte Aspekte von vielen. Sie plädiert vor diesem Problemhintergrund für ein differenzierteres Konzept, indem sie – basierend auf einer praxistheoretischen Perspektive und empirischen Beobachtungen – alternative Betrachtungsweisen und Thematisierungsmöglichkeiten des Umwelt- und Naturbewusstseins und dessen Rolle für soziales Handeln diskutiert. Hierzu unterscheidet sie zwischen kommunikativen und alltäglich-routinierten sozialen Praktiken, in denen Umwelt- und Naturschutz in unterschiedlicher Art und Weise einen Handlungssinn darstellen können. Hieran anknüpfend kann ein kommuniziertes Natur- und Umweltbewusstsein als kommunikative Praktik verstanden werden und ein routiniertes Natur- und Umweltbewusstsein als alltägliches Handeln, beispielsweise im Bereich des Konsums. Dient die erstgenannte Form des Natur- und Umweltbewusstseins zur sozialen Positionierung und Selbstdarstellung, kann die zweite tatsächlich als handlungsauslösend betrachtet werden. Melanie Jaeger-Erben zeigt im empirischen Teil ihres Beitrags, dass hiermit auch Anforderungen an die sozialwissenschaftliche Umweltforschung verbunden sind, nämlich mittels der Erhebungs- und Auswertungsmethoden zwischen kommuniziertem und routiniertem Sinn zu unterscheiden und die jeweiligen Praktiken differenziert zu rekonstruieren.

Birgit Peuker thematisiert in ihrem Beitrag den Naturbegriff der Naturwissenschaften und die sozialwissenschaftliche Kritik hieran. Dabei geht sie von der These aus, dass die sozialwissenschaftliche Kritik sich weniger auf den Naturbegriff der Naturwissenschaften und der ihm zugeschriebenen Dichotomie von Natur und Gesellschaft bezieht. Hierzu betrachtet sie zunächst den Naturbegriff der Naturwissenschaften im Kontext der Entstehung der neuzeitlichen Wissenschaften. Anschließend zeigt sie, dass über die sozialwissenschaftliche Kritik am vermeintlichen Naturbegriff der Naturwissenschaften die Konzeption des eigenen Grundbegriffs, des Begriffs der Gesellschaft, infrage gestellt wird. Denn die sozialwissenschaftliche Kritik zielt im Kern auf die Technikentwicklung, die sich jenseits des Einspruchs der Bürger vollzieht. Vielmehr müsse es darum gehen, die Gestaltung von Technik und damit auch der Natur schon im Erkenntnisprozess für die Logiken des Alltags zu öffnen. Vor diesem Hintergrund plädiert Birgit Peuker für eine differenziertere und nicht pauschalisierende Darstellung des Naturbegriffs der Naturwissenschaften durch die Sozialwissenschaften.

Ulrich Gebhard nähert sich dem Thema Naturbewusstsein aus einer erziehungswissenschaftlichen Perspektive. Die Befunde der Naturbewusstseinsstudien machen für ihn deutlich, dass die sich im Bewusstsein der Menschen mit „Natur“ verbindenden Bilder, Gefühle und Atmosphären dazu beitragen, das eigene Leben als ein sinnvolles interpretieren zu können. Jedoch werden derartige Naturbilder häufig als unverbindlich und romantisierend charakterisiert und auch kritisiert. Die Kritik zwar ernst nehmend, kann das für Gebhard aber nicht bedeuten, die romantischen Deutungen und den subjektivierenden Naturbezug zu diskreditieren. Er begreift „Natur“ vielmehr als einen realen und fantasierten „Resonanzraum“, in dem und angesichts dessen Sinnkonstituierungsprozesse möglich werden können. Die mit dieser Sinndimension verbundenen Vorstellungen über Natur sind Gegenstand des von Gebhard vorgeschlagenen Ansatzes der Alltagsfantasien, der zum einen das Sinnverlangen der Menschen ernst nimmt und zum anderen deutlich herausstellt, dass diese Art von symbolisierenden Naturvorstellungen einen zentralen Bezugspunkt für Werturteile bildet. Für Gebhard sind die symbolisierenden und subjektivierenden Naturbilder als Alltagsfantasien gleichsam die Tiefendimension des Naturbewusstseins, um dessen Transformation es mit Blick auf eine nachhaltige Entwicklung gehen muss.

Julia Lück nähert sich dem Thema Naturbewusstsein aus einer kommunikationswissenschaftlichen Perspektive. Hierzu geht sie näher auf die Naturschutzkommunikation in der öffentlichen Arena ein und stellt diese in den Kontext bisheriger Erkenntnisse der Kommunikationsforschung zu Natur- und Umweltschutz, insbesondere innerhalb des Nachhaltigkeitsdiskurses. Dabei fällt auf, dass die Medieninhaltsforschung sich vorrangig auf die Inhalte nicht fiktionaler Nachrichtenberichterstattung im klassischen Sinne konzentriert, während die Rezeptionsforschung entweder die Mediennutzung im Allgemeinen ohne weitere Spezifizierung erfasst oder auf die Formulierung von Botschaften abzielt. Die Verbreitung und Wirkung unterschiedlicher Kommunikationsformen wurden nach Lück bislang wenig beachtet. Deshalb geht sie im Folgenden näher auf die drei Formen Argumentation, Narration und Spiel ein und betrachtet ihre Potenziale für die Naturschutzkommunikation. Hierbei diskutiert sie vor allem die Chancen verschiedener Formen der Kommunikation für verschiedene soziale Milieus. Sie streicht heraus, dass die Kommunikation jedoch nur dann erfolgreich sein kann, wenn die entsprechenden Möglichkeiten zum Aktivwerden auch gegeben sind. Zudem komme es auf die Niedrigschwelligkeit der Angebote an. Kommunikationsformen sollten daher keinen zu hohen Handlungsdruck aufbauen, um Reaktanz hervorzurufen.

Adrian Brügger und Siegmar Otto wenden sich in ihrem Beitrag der Frage zu: Was ist Naturbewusstsein, wie misst man es und wie wirkt es auf Umweltschutzverhalten? Hierzu gehen sie von Einstellungskonzepten der Psychologie aus, die sie auf Natureinstellungen beziehen. Brügger und Otto sehen das Potenzial von Einstellungen für Forschung und Praxis vor allem in ihrer zeitlichen und situationsübergreifenden Stabilität und in ihrer Handlungsorientierung. Einstellungen eignen sich aus ihrer Sicht deshalb besonders gut, um das Verhalten der Menschen vorherzusagen, aber auch um Handlungsbedarfe abzuschätzen, Kommunikationsstrategien auszuarbeiten und Kampagnen zu optimieren. Um diese Potenziale für den Bereich des Umwelt- und Naturschutzes zu nutzen, bedarf es jedoch einer verhaltensbasierten Einstellungsmessung im Unterschied zur klassischen Einstellungsmessung. Der wesentliche Unterschied beider Ansätze besteht vor allem darin, dass Einstellungen nicht über Meinungsäußerungen, das heißt, über die Bewertung von Aussagen, gemessen werden, sondern vielmehr über das Verhalten. Hierzu muss die Auswahl an Verhaltensweisen relevante Kategorien umfassen und entsprechend breit angelegt sein, das heißt, die Kategorien müssen einfache, mittlere und schwierige Verhaltensweisen umfassen. Diesen methodischen Ansatz führen Brügger und Otto im Weiteren für den Anwendungsbereich der Natureinstellungen aus. Abschließend diskutieren sie den Zusammenhang von Natureinstellungen und Natur-/Umweltschutzverhalten. Sie können hiermit zeigen, dass Natureinstellungen beziehungsweise die individuelle Wertschätzung der Natur wichtige Motivatoren für den Naturschutz sind, die neue Möglichkeiten für Akteure des Naturschutzes eröffnen.

Franziska Solbrig, Clara Buer und Susanne Stoll-Kleemann gehen in ihrem Beitrag der Frage nach, wie die persönliche Wertschätzung, die die Bevölkerung Natur und Landschaft entgegenbringt, Anknüpfungspunkte für eine Unterstützung von Naturschutzzielen bietet. Hierzu referieren die Autorinnen zunächst Erkenntnisse zu emotionalen und ästhetischen Naturschutzmotivationen und machen damit das Potenzial subjektiver Wertschätzungen von Natur und Landschaft deutlich, um die Bevölkerung für Naturschutz zu motivieren. Diese Überlegungen bildeten die Grundlage für Befragungen in vier deutschen UNESCO-Biosphärenreservaten, die mit Blick auf Design und Befunde im Weiteren von den Autorinnen vorgestellt und diskutiert werden. Eine wichtige Vergleichsperspektive bieten dabei auch die Ergebnisse der Naturbewusstseinsstudien. Mit den Befragungen konnten umfassende Einblicke geschaffen werden, wie die Bevölkerung Natur und Landschaft persönlich wertschätzt und über das jeweilige Biosphärenreservat vor Ort denkt. Abschließend zeigen die Autorinnen Anknüpfungspunkte auf, um eine Unterstützung zum Beispiel im Zusammenhang mit dem Management von Großschutzgebieten zu motivieren.

Literaturverzeichnis

Brand, K.-W. (Hrsg.) (2006): Von der Agrarwende zur Konsumwende?, Oekom Verlag. München.

Bundesministerium für Umwelt, Naturschutz und Reaktorsicherheit (BMU) (2007): Nationale Strategie zur biologischen Vielfalt. Reihe Umweltpolitik. Berlin. http://www.biologischevielfalt.de/fileadmin/NBS/documents/broschuere_biolog_vielfalt_strategie_bf.pdf, zuletzt abgerufen am 30.10.2015.

Bundesministerium für Umwelt, Naturschutz, Bau und Reaktorsicherheit (BMUB) und Bundesamt für Naturschutz (BfN) (Hrsg.) (2014): Naturbewusstsein 2013 – Bevölkerungsumfrage zu Natur und biologischer Vielfalt. Berlin — Bonn. http://www.bmub.bund.de/fileadmin/ Daten_BMU/Pools/Broschueren/naturbewusstsein_studie_bf.pdf, zuletzt abgerufen am 30.10.2015.

Bundesministerium für Umwelt, Naturschutz und Reaktorsicherheit (BMU) und Bundesamt für Naturschutz (BfN) (Hrsg.) (2012): Naturbewusstsein 2011 – Bevölkerungsumfrage zu Natur und biologischer Vielfalt. Berlin — Bonn. http://www.bfn.de/fileadmin/MDB/documents/ themen/gesellschaft/Naturbewusstsein_2011/Naturbewusstsein-2011_barrierefrei.pdf, zuletzt abgerufen am 30.10.2015.

Bundesministerium für Umwelt, Naturschutz und Reaktorsicherheit (BMU) und Bundesamt für Naturschutz (BfN) (Hrsg.) (2010): Naturbewusstsein 2009 – Bevölkerungsumfrage zu Natur und biologischer Vielfalt. Berlin — Bonn. http://www.bfn.de/fileadmin/MDB /documents/themen/gesellschaft/ Naturbewusstsein_2009.pdf, zuletzt abgerufen am 30.10.2015.

Braun, A. (2000): Wahrnehmung von Wald und Natur. Opladen.

Gloy, K. (1998): Das Verständnis der Natur. Band 1 und Band 2. Verlag C.H. Beck München.

Heiland, S. (1992): Naturverständnis. Dimensionen des menschlichen Naturverständnisses. Wissenschaftliche Buchgesellschaft. Darmstadt.

John, R. (2012a): Innovativität der Alltagsroutinen - Stabilität, Veränderung und Umweltaffinität. Beiträge zur Sozialinnovation. Heft Nr. 8.

John, R. (2012b): Umwelt als Problem. Gruppendiskussionen zur Relevanz der Umweltthematik im Alltag. Beiträge zur Sozialinnovation. Heft Nr. 9.

Kleinhückelkotten, S.; Neitzke, H.-P. (2010): Umfrage Naturbewusstsein 2009. Abschlussbericht.

Lantermann, E.-D.; Reusswig, F.; Schuster, K.; Scharzkopf, J. (2003). Lebensstile und Naturschutz. Zur Bedeutung sozialer Typenbildung für eine bessere Verankerung von Ideen und Projekten des Naturschutzes in der Bevölkerung. In: Erdmann, K.-H.; Schell, C. (Hrsg.): Zukunftsfaktor Natur - Blickpunkt Mensch. Bonn: BfN. S.127-246.

Micheel, M. (2012): Alltagsweltliche Konstruktionen von Kulturlandschaft. In: Raumforschung und Raumordnung. Published Online 14. Januar 2012.

Rädiker, S.; Kukartz, U. (2012): Das Bewusstsein über biologische Vielfalt in Deutschland: Wissen, Einstellung und Verhalten. In: Natur und Landschaft 87: 109-113.

Reusswig, F. (2002): Lebensstile und Naturorientierungen. Gesellschaftliche Naturbilder und Einstellungen zum Naturschutz. In: Rink, D. (Hrsg.) (2002): Lebensstile und Nachhaltigkeit. Konzepte, Befunde und Potenziale. Leske und Budrich, Opladen, S. 156-182.

Reusswig, F. (1994): Lebensstile und Ökologie. Institut für sozialökologische Forschung. Sozialökologische Arbeitspapiere Nr. 43.

Rink, D. (2002): Naturbilder und Naturvorstellungen sozialer Gruppen. In: Erdmann, K.-H.; Schell, C. (Hrsg.) (2002): Naturschutz und gesellschaftliches Handeln. Bundesamt für Naturschutz. Bonn. S. 23-39.

Sawicka, M. (2005): Die Rolle von Naturbildern bei der Meinungsbildung über grüne Gentechnik. Eine deutsch-amerikanische Vergleichsstudie. Umweltpsychologie 9 (2): 126-144.

Schäfer, L.; Ströker, E. (Hrsg.) (1993): Naturauffassungen in Philosophie, Wissenschaft, Technik, Band 1 bis Band 4. Verlag Karl Alber. Freiburg/München.

Schäfer, M.; Jaeger-Erben, M. (2011): Lebensereignisse als Gelegenheitsfenster für nachhaltigen Konsum? Die Veränderung alltäglicher Lebensführung in Umbruchsituationen, In: Defila, R. et al. (Hrsg.) (2011): Wesen und Wege nachhaltigen Konsums. Oekom-Verlag, S. 213-228.

Schiemann, G. (1996): Was ist Natur? Deutscher Taschenbuch Verlag. München.

Thomson, M.; Wildavsky, A.; Ellis, R. (1990): Cultural Theory. Westview Press.

Trommer, G. (2000): Kommentare zur Landschaft. In: Trommer, G.; Stelzig, I. (Hrsg.) (2000): Naturbilder und Naturakzeptanz. Beiträge zur biologischen Forschung. Frankfurt am Main. S. 85-116.

Die Naturbewusstseinsstudie als neues Instrument der Naturschutzpolitik in Deutschland – Hintergründe, Zielsetzungen und erste Erkenntnisse

Andreas Mues, Christiane Schell und Karl-Heinz Erdmann

1 Politische Hintergründe und gesellschaftliches Monitoring im internationalen Raum

Dieser Beitrag widmet sich der Darstellung der Naturbewusstseinsstudien aus der Auftraggeber-Perspektive des Bundesamtes für Naturschutz (BfN). Einleitend sollen zunächst die nationalen und internationalen Rahmenbedingungen für dieses Vorhaben beleuchtet werden, bevor tiefer gehend auf die konkreten Erhebungen eingegangen wird und Schlussfolgerungen für die Naturschutzarbeit in Deutschland gezogen werden.

Die gesetzlichen Bestimmungen des Naturschutzes wurden in den vergangenen Jahrzehnten zunehmend weiterentwickelt: Nicht nur auf nationaler, sondern auch auf internationaler Ebene. Auch die Entscheidung des Bundesministeriums für Umwelt, Naturschutz und Reaktorsicherheit (BMU) und des Bundesamts für Naturschutz (BfN) zur Durchführung der Naturbewusstseinsstudien fußt auf diesem Zusammenspiel der beiden Ebenen.

Insbesondere seit der „Konferenz der Vereinten Nationen über Umwelt und Entwicklung" (UNCED) im Jahr 1992 in Rio de Janeiro und dem dort verabschiedeten „Übereinkommen über die biologische Vielfalt" (Convention on Biological Diversity, CBD) sind im nationalen wie im internationalen Naturschutz die Arbeitsfelder deutlich ausgeweitet worden und haben auch in der Naturschutzgesetzgebung vieler Vertragsstaaten ihren Niederschlag gefunden.

Es ist zu betonen, dass es sich bei der CBD um keine „reine" Naturschutzkonvention handelt, sondern dass der Schutz von Arten, Lebensräumen und genetischer Vielfalt gleichwertig neben der nachhaltigen Nutzung und der gerechten Aufteilung von Vor- und Nachteilen aus dieser Nutzung steht (BMU 1992).

Vor dem Hintergrund der Erkenntnis, dass die Verwirklichung naturschutzpolitischer Ziele nur mithilfe öffentlicher und gesellschaftlicher Unterstützung möglich ist, werden Aufklärung und Bewusstseinsbildung der Öffentlichkeit in der CBD explizit berücksichtigt (Artikel 13, CBD). Das Thema „Gesellschaftliches Bewusstsein" ist in der CBD verankert und betrifft jede der drei tragenden Säulen der Konvention gleichermaßen: Schutz, nachhaltige Nutzung und gerechter Vorteilsausgleich.

Um das Verständnis über biologische Vielfalt und hierfür erforderliche Maßnahmen auf internationaler Ebene zu fördern, wurde das CBD-Arbeitsprogramm „Communication, Education and Public Awareness" (CEPA) aufgestellt: Haupthandlungsfelder sind vor allem Netzwerkarbeit, Wissensaustausch und Kompetenzbildung. CEPA stellt jedoch keine Anforderungen an Monitoringmaßnahmen des gesellschaftlichen Bewusstseins. Als bedeutsamer erweisen sich in diesem Zusammenhang die Aktivitäten der 2005 gegründeten Initiative „Streamlining European Biodiversity Indicators 2010" (SEBI 2010), die der Entwicklung eines europäischen Indikatoren-Sets diente. SEBI 2010 formuliert konkrete Vorschläge für die Entwicklung von Indikatoren, um über die Erreichung der Ziele zur Verringerung des Biodiversitätsverlustes bis 2010 zu berichten, und ist Teil des EU-Biodiversity Action Plan (EU-BAP, EU 2006 a/b).

Der EU-Biodiversity Action Plan setzt die CBD auf EU-Ebene um. Die EU-Kommission sieht in ihrem Kommunikationspapier von 2006 „Halting Biodiversity Loss by 2010 – and Beyond" die Erfassung des gesellschaftlichen Bewusstseins vor (EU 2006 a/b). Genannt wird dabei das „Supporting Measure 4: Building Public Education, Awareness and Participation for Biodiversity".

In einer Veröffentlichung der Europäischen Umweltagentur von 2007 mit dem Titel „Halting the loss of biodiversity by 2010: proposal for a first set of indicators to monitor progress in Europe" wurde der Indikator 26, „Public Awareness", vorgestellt. SEBI schätzt diesen Indikator als besonders bedeutsam für die Politik und den Schutz der Biodiversität ein. Er soll vor allem Informationen zu zwei „Key policy questions" liefern: Neben der Erfassung, wie wichtig der europäischen Bevölkerung die Biodiversität ist, soll ebenso geklärt werden, wie das gesellschaftliche Bewusstsein bezüglich der Erhaltung der Biodiversität gesteigert werden kann. Es ist also nicht nur der Status quo bedeutsam, sondern die politisch verwertbaren Informationen für die Verbesserung des Bewusstseins und die Ableitung von Maßnahmen sind ebenso relevant.

Konkrete Monitoringmaßnahmen im Rahmen des EU-BAP sind die Eurobarometer-Studien, die von der EU-Generaldirektion Umwelt in Auftrag gegeben werden. Die erste Erhebung zum Thema Biodiversität wurde 2007 durchgeführt (Flash Eurobarometer 219, EU 2007), seit 2010 sind die Daten der zweiten Erhebungswelle abrufbar (Flash Eurobarometer 290, EU 2010b).

Die Eurobarometerstudien fragen beispielsweise ab, wie sehr sich EU-Bürgerinnen und -Bürger über das Thema Biodiversität informiert fühlen, welches Ausmaß an Biodiversitätsverlust sie erwarten und welche Meinung sie zu den unterschiedlichen Maßnahmen zum Stopp des Biodiversitätsverlustes vertreten.

Hierbei soll erwähnt werden, dass eine umfassende Erhebung dieser Art nicht unproblematisch ist: So wurde bei den Eurobarometererhebungen der Begriff „Biodiversity“ trotz des grundsätzlich multidimensionalen Verständnisses in den Fragestellungen häufig auf den Aspekt der Artenvielfalt fokussiert und vor allem der Aspekt der innerartlichen Vielfalt vernachlässigt. Hinzu kommen die Verzerrungen, die sich durch die Übersetzungen der Fragen in die unterschiedlichen europäischen Sprachen ergeben. Unterschiede dieser Art erklären die Abweichungen, die sich zu den Ergebnissen der nachfolgend vorgestellten Naturbewusstseinsstudien ergeben, und unterstreichen die Bedeutung nationaler Erhebungen, ohne die Bedeutung europaweiter Erhebungen zu mindern.

Da das bisherige 2010-Ziel „Halting the loss of biodiversity" trotz einiger Teilerfolge schließlich nicht erreicht werden konnte (EU 2010a), wurde in der Folge eine EU-Biodiversitätsstrategie für das Jahr 2020 entwickelt (EU 2011). Die Strategie nutzt die gewonnenen Erfahrungen aus dem EU-BAP und SEBI 2010 und baut darauf auf: Die überarbeiteten EU-Biodiversitätsindikatoren stellen die Kernkomponenten für das Monitoring und die Berichtslegung hinsichtlich der Fortschritte bei der Implementierung der Strategie dar (EUA 2012).

Angelpunkt der nationalen Erhebungen zum Naturbewusstsein bildet die Nationale Strategie zur biologischen Vielfalt (NBS). Die Strategie wurde im November 2007, beruhend auf dem Artikel 6 der CBD und der Forderung nach der nationalen Umsetzung, von der Bundesregierung verabschiedet. Die NBS regelt, wie in Deutschland die Vorgaben und Ziele der CBD umgesetzt werden sollen, enthält zahlreiche Ziele und Maßnahmen mit Bezug zum gesellschaftlichen Bewusstsein und wurde unter Berücksichtigung der europäischen und internationalen Diskussionen und Anforderungen erstellt.

Ziel der NBS ist es, die Gefährdung der biologischen Vielfalt in Deutschland zunächst zu verringern, schließlich ganz zu stoppen und als Fernziel eine signifikante Zunahme der für Deutschland typischen biologischen Vielfalt zu erreichen (BMU 2007a). Die NBS versteht sich als gesamtgesellschaftliche Strategie, an deren Umsetzung neben dem Staat auch gesellschaftliche Akteure, zum Beispiel aus Wirtschaft, Wissenschaft und den Verbänden, mitwirken sollen. Dementsprechend wurde sie querschnittsorientiert angelegt und auf folgende fünf Schwerpunktthemen fokussiert:

- Schutz der biologischen Vielfalt,
- Nachhaltige Nutzung der biologischen Vielfalt,
- Umwelteinflüsse auf die biologische Vielfalt,
- Genetische Ressourcen
- und gesellschaftliches Bewusstsein.

Diese Schwerpunktthemen wurden mit konkreten Visionen versehen, die insgesamt rund 330 Ziele mit über 430 Maßnahmen umfassen, die weitestgehend quantifiziert und qualifiziert sind (Küchler-Krischun/ Piechocki 2008).

2 Notwendigkeit und Ziel der Naturbewusstseinsstudien

Die skizzierten Rahmenbedingungen bilden das Fundament, auf das sich die Naturbewusstseinsstudien stützen. Darauf aufbauend, gibt es eine Reihe weiterer Gründe für die nationale Naturschutzpolitik, die die Entstehung der Studien begünstigt haben.

Ein wichtiges übergeordnetes Ziel, das die Bundesregierung (und in ihrer Vertretung BMUB und BfN) verfolgt, ist die Förderung einer globalen, nachhaltigen Entwicklung. Nachhaltige Entwicklung hat ökologische Prozesse im Blick und berührt direkt gesellschaftliche Belange. Naturschutzpolitik, die diesem Ziel einer nachhaltigen Entwicklung folgt, erfordert somit gleichermaßen Kenntnis sozialer Prozesse und ökologischer Zusammenhänge. Die Hauptursachen der aktuellen Biodiversitätskrise sind das Resultat sozialer Prozesse beziehungsweise des gesellschaftlich gewählten Umgangs mit der Natur. Die Umsetzung von Strategien einer Naturschutzpolitik, die sich den aktuellen Problemen stellen will, erfordert daher detaillierte Kenntnisse des sozialen Gefüges.

Zudem ist Naturschutz in einem dicht besiedelten Land wie Deutschland nur dann erfolgreich umsetzbar, wenn das Thema in der Lebenswelt der Bevölkerung positiv verankert ist und von ihr Akzeptanz und Unterstützung erfährt. Die Naturschutzpolitik kann wesentlich dazu beitragen, eine positive Einstellung zur Natur zu fördern, zum Beispiel durch Informations-, Kommunikations- und Bildungsmaßnahmen. Dafür werden jedoch fundierte Kenntnisse über Werthaltungen, Verhaltensgründe, Lebensstile und Naturbilder der Bevölkerung benötigt.

Vor den Naturbewusstseinsstudien existierten zwar punktuelle Erhebungen von verschiedenen Seiten zu aktuellen Anlässen, beispielsweise die Forsa-Umfrage zur biologischen Vielfalt im Auftrag des BMU (BMU 2007b), die „Biozahl 2007" des Kompetenzverbundes Biodiversität Frankfurt (BioFrankfurt 2007), die Emnid-Umfrage zu Nationalen Naturlandschaften im Auftrag von EUROPARC (EUROPARC Deutschland e. V. 2005) oder auch der Jugendreport Natur (vgl. Brämer 2011), der in unregelmäßigen Abständen seit 1996 durchgeführt wird. Der Bundesregierung fehlte bis 2009 jedoch ein Instrument in Form eines langfristig angelegten gesellschaftlichen Monitorings zum Themenkomplex Natur beziehungsweise zur biologischen Vielfalt.

Eine bloße Erweiterung der seit Anfang der 1990er Jahre vom Umweltbundesamt (UBA) mit BMU-Mitteln durchgeführten Umweltbewusstseinsstudie (seit 1996 systematisch im 2-Jahres-Rhythmus) um naturschutzrelevante Aspekte wurde diskutiert und geprüft, war aber im erforderlichen Umfang nicht realisierbar. Synergieeffekte zur Umweltbewusstseinsstudie werden jedoch genutzt. Auch besteht ein enger fachlicher Austausch zwischen BMUB, BfN und UBA zu den Bewusstseinsstudien.

Aufgabe der Naturbewusstseinsstudien von BMUB und BfN ist es, im Rahmen der oben genannten nationalen und internationalen Verpflichtungen und Ziele mittels anerkannter wissenschaftlicher Konzepte regelmäßig ein repräsentatives gesellschaftliches Monitoring zum Bewusstsein über Natur, Naturschutz und biologische Vielfalt mit bundesweiter Aussagekraft durchzuführen. Damit sollen gleichzeitig auch Daten erhoben werden, die für die Berechnung des in den Berichtspflichten der Nationalen Strategie zur biologischen Vielfalt festgeschriebenen Indikators zur „Bedeutsamkeit umweltpolitischer Ziele und Aufgaben" erforderlich sind (siehe unten).

Die Ergebnisse der Naturbewusstseinsstudien finden Verwendung im Rahmen der allgemeinen und (milieu-)spezifischen Naturschutzkommunikation sowie der politischen und strategischen Naturschutzkommunikation. Unter „allgemeiner Naturschutzkommunikation" ist dabei die Verwendung der Ergebnisse für die Presse- beziehungsweise Öffentlichkeitsarbeit zu verstehen, wie auch die Aufklärung der Bevölkerung über den Status quo hinsichtlich Wissen, Einstellungen und Verhaltensbereitschaften der Menschen zu Natur, Naturschutz und biologischer Vielfalt. Die Zahlen finden durch die Nennung, wie zum Beispiel in Vorträgen und Broschüren, ihren Weg in die interessierte Öffentlichkeit. So dienen sie der Bewusstseins- und Meinungsbildung.

Mit „spezifischer beziehungsweise milieuspezifischer Naturschutzkommunikation" ist die differenzierte Ansprache gesellschaftlicher Gruppen oder Milieus im Rahmen der allgemeinen oder auch zielgerichteten Kommunikation gemeint. Verhalten und Einstellungen zur Natur, zum Naturschutz und zur biologischen Vielfalt werden durch die soziale Lage, Werte und Lebensstile mit bedingt oder beeinflusst. Der Versuch, Einstellung und Verhalten in der individualisierten westlichen Gesellschaft allein auf die Zugehörigkeit von Individuen zu einer soziodemografischen Gruppe zurückzuführen, also zum Beispiel auf die alleinige Differenzierung nach Alter, Geschlecht oder Einkommen, führt zu keinen befriedigenden Erklärungen. Neben einer soziodemografischen Analyse haben die bisherigen Naturbewusstseinsstudien daher auch die soziokulturelle Analyse mittels Aufnahme des Sinus-Milieu-Modells (Sinus 2013) integriert. Detailliertere Daten zu soziodemografischen und soziokulturellen Gruppen ermöglichen es, eine fokussierte Naturschutzkommunikation zu betreiben, um so Gruppen von Menschen, die sich unter bestimmten Gesichtspunkten ähneln, direkter und umfassender ansprechen zu können.

Schließlich dienen die Daten auch der „politischen und strategischen Naturschutzkommunikation“. Strategische Kommunikation bedeutet, dass Ergebnisse der Studie in die Fachkommunikation des BfN sowie die politische Kommunikation des BMUB einfließen. Für medial sehr präsente Felder, wie zum Beispiel die Wahrnehmung der Energiewende in der Bevölkerung (siehe unten), sind die Studienergebnisse gut einsetzbar. Die Studien dienen daher auch als „Sensor“ für „gesellschaftliche Befindlichkeiten“ und Interessen, beispielsweise, um frühzeitig Änderungen oder Trends zu erkennen oder um die vielfältigen (Kommunikations-)Aufgaben im Naturschutz und im weiten Feld der Erhaltung der biologischen Vielfalt adäquater (und auch glaubwürdiger) bearbeiten zu können.

3 Methodisches Design und Befunde der Naturbewusstseinsstudien 2009 und 2011

Pro Studie wurden jeweils rund 2.000 Personen der deutschsprachigen Wohnbevölkerung aus allen Teilen der Bundesrepublik befragt, um repräsentative Ergebnisse für die Gesamtbevölkerung zu erhalten. Hierzu zählt auch, dass bei der Stichprobe soziodemografische Variablen, wie Alter, Bildung, Geschlecht und Einkommen, berücksichtigt wurden. Zudem integrieren die Naturbewusstseinsstudien als Instrument der soziokulturellen Differenzierung, wie bereits erwähnt, das Modell der sozialen Milieus des Sinus-Instituts (Heidelberg). Diese Differenzierung trägt dem Umstand Rechnung, dass Einstellungen und Verhaltensweisen bezüglich Natur und biologischer Vielfalt in ihrer Ausprägung nicht nur innerhalb unterschiedlicher soziodemografischer Gruppen, wie Altersklassen und Bildungsschichten, variieren, sondern auch durch allgemeine Wertvorstellungen und Lebensauffassungen, kurz „Lebensstile", beeinflusst werden.

3.1 Naturbewusstseinsstudie 2009

Ziel der ersten repräsentativen Umfrage zum Naturbewusstsein in Deutschland (BMU/BfN 2010) im Jahr 2009 war es, ein breit angelegtes, regelmäßiges Monitoring des gesellschaftlichen Bewusstseins zur Natur und zur biologischen Vielfalt zu etablieren. Inhaltlich wurde ein weites Spektrum naturschutzrelevanter Fragen abgedeckt und unter anderem spontane Bild-, Begriffs- und Stimmungsassoziationen zur Natur, der persönliche Naturbezug, die Häufigkeit von Naturaufenthalten und Einstellungen zu unterschiedlichen Naturschutzmaßnahmen sowie das Themengebiet ‚biologische Vielfalt' erfasst. Die Durchführung der Erhebung erfolgte bundesweit durch das Institut für sozial-ökologische Forschung und Bildung gGmbH, ECOLOG. Die Ergebnisse wurden im Oktober 2010 publiziert.

Grundsätzlich belegt die Studie von 2009, dass die deutsche Bevölkerung insgesamt einen hohen Naturbezug hat. Die Fragen zum Themenfeld „biologische Vielfalt" zeigen jedoch, dass der Begriff ‚biologische Vielfalt' häufig noch nicht in seiner vollen Bedeutung verstanden worden ist. Nur 44 Prozent der Befragten geben an, dass sie den Begriff schon einmal gehört haben, und wissen, was er bedeutet. Überwiegend wird der Begriff mit Artenvielfalt gleichgesetzt, Kenntnis über den Aspekt der genetischen Vielfalt ist jedoch nur gering verbreitet. Nach Aufklärung über den Begriff gibt der Großteil der Befragten zu verstehen, dass ihnen die Bedrohung der biologischen Vielfalt durchaus bekannt ist. Zwei Drittel befürchten, dass der Verlust der biologischen Vielfalt sie persönlich beeinträchtigt, nur 22 Prozent sind der Meinung, dass die Berichte über den Rückgang übertrieben sind. 75 Prozent sehen die Erhaltung der biologischen Vielfalt als vorrangige gesellschaftliche Aufgabe an. Eine persönliche Handlungsbereitschaft zur Erhaltung der biologischen Vielfalt besteht, diese ist für einfach umzusetzende Handlungsweisen besonders hoch. So geben beispielsweise 87 Prozent an, dass sie zu diesem Zweck bevorzugt regionales Obst und Gemüse kaufen würden. Bildung und Einkommen korrelieren positiv mit der persönlichen Handlungsbereitschaft.

Die erhobenen Naturassoziationen zeigen, dass Natur in der gesellschaftlichen Wahrnehmung meist Aspekte einer idyllischen Landschaft aufweist. Bei der Frage, welches Bild sie beim Wort „Natur" vor Augen haben, beschreibt rund die Hälfte der Befragten heimatliche landschaftliche Szenen. Exotische

Naturbilder kommen sehr selten vor. Häufig sind Wald (in 27 Prozent der beschriebenen Bilder) und Wiese (25 Prozent), aber auch Tiere und Pflanzen (jeweils 19 Prozent) geäußerte Landschaftselemente. Bei der spontanen Abfrage von Substantiven zum Begriff „Natur" sind Wald (47 Prozent) und Wiese (38 Prozent) wiederum die häufigsten Nennungen, die Abfrage der Adjektive erbrachte zumeist Assoziationen aus den Bereichen „ruhig/still/leise" und „beruhigend/entspannend", die häufigste Nennung war „schön".

Die Erfassung persönlicher Einstellungen zeigt, dass Natur in der Bevölkerung stark wertgeschätzt wird. 95 Prozent der Befragten geben an, dass Natur für sie zu einem guten Leben dazugehört, Gesundheit und Erholung bedeutet und mit Vielfalt verbunden wird. Selten wird Unbehagen bezüglich der Natur geäußert oder Natur als „fremd" angesehen. Entsprechend häufig wird der Kontakt zur Natur gesucht: 61 Prozent der Deutschen geben an, mehrmals in der Woche draußen zu sein, und weitere 18 Prozent suchen etwa einmal pro Woche diese Erfahrung. Neben Wäldern und Wiesen werden aber auch Gärten und Parkanlagen oft als Naturerfahrungsraum aufgesucht. Als Gründe für den Aufenthalt in der Natur werden von zwei Dritteln der Befragten Ruhe und Erholung genannt.

Die Sorge um die Natur ist weit verbreitet. 68 Prozent befürchten, dass es für nachfolgende Generationen kaum noch intakte Natur geben wird, und 86 Prozent geben an, dass sie sich über den sorglosen Umgang anderer Menschen mit der Natur ärgern. So ist es auch nicht verwunderlich, dass die nachhaltige Nutzung der Natur starken Anklang findet: Die verschiedenen Aussagen hierzu finden unter den Befragten zwischen 85 Prozent und 94 Prozent Zustimmung.

Den Naturschutz sehen 89 Prozent als eine wichtige politische Aufgabe an. 55 Prozent der Befragungsteilnehmerinnen und -teilnehmer sind aber auch der Meinung, dass in Deutschland genug getan wird, um die Natur zu schützen, wobei diese Position von 13 Prozent mit hohem Nachdruck vertreten wird. Bezüglich der Verantwortlichkeit für den Naturschutz sind 90 Prozent der Deutschen der Ansicht, dass die Wirtschaft einen stärkeren Beitrag leisten muss. 86 Prozent sehen aber auch die Bürgerinnen und Bürger mit mehr persönlichem Engagement in der Pflicht. Allgemein besteht eine recht hohe Akzeptanz zu den in der Befragung erfassten Naturschutzmaßnahmen, sie bewegt sich zwischen 81 und 91 Prozent.

Die soziokulturelle Analyse der Milieuzugehörigkeit zeigt, dass in den gesellschaftlichen Leitmilieus der Konservativen, Etablierten und Postmateriellen eine besonders hohe Naturverbundenheit geäußert wird. Auch die Bereitschaft zum Naturschutz ist überdurchschnittlich. Im Gegenzug lassen sich die größte Distanz zur Natur und eine geringe Naturschutzorientierung in den jüngeren und sozial benachteiligteren Milieus der Experimentalisten, Konsum-Materialisten und Hedonisten feststellen.

3.2 Naturbewusstseinsstudie 2011

Die Studie 2011 zeichnet sich gegenüber der Studie 2009 dadurch aus, dass deutlich stärker aktuelle Fragen der Naturschutzpolitik aufgegriffen und diese über eine basale Erfassung der gesellschaftlichen Naturbeziehung hinaus in speziellen Themenblöcken bearbeitet werden. Die Studie 2011 wurde ebenfalls vom ECOLOG-Institut durchgeführt.

Da 2009 ausführlich das „innere Bild" der Menschen zur Natur erfasst wurde und davon ausgegangen werden kann, dass sich solche Bilder und Ausformungen der Naturbeziehung nicht innerhalb weniger Jahre ändern, wurden diese Fragen in der Studie 2011 nicht erneut abgefragt. Die Naturbewusstseinsstudie 2009 ist folglich auch heute noch eine wichtige Informationsquelle zu diesen Themen. Beibehalten wurden die Fragen, die für eine Beobachtung der Entwicklung im zweijährigen Turnus für erforderlich angesehen werden: Dies betrifft beispielsweise die Fragen zum Bereich biologische Vielfalt, die der kontinuierlichen Erfüllung der Berichtspflichten der Nationalen Strategie zur biologischen Vielfalt dienen.

Die Veröffentlichung der zentralen Ergebnisse (BMU/BfN 2012) wurde für die Studie 2011 in einer viergliedrigen Struktur vorgenommen, die eine Anordnung der aufgenommenen Fragen entlang relevanter gesellschaftlicher sowie politischer Geschehnisse und Diskussionsfelder ermöglichte.

Das Themengebiet „Gesellschaft in Transformation" greift die gesellschaftliche Diskussion über die Notwendigkeit einer tiefgreifenden Umgestaltung unserer Lebensverhältnisse hin zu mehr Naturverträglichkeit und Nachhaltigkeit auf, wie sie beispielsweise vom Wissenschaftlichen Beirat für globale Umweltveränderungen (WBGU 2011) derzeit intensiv geführt wird. Der allgemeine Lebenswandel eines wohlhabenden europäischen Staates, wie Deutschland, ist durch einen Verbrauch an Konsumgütern und Energie gekennzeichnet, der die verfügbaren Kapazitäten des Naturhaushalts stark beansprucht und sich global auswirkt. Eine Veränderung der bisherigen Konsumgewohnheiten und des Energiesystems ist daher dringend erforderlich, um die Naturressourcen auch für zukünftige Generationen zu erhalten. Die Naturbewusstseinsstudie 2011 belegt, dass es in der Bevölkerung einen starken Rückhalt dafür gibt, gesellschaftliche Veränderungsprozesse hin zu einer nachhaltigeren und naturverträglicheren Lebensweise mitzutragen. Deutlich wird dies an der Akzeptanz des weiteren Ausbaus erneuerbarer Energieformen und den damit verbundenen Veränderungen in der Landschaft. Besonders hoch ist die Akzeptanz für den Ausbau der Windenergie im Meer beziehungsweise an den Küsten (87 Prozent der Befragten würden dies akzeptieren) und an Land (79 Prozent) sowie für Solaranlagen außerhalb von Siedlungen (77 Prozent). Auch die stärkere Nutzung von Energiepflanzen (Mais: 63 Prozent, Raps: 67 Prozent) und der weitere Bau von Biogasanlagen (68 Prozent) treffen auf Akzeptanz. Einzig die Zunahme von Hochspannungsleitungen ist für deutlich weniger Befragte (42 Prozent) akzeptabel.

Für einen gesellschaftlichen Wandel ist neben politisch stark gesteuerten Prozessen, wie der Umsetzung der Energiewende, aber auch die individuelle und tatkräftige Unterstützung der einzelnen Bürgerinnen und Bürger erforderlich. Wie groß das Interesse an Informationen zu einer natur- und umweltverträglichen Gestaltung eigener Konsummuster ist, wurde daher ebenso abgefragt wie die Einstellungen zu einem persönlichen, aktiven Einsatz zum Schutz der Natur. Es zeigte sich, dass das Interesse an Informationen darüber, wie die eigenen Konsumgewohnheiten natur- und umweltverträglicher gestaltet werden können, ausgesprochen hoch ist. Dabei wird insbesondere für Lebensmittel sowohl ein schon ausreichendes Wissen angegeben als auch weiterer Informationsbedarf geäußert: So geben etwa 22 Prozent der Befragten an, dass sie schon genug über Herkunft und Anbaubedingungen von Obst und Gemüse wissen, aber weitere 63 Prozent wünschen sich hierfür mehr Informationen. Auch das hohe Interesse an der Naturverträglichkeit von Textilien ist zu betonen, 61 Prozent der Deutschen wünschen sich mehr Aufklärung in diesem Bereich.

Gefragt nach der Bereitschaft, sich aktiv für den Schutz der Natur einzusetzen, zählen sich 18 Prozent zu den bereits Aktiven, weitere 38 Prozent könnten sich dies vorstellen, ein Drittel verneint einen entsprechenden Einsatz. Die Studie zeigt, dass unter aktivem Einsatz für den Schutz der Natur vor allem praktische Tätigkeiten verstanden werden, die im nahen Umfeld oder eigenen Garten umgesetzt werden können. Als Hinderungsgründe werden vor allem Zeitmangel und ein Desinteresse an Langzeitverpflichtungen genannt, häufiger wird aber auch Unsicherheit darüber geäußert, ob das eigene Fachwissen für entsprechende Tätigkeiten in Naturschutzgruppen ausreicht oder auch das Gefühl, nicht zu den aktiven Naturschützern zu passen.

Das zweite Themenfeld „Landschaft im Wandel – Naturgefährdung und Naturschutz“ konzentriert sich vornehmlich auf die Prozesse, die Natur und Landschaft im Laufe der Zeit verändern und gestalten, und auf die Aufmerksamkeit der Menschen gegenüber diesen Veränderungen. In den letzten 20 Jahren haben in Deutschland deutliche Veränderungen im Landschaftsbild stattgefunden, sei es beispielsweise durch den Ausbau von Infrastruktur und Siedlungsfläche, durch Veränderungen in der agrarischen Nutzung oder auch durch Renaturierungs- und Begrünungsmaßnahmen unterschiedlichster Art. Dennoch gibt etwa die Hälfte der Befragten an, keine Veränderungen im Zustand von Natur und Landschaft wahrgenommen zu haben, 27 Prozent wollen eine Verschlechterung bemerkt haben und 13 Prozent eine Verbesserung. Knapp jeder Zehnte konnte hierzu gar kein Urteil abgeben. Mit den Veränderungen in Natur und Landschaft verbinden sich darüber hinaus Fragen zur Einstellung hinsichtlich der wahrgenommenen Gefährdung der Natur und zur Bedeutung des Naturschutzes und wer die Verantwortlichkeit für den Schutz der Natur trägt. Die Zustimmung zum Naturschutz ist in Deutschland sehr stark ausgeprägt. Der Aussage „Es ist die Pflicht des Menschen, die Natur zu schützen" stimmen 95 Prozent der Befragten zu, 86 Prozent sehen den Naturschutz als wichtige politische Aufgabe an. Hinsichtlich der Verantwortlichkeit für den Naturschutz wird insbesondere der Beitrag von Unternehmen und Industrie negativ bewertet: 76 Prozent der Befragten halten ihren Einsatz für zu gering. Aber auch die Bundesregierung und Landesregierungen (58 Prozent beziehungsweise 52 Prozent) stehen nach Meinung vieler Befragten in der Pflicht und 57 Prozent sind der Ansicht, dass auch die Bürgerinnen und Bürger selbst noch zu wenig tun.

Der dritte Bereich der Studie 2011 „Das gute Leben mit der Natur" fokussiert auf die persönliche Beziehung der Menschen zur Natur. Hierzu wurde erfragt, welche Eigenschaften Personen der Natur an sich zuschreiben und welche Rolle die Natur im eigenen Leben spielt. Darüber hinaus wird in diesem Themenfeld beleuchtet, welche Leistungen und Funktionen der Natur für das menschliche Leben der Bevölkerung bewusst sind und wie die Bevölkerung der Nutzung der Natur gegenüber eingestellt ist. Dabei zeigte sich, dass Natur für die meisten Menschen eindeutig „wertvoll", „nützlich" und „schön" ist. Im Gegenzug ist die Natur für fast niemanden (2 Prozent oder weniger der Befragten) eindeutig „unruhig", „fremd", „hässlich", „langweilig", „bedrohlich", „unbekannt", „abstoßend", „wertlos" oder „unnütz". Das abgefragte Eigenschaftenprofil spiegelt damit das überaus positive Naturbild der Deutschen wider, das bereits 2009 erhoben wurde. Die Fragen zur persönlichen Naturbeziehung machen deutlich, dass für über 90 Prozent der Befragten die Natur Gesundheit und Erholung bedeutet und zu einem guten Leben einfach dazugehört. 81 Prozent fühlen sich mit der Natur und Landschaft ihrer Region eng verbunden.

Gefragt nach den wichtigsten Leistungen der Natur, die dem Menschen zugutekommen, werden spontan vor allem die „Luft zum Atmen" (37 Prozent der Befragten) und „Nahrung" (28 Prozent) genannt, an dritter Stelle folgt schon

„Entspannung und Erholung“ (26 Prozent). Die Grundsätze einer nachhaltigen Nutzung der Natur werden von über 90 Prozent der Befragten unterstützt.

Im vierten und letzten Themengebiet „Herausforderung – die Erhaltung der biologischen Vielfalt“ werden Fragen zum Wissen über die biologische Vielfalt sowie Einstellungsfragen und Fragen zur Verhaltensbereitschaft zum Schutz der biologischen Vielfalt behandelt. Dieser Abschnitt dient wie schon in der Erhebung 2009 den Berichtspflichten der Nationalen Strategie zur biologischen Vielfalt und der Berechnung des hierzu notwendigen, sogenannten „Gesellschaftsindikators“ (siehe unten). Gefragt nach dem Begriff „Biologische Vielfalt“, geben 42 Prozent an, dass sie den Begriff schon einmal gehört haben und wissen, was er bedeutet. Diese Zahl ist zu 2009 recht stabil (44 Prozent). Ein weiteres knappes Drittel gibt an, schon einmal davon gehört zu haben, aber die Bedeutung nicht zu kennen, und ein Viertel hat noch nie davon gehört. Jene 42 Prozent, die etwas mit dem Begriff verbinden, setzen ihn vor allem mit Artenvielfalt gleich (96 Prozent dieser Gruppe äußern sich derart), aber auch die Vielfalt von Ökosystemen und Lebensräumen (68 Prozent der Gruppe) und die genetische Vielfalt (37 Prozent der Gruppe) sind einigen Personen bekannt. Erwähnenswert ist, dass sich gegenüber 2009 die Nennung von Ökosystemen und Lebensräumen in der Gruppe der „Begriffskenner“ fast verdoppelt und die Nennung der genetischen Vielfalt verdreifacht hat.

Als mögliche Handlungen zum Schutz der biologischen Vielfalt finden vor allem Verhaltensweisen, die einfach und schnell umzusetzen sind, besonders hohe Akzeptanz: 89 Prozent der Befragten sind beispielsweise bereit, sich von ausgewiesenen geschützten Bereichen fernzuhalten oder beim Einkauf Obst und Gemüse aus der Region zu bevorzugen.

3.3 Allgemeine soziodemografische und soziokulturelle Befunde

Die Studie 2011 bestätigt die Ergebnisse der Vorgängerstudie 2009 darin, dass hinsichtlich der Verteilung des Naturbewusstseins in der Bevölkerung ein deutliches Gefälle zu verzeichnen ist. Ältere, Hochgebildete und Personen mit höherem Einkommen äußern deutlicher eine positive Haltung zur Natur, zur biologischen Vielfalt und zu den Schutzbemühungen als Jüngere und Geringverdiener.

Einen ähnlichen Sachverhalt gibt die soziokulturelle Differenzierung nach sozialen Milieus wieder. Im Vergleich zu den Ergebnissen 2009 ist zu beachten, dass das Sinus-Modell zwischenzeitlich in der Struktur aktualisiert wurde. Für 2011 gilt: Angehörige der sozial besser gestellten Milieus, insbesondere die Sinus-Milieus der Sozial-Ökologischen und Liberal-Intellektuellen, haben eine besonders starke Naturbeziehung und Naturschutzorientierung, für sozial schlechter gestellte und jüngere Milieus (insbesondere Prekäre und Hedonisten) gilt das Gegenteil.

4 Der Gesellschaftsindikator „Biologische Vielfalt“

Ein wichtiger Bestandteil der Naturbewusstseinsstudien ist der sogenannte „Gesellschaftsindikator“, der im Rahmen eines Forschungs- und Entwicklungsvorhabens des BfN erstellt wurde, um über den Grad der Zielerreichung der Nationalen Strategie zur biologischen Vielfalt (NBS) zu informieren. Die entsprechenden Fragen und Berechnungsverfahren wurden durch die Arbeitsgruppe „Methoden und Evaluation“ an der Philipps-Universität Marburg entwickelt.

In der NBS wird dieses Prüfinstrument neben anderen Indikatoren wie folgt begründet: „Um zu gewährleisten, dass die Strategie zur biologischen Vielfalt zu einer dauerhaften Erhaltung der biologischen Vielfalt beiträgt, ist eine Erfolgskontrolle in regelmäßigen Abständen erforderlich“ (BMU 2007a: 121).

Basis des Gesellschaftsindikators bildet das NBS-Kapitel B 5, Gesellschaftliches Bewusstsein. Als Ziel wird dort formuliert (BMU 2007a: 60 ff.): „Im Jahre 2015 zählt für mindestens 75 Prozent der Bevölkerung die Erhaltung der biologischen Vielfalt zu den prioritären gesellschaftlichen Aufgaben. Die Bedeutung der biologischen Vielfalt ist fest im gesellschaftlichen Bewusstsein verankert. Das Handeln der Menschen richtet sich zunehmend daran aus und führt zu einem deutlichen Rückgang der Belastung der biologischen Vielfalt.“

Es lässt sich aus dieser Formulierung ableiten, dass der Prozess der Verbesserung des gesellschaftlichen Bewusstseins auf den drei Ebenen Wissen, Einstellung und Verhalten stattfinden soll. So kann der erste Satz des Ziels der Einstellungsebene zugeordnet werden, die Verhaltensebene drückt sich in der Nennung des eigenverantwortlichen Handelns aus und die Wissensdimension wird durch die Verankerung der Bedeutung der biologischen Vielfalt im gesellschaftlichen Bewusstsein aufgegriffen.

Das Bewusstsein der deutschsprachigen Wohnbevölkerung über 18 Jahre in Bezug auf die biologische Vielfalt wird daher mithilfe eines Indikators abgebildet, der aus drei Teilindikatoren besteht. Beim Wissensindikator geht es um die Bekanntheit des Begriffs „biologische Vielfalt“ und um die Kenntnis hinsichtlich seiner Bedeutung. Der Einstellungsindikator beleuchtet die Wertschätzung der befragten Personen der biologischen Vielfalt. Der Verhaltensindikator erfasst die Verhaltensbereitschaft der befragten Personen in verschiedenen

Handlungsbereichen (unter anderem beim Konsumverhalten), die für die Erhaltung der biologischen Vielfalt relevant sind.

Das Fragenset zum Bereich „biologische Vielfalt“ besteht aus zwei Fragen zum Wissen, sieben Fragen zu den Einstellungen und sechs Fragen zur Verhaltensbereitschaft, die im Rahmen der Naturbewusstseinsstudien abgefragt werden. Für die Auswertung werden zunächst die drei Teilindikatoren gesondert berechnet. Dabei entspricht die Höhe eines Teilindikators jeweils dem Prozentanteil an Personen, deren Antworten im Sinne der Ziele der NBS zur Bewusstseinsbildung nach festgelegten Kriterien als ausreichend gewertet werden. Schließlich wird ein Gesamtindikator gebildet, der angibt, wie viel Prozent der befragten Personen die Anforderungen in allen drei Teilbereichen erfüllen, das heißt, ein ausreichendes Bewusstsein in Bezug auf die biologische Vielfalt haben. Aufgrund dieser Konstruktion kann der Wert des Gesamtindikators maximal so hoch sein wie der Wert des niedrigsten Teilindikators.

Im Jahr 2009 hatten 22 Prozent der deutschsprachigen Wohnbevölkerung über 18 Jahre ein ausreichendes Wissen sowie eine positive Einstellung bezüglich der biologischen Vielfalt und äußerten zugleich eine entsprechende Verhaltensbereitschaft. Damit lag der Wert des Gesamtindikators 2009 noch weit vom Zielwert von 75 Prozent entfernt. Im Jahr 2011 erreichte der Gesamtindikator 23 Prozent. Gegenüber dem Ergebnis der ersten Befragung im Jahr 2009 hat sich der Wert somit nicht wesentlich verbessert: Der Zuwachs von einem Prozentpunkt stellt keine statistisch signifikante Veränderung dar.

Im Vergleich der Teilindikatoren schneidet der Wissensindikator am schlechtesten ab, aber auch die beiden anderen Teilindikatoren liegen sowohl 2009 als auch 2011 noch weit vom gesetzten Zielwert entfernt.

5 Schlussfolgerungen für die Naturschutzarbeit und ein fortzusetzendes gesellschaftliches Monitoring in Deutschland

Die Auswertung der erhobenen Daten sowohl für 2009 als auch für 2011 macht deutlich, dass die Planung zukünftiger Naturschutzarbeit insbesondere zwei größere Bevölkerungssegmente gesondert zu berücksichtigen hat. Dabei handelt es sich zum einen um den gesellschaftlich gut situierten Personenkreis, der sich durch ein höheres Einkommen und eine höhere Bildung auszeichnet und zudem eine starke Bindung an die Natur sowie Einsatzbereitschaft für den Naturschutz äußert (naturnahe Zielgruppen). Zum anderen ist aber auch jenen Personen besondere Beachtung zu schenken, die in der Gesellschaft schlechter positioniert sind, über geringere Bildung und geringeres Einkommen verfügen und zudem einen geringeren Naturbezug und weniger Interesse für den Naturschutz zeigen (naturferne Zielgruppen).

Das hohe Naturbewusstsein der sozial besser gestellten Milieus bedeutet jedoch nicht zwangsläufig, dass Angehörige dieser Kreise ein naturverträglicheres Leben führen. Eher fällt hier das hohe Konsumniveau ins Auge, sodass in den entsprechenden Gruppen ein naturverträgliches Handeln nicht nur zu fördern, sondern auch einzufordern ist.

Die gesellschaftlich schwächer gestellten Milieus (Jüngere und Geringverdienende) sind im Gegenzug besonders beim Aufbau einer positiven Naturbeziehung zu fördern, um sie für den Erfahrungsraum Natur und seine Erlebnis- und Erholungsmöglichkeiten zu öffnen und um eine Basis für den Naturschutzgedanken zu schaffen. Als besonders wichtig erweist sich die Förderung eines persönlichen Naturbezugs in der frühkindlichen Erziehungsarbeit von Familien und Bildungseinrichtungen, um die Tradierung der Distanz zur Natur innerhalb von Familien aufzulösen. Die Zusammenarbeit mit Akteuren aus Bildungs- und Sozialbereichen für sozial benachteiligte Gruppen sollte weiter ausgebaut werden. Siedlungsnahe, gut zugängliche Erholungsräume sind in ihrer Bedeutung für Naturerfahrung, Erholung und Gesundheit sozial benachteiligter Gruppen verstärkt zu analysieren.

Die Naturbewusstseinsstudie zeigt, dass große Teile der Bevölkerung bereit sind, ihren Beitrag zur Gestaltung einer naturverträglicheren Gesellschaft zu leisten. Der Ausbau und die verstärkte Nutzung erneuerbarer Energien treffen auf weite Zustimmung, jedoch kann eine Transformation des Energiesystems nur dann gelingen, wenn auch das Energieleitungsnetz weiter ausgebaut wird. Zudem ist damit zu rechnen, dass die Zustimmung zwar auf einer recht allgemeinen Ebene hoch ist, aber eine konkrete Umsetzung „vor der eigenen Haustür“ anders bewertet werden mag. Um die notwendigen Umstrukturierungen des Energiesystems nachhaltig und im gesellschaftlichen Einvernehmen zu gestalten, sind frühzeitige Partizipationsprozesse und eine offene Kommunikation darüber notwendig, welche Maßnahmen konkret vorgesehen sind.

Das hohe Interesse an nachhaltigem Konsum sollte noch konkreter als bisher in der Naturschutzkommunikation aufgegriffen werden. Die Zusammenarbeit mit Partnern aus Unternehmen und dem Verbraucherschutz bietet sich an, um Naturschutz stärker als „Konsumenten-Thema“ aufzustellen und um Menschen ihre Gestaltungskraft durch bewusste Kaufentscheidungen deutlicher vor Augen zu führen.

Die hohe Einsatzbereitschaft zum Schutz der Natur stimmt optimistisch, bedarf jedoch konkreter Schritte aufseiten der Naturschutzakteure, um voll zur Entfaltung gebracht zu werden. Angebote, die eine zeitlich überschaubare und unverbindliche Mitwirkung ermöglichen, sollten weiter ausgebaut werden. Zudem ist an der „Außenwirkung“ des Naturschutzes zu arbeiten, da viele Personen offensichtlich nicht im Naturschutz aktiv sind, weil sie das Gefühl haben, nicht zu den aktiven Naturschützern zu passen, von Verbändestrukturen abgeschreckt werden oder Naturschutzarbeit als Expertentum wahrnehmen.

Hinsichtlich des Themenfeldes biologische Vielfalt besteht auf allen drei Ebenen der Bewusstseinsbildung – Wissen, Einstellungen und Verhalten – die Notwendigkeit, geeignete Maßnahmen zu ergreifen. Dabei sollten sich Programme zur Aufklärung und Bildung an unterschiedlichen Zielgruppen orientieren und deren besondere Bedürfnisse und Interessen in differenzierter Weise aufnehmen. Die NBS enthält zahlreiche Maßnahmen im Hinblick auf gesellschaftliches Bewusstsein, Bildung und Information, deren konsequente Umsetzung zu einer Verbesserung des Bewusstseins über die biologische Vielfalt beitragen soll.

Für die Folgestudien wird neben dem inhaltlichen Erkenntnisinteresse auch immer die mediale Verwertbarkeit der Studienergebnisse mit zu bedenken sein. Interessant war, wie sehr das Thema Energiewende in der Studie 2011 in Presse, TV und Radio aufgegriffen wurde, eben weil es sich um ein tagesaktuelles Thema handelte. Eine starke mediale Weitergabe bietet die Möglichkeit einer direkten Rückkoppelung der Studienergebnisse auf das gesellschaftliche Bewusstsein. Die Signalwirkung spezieller Themen, wie zum Beispiel der Energiewende, ist verstärkt zu nutzen, um Naturschutzbelange in die breitere Bevölkerung zu tragen. Daraus ergeben sich besondere Herausforderungen für die Gestaltung einer Studie, die guter sozialwissenschaftlicher Praxis entsprechen soll und zugleich fachpolitische Realitäten berücksichtigt.

Literaturverzeichnis

BioFrankfurt (2007): Biozahl 2007. Frankfurt. 2 S. http://www.biofrankfurt.de/fileadmin/website/download/biozahl/Biozahl_2007.pdf, zuletzt abgerufen am 17.07.2013.

Brämer, R. (2011): Jugend ohne Natur? Jugendreport Natur 1997-2010 zu Umfang und Art von Naturkontakten. http://www.natursoziologie.de/files/erfahrungpp2011-kompatibilitaetsmodus1319438419.pdf, zuletzt abgerufen am 17.07.2013.

Bundesministerium für Umwelt, Naturschutz und Reaktorsicherheit (BMU) (2007a): Nationale Strategie zur biologischen Vielfalt. Reihe Umweltpolitik. Berlin. http://www.biologischevielfalt.de/fileadmin/NBS/documents/broschuere_biolog_vielfalt_strategie_bf.pdf, zuletzt abgerufen am 17.07.2013.

Bundesministerium für Umwelt, Naturschutz und Reaktorsicherheit (BMU) (2007b): Die Natur ist den Deutschen ausgesprochen wichtig. Berlin. http://www.bmu.de/fileadmin/bmuimport/files/pdfs/allgemein/application/pdf/forsa_umfrage_biodiversitaet.pdf, zuletzt abgerufen am 17.07.2013.

Bundesministerium für Umwelt, Naturschutz und Reaktorsicherheit (BMU) (1992): Konferenz der Vereinten Nationen für Umwelt und Entwicklung im Juni 1992 in Rio de Janeiro - Dokumente. Agenda 21 (Reihe Umweltpolitik). Bonn.

Bundesministerium für Umwelt, Naturschutz und Reaktorsicherheit (BMU) und Bundesamt für Naturschutz (BfN) (Hrsg.) (2012): Naturbewusstsein 2011 – Bevölkerungsumfrage zu Natur und biologischer Vielfalt. Berlin – Bonn. http://www.bfn.de/fileadmin/MDB/documents/themen/gesellschaft/Naturbewusstsein_2011/Naturbewusstsein-2011_barrierefrei.pdf, zuletzt abgerufen am 17.07.2013.

Bundesministerium für Umwelt, Naturschutz und Reaktorsicherheit (BMU) und Bundesamt für Naturschutz (BfN) (Hrsg.) (2010): Naturbewusstsein 2009 – Bevölkerungsumfrage zu Natur und biologischer Vielfalt. Berlin – Bonn. http://www.bfn.de/fileadmin/MDB/documents/themen/gesellschaft/Naturbewusstsein_2009.pdf, zuletzt abgerufen am 17.07.2013.

Europäische Kommission (EU) (2011): Our life insurance, our natural capital: an EU biodiversity strategy to 2020. Communication from the Commission to the European Parliament, the Council, the Economic and Social Committee and the Committee of the regions (COM (2011) 244 final). Brüssel. http://ec.europa.eu/environment/nature/biodiversity/comm2006/pdf/2020/1_EN_ACT_part1_v7%5b1%5d.pdf, zuletzt abgerufen am 16.07.2013.

Europäische Kommission (EU) (2010a): Aktionsplan der EU zur Biodiversität: Bewertung 2010. Luxemburg. http://ec.europa.eu/environment/nature/info/pubs/docs/2010_bap_de.pdf, zuletzt abgerufen am 16.07.2013

Europäische Kommission (EU) (2010b): Attitudes of Europeans towards the issue of biodiversity. Analytical report – Wave 2. Flash Eurobarometer 290. http://ec.europa.eu/public_opinion/flash/fl_290_en.pdf, zuletzt abgerufen am 17.07.2013.

Europäische Kommission (EU) (2007): Attitudes of Europeans towards the issue of biodiversity. Analytical report. Flash Eurobarometer 219. http://ec.europa.eu/public_opinion/flash/fl_219_en.pdf, zuletzt abgerufen am 17.07.2013.

Europäische Kommission (EU) (2006a): Halting the loss of biodiversity by 2010 – and beyond. Sustaining ecosystem services for human well-being. Communication from the Commission (COM (2006) 216 final). Brüssel. http://eur-lex.europa.eu/LexUriServ/LexUriServ.do?uri=CELEX:52006DC0216:EN:NOT, zuletzt abgerufen am 17.07.2013.

Europäische Kommission (EU) (2006b): Halting the loss of biodiversity by 2010 – and beyond. Sustaining ecosystem services for human well-being. Communication from the Commission (COM (2006) 216 final). Technical Annex. Brüssel. http://ec.europa.eu/environment/nature/biodiversity/comm2006/pdf/sec_2006_621.pdf, zuletzt abgerufen am 17.07.2013.

Europäische Umweltagentur (EUA) (2012): Streamlining European biodiversity indicators 2020: Building a future on lessons learnt from the SEBI 2010 process. Copenhagen. http://www.eea.europa.eu/publications/streamlining-european-biodiversity-indicators-2020, zuletzt abgerufen am 16.07.2013.

EUROPARC Deutschland e.V. (2005): EMNID-Studie Großschutzgebiete in Deutschland. Berlin. 25 S. http://nationale-naturlandschaften.info/dateien/EMNIDStudie_Grossschutzgebiete_in_Deutschland.pdf, zuletzt abgerufen am 17.07.2013.

Küchler-Krischun, J.; Piechocki, R. (2008): Die nationale Biodiversitätsstrategie Deutschlands. In: Natur und Landschaft 83/1, S. 12-18.

Sinus (2013): Sinus-Milieus. http://www.sinus-institut.de/loesungen/, zuletzt abgerufen am 14.11.2013.

United Nations Conference on Environment and Development (1992): Convention on Biological Diversity (CBD). http://www.cbd.int/doc/legal/cbd-en.pdf; zuletzt abgerufen am 17.07.2013.
Wissenschaftlicher Beirat der Bundesregierung Globale Umweltveränderungen (WBGU) (2011): Welt im Wandel. Gesellschaftsvertrag für eine Große Transformation. Berlin. http://www.wbgu.de/fileadmin/templates/dateien/veroeffentlichungen/hauptgutachten/jg2011/wbgu_jg2011.pdf, zuletzt abgerufen am 17.07.2013.

Empirische Befunde zu Naturbewusstsein und Naturschutz. Konzeptioneller Rahmen der Naturbewusstseinsstudien

Silke Kleinhückelkotten

1 Einleitung

Im Jahr 2009 wurde im Auftrag des Bundesministeriums für Umwelt, Naturschutz und Reaktorsicherheit und des Bundesamtes für Naturschutz erstmals eine umfassende und repräsentative Untersuchung zu den Natureinstellungen der Deutschen durchgeführt, die sogenannte ‚Naturbewusstseinsstudie'. Auf diese Pilotstudie folgte im Jahr 2011 die zweite Naturbewusstseinsstudie. Das Konzept für die Naturbewusstseinsstudien wurde durch das ECOLOG-Institut für sozial-ökologische Forschung und Bildung in Zusammenarbeit mit den zuständigen Fachreferaten der Auftraggeber und in Diskussion mit einer projektbegleitenden Arbeitsgruppe erarbeitet. Der Arbeitsgruppe gehörten Expertinnen und Experten unter anderem aus den Bereichen Kommunikation, Psychologie, Erziehungs- und Sozialwissenschaften an.

2 Zielsetzungen der und Anforderungen an die Naturbewusstseinsstudien

Im Folgenden werden zunächst die Zielsetzungen benannt, die von den Auftraggebern mit den bisherigen Vorhaben zum Naturbewusstsein der Deutschen verbunden waren. Anschließend werden die Anforderungen beschrieben, die von Wissenschaft und Praxis an die Studien zum Naturbewusstsein gestellt werden. Grundlage hierfür sind Gespräche mit Vertreterinnen und Vertretern dieser Akteursgruppen, Diskussionen bei den Treffen der projektbegleitenden Arbeitsgruppe sowie eine im Jahr 2012 durchgeführte Befragung von gesellschaftlichen Akteuren.

2.1 Ziele aus Sicht des Bundesamtes für Naturschutz und des Bundesumweltministeriums

Mit der ersten repräsentativen Bevölkerungsumfrage zum Naturbewusstsein war vonseiten der Auftraggeber das Ziel verbunden, die Basiseinstellungen der Deutschen zu Natur und Naturschutz zu erheben. Es sollte außerdem untersucht werden, welchen Rückhalt das in der Nationalen Strategie zur biologischen Vielfalt (NBS) der Bundesregierung (BMU 2007a) festgeschriebene Ziel ‚Erhaltung der biologischen Vielfalt' in der Bevölkerung hat. Mit der Studie sollten Informationen zur Verbesserung der Naturschutzkommunikation und zur Politikberatung bereitgestellt werden.

Mit der Naturbewusstseinsstudie 2011 wurde das Ziel verfolgt, die repräsentative Bevölkerungsumfrage zum Naturbewusstsein als Instrument für das Monitoring von Veränderungen im gesellschaftlichen Bewusstsein zu Natur und biologischer Vielfalt zu etablieren. Außerdem sollten die Ergebnisse der Studie, wie die aus 2009, eine empirische Grundlage für die Naturschutzkommunikation und die Ausrichtung von naturschutzpolitischen Strategien und Maßnahmen bilden. Ergänzend sollte im 2011er Vorhaben das Naturbewusstsein von den in Deutschland lebenden Menschen mit Migrationshintergrund untersucht werden. Der gewählte Fokus richtete sich auf junge Erwachsene (18 bis 29 Jahre) mit Wurzeln in der Türkei und der ehemaligen Sowjetunion.

2.2 Erwartungen anderer gesellschaftlicher Akteure an die Naturbewusstseinsstudie

Für die Akteure, die im Bereich des Umwelt- und Naturschutzes tätig sind, ist es wichtig zu wissen, welchen Rückhalt ihre Themen in der Bevölkerung haben. Interesse besteht vor allem an solchen Fragestellungen, die einen unmittelbaren Bezug zu ihrer Tätigkeit haben. Sie wünschen sich Grundlagen für ihre umwelt-/naturschutzpolitische Arbeit sowie für Bildungs- und Kommunikationsaktivitäten in diesem Themenfeld. Dies ergab eine vom ECOLOG-Institut im Frühjahr 2012 durchgeführte Befragung von Akteuren aus dem behördlichen und verbandlichen Umwelt- und Naturschutz sowie von Vertreterinnen und Vertretern politischer Parteien zur Bedeutung der Natur- und Umweltbewusstseinsstudien für ihre Arbeit. Die Befragung erfolgte entweder schriftlich oder als leitfadengestütztes Interview. An der Befragung nahmen 81 Personen teil. Diese kamen aus:

- Natur- und Umweltschutzverbänden (25),
- Landesbehörden (11),
- Kommunen/Städten (6),
- Schutzgebietsverwaltungen (Leitung, Kommunikation) (16),
- Verbraucherverbänden (6),
- Naturschutzakademien und anderen Bildungseinrichtungen (9),
- Parteien (Bundesländer, zuständige Abgeordnete/Sprecher) (8).

Es wurden Fragen zu den folgenden Themen gestellt:

- Bekanntheit der Studien zum Umwelt- und zum Naturbewusstsein,
- Nutzen für die eigene Arbeit,
- Stärken und Schwächen der Studien,
- Präferenzen hinsichtlich der Inhalte (Zeitreihen, aktuelle Themen, Differenzierung der Erhebung),
- Präferenzen hinsichtlich der Darstellung (Wissenschaftlichkeit, naturschutzpolitische/wissenschaftliche Einordnung) und
- der Präsentation (wissenschaftlich, populärwissenschaftlich, politisch).

Die wichtigsten Ergebnisse der Befragung lassen sich wie folgt zusammenfassen: Ungefähr die Hälfte der Befragten kennt die Ergebnisbroschüre zum Naturbewusstsein; bei der Publikation zum Umweltbewusstsein sind es etwas mehr. Die weiterführenden Analysen sind nur relativ wenigen bekannt (15 %). Die meisten Befragten (90 %), die die Studie kennen, schätzen sie für die eigene Arbeit als relevant ein. Sie dient vielen als Grundlage für die Kommunikations- und Bildungsarbeit und als naturschutzpolitische Argumentationshilfe. Bevorzugt wird eine Präsentation der Ergebnisse entsprechend in einer wissenschaftlichen Fachzeitschrift, wie „Natur und Landschaft“ oder „GAIA“.

Wichtige Themen, die im Rahmen der Naturbewusstseinsstudien abgefragt werden sollten, sind aus Sicht der Akteure das Verhältnis der Bevölkerung zur Natur und die Bereitschaft zu naturverträglichem Alltagsverhalten (siehe Abbildung 1). Auch die Wahrnehmung der Gefährdung der Natur, die Einstellungen zum Naturschutz und die Verbreitung von Naturwissen sind Themen, die mehrheitlich als wichtig erachtet werden.

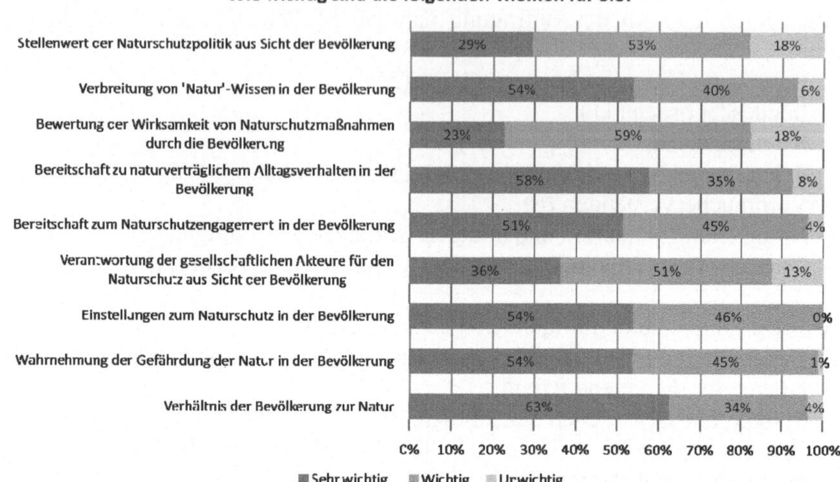

Abbildung 1: Wichtige Themen aus Sicht der befragten Akteure

Die Befragten gaben folgende inhaltliche Anregungen für Fragestellungen, die in den Studien zum Naturbewusstsein aufgegriffen werden sollten:

- Persönliches Verständnis von Naturschutz („Nur Nistkästen aufhängen?") ,
- Naturerfahrungen in der Kindheit und heutiges Naturbewusstsein,
- Akzeptanz konkreter Naturschutzmaßnahmen – auch bei Konflikten mit land- oder wasserwirtschaftlichen Interessen und Zielsetzungen sowie bei persönlicher Betroffenheit („Akzeptanzkrater"),
- Naturverträgliches Verhalten vor allem im Bereich Konsum („Diskrepanz zwischen Wissen und Handeln")

Gewünscht wurde auch eine eigenständige Studie zum Naturbewusstsein von Kindern und Jugendlichen.

2.3 Erwartungen aus Sicht der Wissenschaft

Aus wissenschaftlicher Perspektive sind grundsätzlichere Untersuchungen zum Naturbewusstsein ohne direkte politische und praktische Verwertungsinteressen wünschenswert. Offene Fragen gibt es unter anderem in Bezug auf das Verhältnis zwischen Wissen, Einstellungen und Handeln, zum Beispiel in den Bereichen Konsum, Mobilität und Freizeitverhalten. Bisher fehlt auch eine valide

Skala zur Messung von Naturverbundenheit. Eine interessante wissenschaftliche Frage ist zudem die nach der Bedeutung von Erfahrungen in der Kindheit für die Entwicklung von Naturverbundenheit und naturschützendem Verhalten. Dieser Fragestellung konnte im Rahmen der Naturbewusstseinsstudien nicht nachgegangen werden, da diese, wie bereits erwähnt, in erster Linie eine empirische Grundlage für die Naturschutzpolitik und -kommunikation schaffen sollten. Eine Selbstverständlichkeit in methodischer Hinsicht sollte auch bei von politischen Interessen geleiteten Studien, wie den Umwelt- und Naturbewusstseinsstudien, die Einhaltung wissenschaftlicher Standards sein.

3 Inhaltliches Konzept und Vorgehensweise

3.1 Klärung des Begriffs ‚Naturbewusstsein'

Bevor das inhaltliche Konzept der beiden Befragungen zum Naturbewusstsein vorgestellt und die Vorgehensweise dargestellt werden, soll zunächst erläutert werden, was im Rahmen der Studien unter dem Begriff ‚Naturbewusstsein' verstanden wurde. Dies ist nötig, weil die Bedeutungszuschreibungen sowohl von ‚Natur' als auch von ‚Bewusstsein' vielfältig sind. Die Unbestimmtheit des Naturbegriffs rührt nicht zuletzt daher, dass das Naturverständnis mindestens vier Dimensionen umfasst:

- die materielle Dimension: Landschaften, Tiere, Pflanzen, natürliche Prozesse, aber auch Ressourcen, die natürlichen Ursprungs sind,
- die ästhetische Dimension: Anblicke und Darstellungen von Landschaften und Landschaftselementen, Geräusche und Gerüche, die als natürlich (schön) empfunden werden,
- die emotionale Dimension: Natur als Erfüllung der Sehnsucht nach Glück und Geborgenheit, als Inbegriff von Harmonie und Vollkommenheit und
- die spirituelle Dimension: Natur als die ursprüngliche, göttliche Ordnung.

Auch der Begriff ‚Bewusstsein' wird sehr unterschiedlich verwendet (siehe zum Beispiel Albertz 1994; Herrmann et al. 2005; Gloy 1998; Krämer 1996). Das Bedeutungsspektrum reicht von ‚bei Bewusstsein sein' als Bezeichnung für einen physiologischen Wachzustand von Lebewesen – im Gegensatz zur Bewusstlosigkeit – bis zu Bewusstsein als Synonym für ‚Geist' oder ‚Seele' beziehungsweise als unbegrenzte ‚Wirklichkeit' in mystischen Weltbildern. In der Philosophie wird ‚Bewusstsein' gleichgesetzt mit der Gewissheit des ‚Ich selbst' in den Akten des Denkens und Wahrnehmens. In der Psychologie geht man der Frage nach, welche Reize in welchen Kontexten welche Bewusstseinszustände auslösen. Weitere Kernfragen sind die nach dem Verhältnis der Bewusstseinszustände untereinander und ihre Bedeutung für das Verhalten. Ein zentraler Begriff des Marxismus ist das ‚Gesellschaftliche Bewusstsein', mit dem Karl Marx die Gesamtheit der gesellschaftlich vermittelten, von der jeweiligen konkreten historischen Situation abhängigen Ansichten, Gedanken und Ideologien bezeichnete. Die Verwendungsweisen und Interpretationen des Begriffs ‚Bewusstsein' unterscheiden sich nicht nur nach der Betrachtungsperspektive (wie zum Beispiel philosophisch, naturwissenschaftlich, kognitionswissenschaftlich, medizinisch oder alltagsweltlich), sondern darin drücken sich auch Weltanschauungen und kulturelle Prägungen aus.

‚Naturbewusstsein' wurde vor diesem Hintergrund in der ersten Naturbewusstseinsstudie definiert als die Gesamtheit der Erinnerungen, Wahrnehmungen, Emotionen, Vorstellungen, Überlegungen, Einschätzungen und Bewertungen im Zusammenhang mit Natur, einschließlich der Frage, was überhaupt unter ‚Natur' verstanden wird (BMU 2010: 17; Kleinhückelkotten/Neitzke 2010: 10). Es geht also nicht um ein ‚hohes' oder ‚niedriges' Naturbewusstsein als normative Kategorie, wie es in der Naturpädagogik häufig analog zum Umweltbewusstsein benutzt wird. Naturbewusstsein wird dabei mit der Wertschätzung von Natur, dem Verantwortungsbewusstsein für die Natur, mit Naturliebe und gelegentlich mit Naturkenntnis gleichgesetzt (Kleinhückelkotten/Neitzke 2010: 10).

Von einigen Autorinnen und Autoren wird der Begriff ‚Naturbild' ähnlich wie das oben definierte Naturbewusstsein verwendet, wenn auch zumeist nicht so umfassend. Gefasst werden darunter häufig abstrakte Vorstellungen von Natur, die sich auf das Verhältnis von Mensch und Natur beziehen (siehe zum Beispiel Barkmann et al. 2005; Krömker 2004, 2005; Reusswig 2002a; Rink 2002; Sawicka 2005), zum Teil geschieht dies in Anlehnung an die Naturmythen der Cultural Theory (Thompson et al. 1990). Im Rahmen der Naturbewusstseinsstudien wurde der Begriff ‚Naturbild' in einem engeren Sinne für bildhafte und sinnliche Assoziationen mit Natur verwendet.

3.2 Bisherige Untersuchungen zum Naturbewusstsein

Das Befragungskonzept (siehe Kapitel 3.3) baut auf verschiedenen Untersuchungen auf, die sich eher mit grundsätzlichen Fragen, unter anderem zum Verhältnis von Mensch und Natur und zu Naturbildern oder mit der öffentlichen Meinung zu konkreten naturbezogenen Fragestellungen beschäftigen. Dazu gehören die im Auftrag des Bundesumweltministeriums und des Umweltbundesamts durchgeführten repräsentativen Befragungen zum Umweltbewusstsein der Jahre 2000, 2002, 2004, 2006 und 2008, in denen die Risikovorstellungen in Bezug auf Natur untersucht wurden. Hierzu wurden die Einstellungen zu den vier Naturmythen der Cultural Theory (Thompson et al. 1990): ‚robuste Natur', ‚in Grenzen belastbare Natur', ‚empfindliche Natur' und ‚unberechenbare Natur' erhoben.

Naturbilder wurden auch von Krömker (2004, 2005) untersucht. Sie identifizierte vier mehrdimensionale Naturbildtypen (‚Weltliche SchützerInnen', ‚Weltliche NutzerInnen', ‚Spirituelle SchützerInnen', ‚Spirituelle NutzerInnen'). Die Naturbilder, die Krömker (2005: 146) als „kulturbedingte und gruppenspezifisch ähnliche Ausprägungen von Überzeugungen zu Natur" definiert, wurden über eigens formulierte sowie über Items aus anderen Studien (vor allem BMU 2000, 2002; Dunlap/Liere van 1978; Dunlap et al. 2000; Gardner/Stern 1996) erfasst. Unterschieden wurden die Faktoren: ‚Schutzwürdigkeit und -bedürftigkeit', ‚Respekt', ‚Spiritualität', ‚Robustheit', ‚Zweckgebundenheit' (Krömker 2005: 156).

Mit dem Verhältnis von Mensch und Natur befasste sich unter anderem eine holländische Arbeitsgruppe. Sie entwickelte einen Ansatz zur Erhebung der Naturvorstellungen in der holländischen Bevölkerung (siehe De Groot/Born van den 2003; Born van den et al. 2001; Born van den 2006). Identifiziert wurden fünf Faktoren, die das Verhältnis zwischen Mensch und Natur abbilden: ‚Master over nature', ‚Steward of nature', ‚Active Partner with nature', ‚Romantic Partner with nature', ‚Participant in nature' (Born van den 2006: 76).

Von einigen Autorinnen und Autoren wurde untersucht, inwieweit sich Naturvorstellungen und Einstellungen zur Natur in den verschiedenen Lebensstilgruppen in Deutschland unterscheiden. Dies erfolgte allerdings meist mit einem engeren thematischen Fokus, zum Beispiel zu den Einstellungen zum Wald und seiner Nutzung, zur Freizeitgestaltung in der Natur, und überwiegend nicht repräsentativ (quantitativ, repräsentativ für die gesamte deutsche Wohnbevölkerung: Kleinhückelkotten et al. 2009; Schuster 2008; quantitativ, Bevölkerung Berlins, Besucherinnen und Besucher des Nationalparks Jasmund: Lantermann et al. 2003; Reusswig 2002b; Schuster 2003; qualitativ: Brand et al. 2002; Braun 2000).

In einer Reihe von repräsentativen Umfragen, die der Erfassung der aktuellen öffentlichen Meinung in Bezug auf bestimmte (politisch interessante) Fragestellungen dienten, wurden zudem einzelne naturbezogene Aspekte, wie etwa die Einstellungen zur biologischen Vielfalt, abgefragt (BMU 2007b, 2008; Europäische Kommission 2007, 2010; Streit 2007a, b).

3.3 *Befragungskonzept der Naturbewusstseinsstudien*

Das Befragungskonzept gliederte sich in drei inhaltliche Blöcke:

- Naturbewusstsein (A)
- Gesellschaftsindikator ‚Biologische Vielfalt' (B)
- Schwerpunktthemen (C).

A Naturbewusstsein

Es wurden die im Folgenden beschriebenen Naturbewusstseinsdimensionen unterschieden. Die Operationalisierung in Fragebatterien erfolgte unter Berücksichtigung vorliegender Studien (siehe Kapitel 3.2, zum Folgenden siehe Kleinhückelkotten/Neitzke 2010: 13 ff.; Kleinhückelkotten/Neitzke 2012: 6 ff.).

- Naturbild/ Naturvorstellungen: Hierbei geht es um die Frage, was die Bürgerinnen und Bürger mit Natur verbinden beziehungsweise was sie mit dem Begriff assoziieren.
- Verhältnis zwischen Mensch und Natur: Es gibt ein breites Spektrum von materiellen bis spirituellen Beziehungen zwischen dem Menschen im Allgemeinen und der Natur, die in verschiedenen anderen Studien untersucht wurden (siehe zum Beispiel Krömker 2005; Born van den 2006). In der Naturbewusstseinsstudie wurde das Spektrum eingegrenzt auf das hierarchische Verhältnis von Mensch und Natur (der Mensch als Beherrscher der Natur, als Teil der Natur, als Partner der Natur, als Beschützer der Natur, die Natur als Bedrohung für den Menschen).
- Persönliche Bedeutung von Natur: Diese Dimension umfasst die emotionale Verbundenheit mit der Natur und die Bedeutung von Natur für das eigene Leben. Es geht sowohl um die persönliche Symbolrepräsentanz von Natur als auch um die Naturerfahrung, verstanden als „Verhalten, das in einer direkten und für den Akteur wahrnehmbaren Beziehung zur natürlichen Umwelt steht" (Münkemüller/Homburg 2005: 52). Wichtig sind in diesem Zusammenhang die Bedeutung von Naturaufenthalten im Alltag und der persönliche Nutzen, den man sich davon verspricht: Ästhetisches Erlebnis, Erkunden/Naturbeobachtung, Freizeit, Erholung und Gesundheit, soziales Erlebnis und Nutzung von Naturprodukten durch Jagd, Sammeln und Pflücken. Unter der Dimension ‚Persönliche Bedeutung von Natur' wurden auch der Stellenwert von Wissen über die Natur und das Interesse an Wissen über die Natur gefasst.

- Einstellungen zu Schutz und Nutzung von Natur: Zum einen geht es bei dieser Dimension um die Problemwahrnehmung, das heißt die Sensibilisierung für den Verlust von Natur und die Notwendigkeit ihres Schutzes sowie die persönliche Betroffenheit durch die Zerstörung der Natur. Zum anderen umfasst die Dimension die Zustimmung zu den Prinzipien einer nachhaltigen Nutzung der Natur, die Gründe für den Schutz der Natur und den gesellschaftlichen Stellenwert des Naturschutzes.
- Persönliches Handeln zum Schutz der Natur: Es war nicht vorgesehen und mit den vorgegebenen Methoden auch nicht möglich, im Rahmen der Naturbewusstseinsstudien tatsächliches Handeln zum Schutz der Natur zu erheben. Notwendige, wenn auch nicht immer hinreichende Voraussetzungen für Handeln zum Schutz der Natur sind die Überzeugung, dass das eigene Handeln wirksam ist, die Anerkennung eigener Verantwortung für den Schutz der Natur sowie die Bereitschaft zu Verhaltens- und Handlungsweisen im Einklang mit den Erfordernissen des Schutzes und Erhalts von Natur. Die Handlungsbereitschaft wurde über den Fragenkomplex zur biologischen Vielfalt abgedeckt (siehe weiter unten). Berücksichtigt wurden, angelehnt an die Einteilung des Umweltverhaltens nach Stern (2000), die Bereiche ‚nicht aktivistisches, öffentliches Handeln' und ‚Handeln im privaten Raum' (siehe Kuckartz/Rädiker 2009: 31).

Die Dimensionen des Naturbewusstseins wurden in den Befragungen von 2009 und 2011 in unterschiedlichem Umfang abgefragt: So konnten umfangreiche Itembatterien gekürzt werden, da die Ergebnisse der im Rahmen der 2009er Studie durchgeführten Faktoren- und Clusteranalysen wertvolle Hinweise zur Differenzierungs- und Erklärungskraft der verwendeten Statements lieferten (Kleinhückelkotten/Neitzke 2010: 70 ff.). Einige Items wurden aber dennoch beibehalten, weil sie für die ‚Rekonstruktion' der auf Grundlage der Daten aus 2009 gebildeten Naturbewusstseinstypen benötigt wurden. Bei einigen Fragestellungen wurde außerdem davon ausgegangen, dass sich die Antworten hierzu nicht kurzfristig ändern, sondern dass sie einem längerfristigen Wandel unterliegen und dass die entsprechenden Fragen in größeren Abständen gestellt werden können. Dies betrifft vor allem die Dimension ‚Naturbild/Naturvorstellungen', die in der ersten Befragung über mehrere offene Fragen operationalisiert wurde. Dabei ging es um spontane begriffliche Assoziationen mit dem Begriff ‚Natur' (Substantive, Adjektive) und vor allem um das Bild, das die Befragten vor sich sehen, wenn sie an Natur denken. Diese Fragen dienten zur Erfassung der unter den Befragten vorherrschenden Naturvorstellungen und die Ergebnisse bildeten eine wichtige Grundlage bei der Interpretation weiterer Befunde. Da nicht davon auszugehen ist, dass sich die Antworten auf die offenen Fragen zu Naturassoziationen innerhalb kurzer Zeiträume stark verändern werden, wurden diese in der 2011er Befragung nicht berücksichtigt. Stattdessen wurde eine geschlossene Frage zu den begrifflichen Assoziationen aufgenommen, bei deren Formulierung die Ergebnisse aus dem Jahr 2009 zu den offenen Fragen berücksichtigt wurden. Auch die Fragen zum Verhältnis zwischen Mensch und Natur und zur Naturerfahrung müssen nicht alle zwei Jahre gestellt werden. In einigen Bereichen wurden bei der Befragung 2011 zudem neue Formulierungen verwendet, so wurde die Abfrage zu den Gründen für den Schutz der Natur auf Wunsch des Auftraggebers durch eine zu ausgewählten ethischen Begründungen für den Naturschutz (basierend auf Eser et al. 2011) ersetzt.

B Gesellschaftsindikator ‚Biologische Vielfalt'

Wie oben beschrieben, sollten mit der Befragung die erforderlichen Daten gewonnen werden, um den in den Berichtspflichten der Nationalen Strategie zur biologischen Vielfalt geforderten Indikator ‚Bedeutsamkeit umweltpolitischer Ziele und Aufgaben' (‚Gesellschaftsindikator') berechnen zu können. Mit dem Indikator soll das Verhältnis der Bevölkerung zur biologischen Vielfalt abgebildet werden. Er gliedert sich in drei Teilindikatoren: Der Wissensindikator umfasst die Bekanntheit des Begriffs ‚Biologische Vielfalt' und die Kenntnis seiner Bedeutung. Mit dem Einstellungsindikator wird die Wertschätzung der biologischen Vielfalt erfasst. Der Verhaltensindikator bildet für verschiedene Handlungsbereiche (unter anderem beim Konsum) die Bereitschaft ab, einen eigenen Beitrag zur Erhaltung der biologischen Vielfalt zu leisten. Die Entwicklung und Berechnung des Gesellschaftsindikators erfolgten durch die Arbeitsgruppe „Methoden und Evaluation" an der Philipps-Universität Marburg (Kuckartz/Rädiker 2009).

C Schwerpunkthemen der Naturbewusstseinsstudien

Neben den Fragen zum Naturbewusstsein und zum Gesellschaftsindikator ‚Biologische Vielfalt' wurden in die Befragungen 2009 und 2011 weitere Themen aufgenommen. In der 2011er Befragung wurden die folgenden Themen angesprochen:

- Naturschutzpolitik: Einschätzung des Engagements verschiedener Akteure, gesellschaftliche Relevanz von Naturschutz, Bewertung von Naturschutzmaßnahmen,
- Landschaftswandel und Energiewende: Wahrgenommene Veränderungen von Natur und Landschaft in Deutschland, grundsätzliche Bewertung der

Energiewende, Akzeptanz von Landschaftsveränderungen durch die verstärkte Nutzung erneuerbarer Energien im Zuge der Energiewende,
- Leistungen der Natur: Bewusstsein für den ökonomischen Wert der Natur,
- Ehrenamtliches Engagement: Bereitschaft zum freiwilligen Engagement im Naturschutz, Interesse an konkreten Tätigkeiten zum Schutz der Natur, Gründe und Hemmnisse für ein Engagement,
- Information und Kommunikation: Interesse an Informationen zu natur- und umweltverträglichen Konsumalternativen.

Zusätzlich zu den in die Befragungen aufgenommenen Fragestellungen wurden viele weitere Themen diskutiert, die jedoch aufgrund der begrenzten Befragungszeit nicht aufgenommen werden konnten. Dazu gehörten zum Beispiel die folgenden:
- Stellenwert von Natur und Naturschutz in Konkurrenz zu anderen Gütern und Handlungszielen,
- Akzeptanz von persönlichen Einschränkungen durch den Naturschutz,
- Interesse an Naturerlebnisangeboten,
- Persönliches Verständnis von Handlungsmöglichkeiten zum Schutz der Natur,
- Bevorzugte Informationskanäle zu Natur- und Naturschutz,
- Quellen des Wissens über Natur.

3.4 Durchführung der Naturbewusstseinsstudien

Die Entwicklung des Befragungskonzepts erfolgte auf der Grundlage vorhandener Studien zu den Einstellungen in der Bevölkerung zu Natur, Naturschutz und biologischer Vielfalt. Das Konzept für die Erhebung des Naturbewusstseins und die konkreten Inhalte der Befragung wurden im Rahmen einer projektbegleitendenden Arbeitsgruppe mit Expertinnen und Experten aus den Bereichen Kommunikation, Psychologie, Erziehungs- und Sozialwissenschaften sowie unter Beteiligung der zuständigen Fachreferate des Bundesumweltministeriums und des Bundesamts für Naturschutz diskutiert. Die inhaltlichen Schwerpunktsetzungen der beiden Naturbewusstseinsstudien bis hin zur Auswahl der Fragestellungen erfolgten im Spannungsfeld

a) zum Teil konkurrierender wissenschaftlicher und politischer Ansprüche sowie der Interessen potenzieller Nutzerinnen und Nutzer, die unter anderem von Mitgliedern der projektbegleitenden Arbeitsgruppe eingebracht wurden (eine breitere empirische Basis zu den Erwartungen gesellschaftlicher Akteure an die Naturbewusstseinsstudie steht erst seit der im Zuge der

Naturbewusstseinsstudie im Jahr 2012 durchgeführten Akteursbefragung zur Verfügung, siehe oben),

b) konkurrierender Interessen hinsichtlich thematischer Kontinuität einerseits und (durch gesellschafts- oder tagespolitische Aktualität geleiteten) Schwerpunktsetzungen andererseits.

Die repräsentativen Befragungen wurden als Face-to-Face-Interviews im Juni und Juli 2009 sowie November 2011 und Januar 2012 durchgeführt. Neben einigen offenen Fragen enthielt der standardisierte Fragebogen überwiegend geschlossen formulierte und anhand vierstufiger Antwortskalen (4: trifft voll und ganz zu, 3: trifft eher zu, 2: trifft eher nicht zu, 1: trifft überhaupt nicht zu) zu beantwortende Fragen. Die Fragen zum Gesellschaftsindikator, die im Rahmen eines getrennten Forschungsvorhabens formuliert wurden, enthielten zum Teil fünfstufige Skalen. Es wurde ein qualitativ-semantischer Pretest zu den Frageformulierungen und dem Gesamtaufbau des Fragebogens durchgeführt. Um eine soziokulturell differenziertere Perspektive auf die Ausprägung naturbezogener Einstellungsmuster in der Gesellschaft zu ermöglichen, wurde der Ansatz der sozialen Milieus des Sinus-Instituts (www.sinus-institut.de) mittels des sogenannten Milieuindikators in die Befragung integriert.

Bei beiden Umfragen wurden jeweils rund 2.000 Personen aus der deutschsprachigen Wohnbevölkerung (ab vollendetem 18. Lebensjahr) in allen Teilen Deutschlands befragt. Es wurde eine geschichtete Zufallsstichprobe (nach dem ADM-Mastersample) verwendet. Als Faktoren für die abschließende bevölkerungsrepräsentative Gewichtung des Datensatzes wurden soziodemografische Merkmale und Milieuverteilungen verwendet.

Zusätzlich zu der repräsentativen Bevölkerungsumfrage wurde im Vorhaben zur Naturbewusstseinsstudie 2011 eine Fokusstudie zum Naturbewusstsein von jungen Erwachsenen mit Wurzeln in der Türkei und der ehemaligen Sowjetunion durchgeführt (siehe hierzu Kleinhückelkotten/Neitzke 2012).

4 Resonanzstarke Ergebnisse der Naturbewusstseinsstudien

Die Ergebnisse der repräsentativen Befragungen zum Naturbewusstsein sind in den folgenden Publikationen veröffentlicht:

- Ergebnisbroschüre „Naturbewusstsein 2009“ (herausgegeben von Bundesumweltministerium und Bundesamt für Naturschutz, BMU/BfN 2010),
- Abschlussbericht zur Naturbewusstseinsstudie 2009 (Kleinhückelkotten/Neitzke 2010),

- Ergebnisbroschüre „Naturbewusstsein 2011" (herausgegeben von Bundesumweltministerium und Bundesamt für Naturschutz, BMU/BfN 2012),
- Abschlussbericht zur Naturbewusstseinsstudie 2011 (Kleinhückelkotten/Neitzke 2012).

Die Reaktionen und Diskussionen, unter anderem bei Informationsveranstaltungen für Praxisakteure und auf wissenschaftlichen Tagungen, bei denen die Ergebnisse der Naturbewusstseinsstudien vorgestellt wurden, zeigen, dass für Akteure des Natur- und Umweltschutzes die folgenden Befunde der beiden Naturbewusstseinsstudien besonders interessant zu sein scheinen.

Das in der Bevölkerung vorherrschende Bild von Natur ist das einer friedlichen, harmonischen und hübsch anzuschauenden Urlaubs- und Freizeitlandschaft (siehe Abbildung 2). Es macht deutlich, dass überwiegend – anders als von vielen Naturschutzakteuren – nur geringe Ansprüche an die Ursprünglichkeit und Wildheit von Natur gestellt werden. Die Mehrheit der Bürgerinnen und Bürger ist mit einer schönen Kulturlandschaft mit halbnatürlichen Elementen zufrieden. Das wirft die Frage auf, wie der Wert weniger schöner Natur vermittelt werden kann.

Abbildung 2: Das Naturbild der Deutschen mit den am häufigsten genannten begrifflichen Assoziationen (auf der Grundlage einer Abbildung in BMU/BfN 2010: 31)

Die Einstellungen zur Natur hängen zum Teil stark von soziodemografischen und soziokulturellen Faktoren ab. Die Naturaffinität steigt mit Alter, Bildung und Einkommen. Die lebensweltliche Distanz zur Natur ist in denjenigen sozialen Milieus am größten, die einen relativ hohen Anteil an Jüngeren haben, stärker urban geprägt sind und/oder einen niedrigeren Bildungsstand und sozialen Status aufweisen. Dies zeigt sich auch an der Verteilung der Naturbewusstseinstypen, die im Rahmen der Studien erhoben wurden. Fast jede und jeder Zweite aus dem Segment der Hochgebildeten ist dem Typ ‚Naturschutzorientierte' zuzurechnen. Bei den Befragten über 65 Jahre sind die ‚Unbesorgten Naturverbundenen' und die ‚Nutzenorientierten' überrepräsentiert. Im jüngsten Segment ist der Anteil der ‚Naturfernen' überdurchschnittlich hoch.

Schon in der ersten Befragung wurde deutlich, dass der Zielwert von 75 Prozent der Deutschen, die den Begriff „Biologische Vielfalt" kennen, positive Einstellungen zur biologischen Vielfalt haben und bereit sind, einen eigenen Beitrag zu ihrem Schutz zu leisten, sicher nicht kurz-, aber auch mittelfristig kaum zu erreichen sein wird. Der Wert für den Gesellschaftsindikator, das heißt, die Schnittmenge der Befragten, die die Anforderungen aller drei Teilindikatoren erfüllen, lag 2009 bei 22 Prozent und 2011 bei 23 Prozent. Es hat also keine statistisch signifikante Zunahme gegeben (siehe Tabelle 1). Angesichts der großen Diskrepanz zwischen Ist- und Soll-Wert sowie des geringen Fortschritts im Zeitraum von 2009 bis 2011 stellt sich die Frage, wie sinnvoll die Festsetzung von gesellschaftlichen oder politischen Zielwerten ist, ohne dass der Ausgangswert bekannt ist.

Tabelle 1: Zeitliche Entwicklung des Gesellschaftsindikators (Angaben in Prozent)

	2009	**2011**
Teilindikator „Wissen“	42	41
Teilindikator „Einstellungen“	54	51
Teilindikator „Verhalten“	50	46
Gesamtindikator	22	23

5 Fazit zur konzeptionellen Weiterentwicklung der Naturbewusstseinsstudien

Mit den beiden ersten Studien zum Naturbewusstsein konnte eine solide Basis für das Monitoring der naturbezogenen Einstellungen in der Bevölkerung geschaffen werden. Für Folgestudien sollte ein Set aus in den Studien genutzten Items festgelegt werden, mit denen die Ausprägungen des Naturbewusstseins erhoben werden. Auf diese Weise können Veränderungen im Naturbewusstsein über die Jahre festgestellt werden – was nicht bedeutet, dass dieses Set nicht bei Bedarf erweitert werden kann.

Neben den feststehenden Fragen zum Naturbewusstsein und zum Gesellschaftsindikator besteht genügend Spielraum für inhaltliche Erweiterungen und Schwerpunktsetzungen. Dabei ist aber zu berücksichtigen, dass nicht jedes natur(schutz)politische Thema, das gerade Konjunktur hat, ein geeigneter Gegenstand für die Naturbewusstseinsstudien ist. Das Gleiche gilt für viele naturschutzfachliche Spezialthemen. Geeignet sind nur solche Themen, die größere Teile der Gesellschaft erreicht haben. Es sind noch viele interessante Fragen in Bezug auf das Mensch-Natur-Verhältnis offen, die im Rahmen der Naturbewusstseinsstudien untersucht werden könnten, unter anderem

- zum Stellenwert von Natur im Verhältnis zu anderen Gütern/Werten,
- zu den Möglichkeiten, Naturverbundenheit in Zeiten rapiden Naturverlustes zu stärken,

- zum Zusammenhang zwischen Einstellungen und (tatsächlichem) Verhalten,
- zum ästhetischen, kulturellen und gesundheitlichen Wert von Landschaften.

Die im Auftrag des Bundesamtes für Naturschutz und des Bundesumweltministeriums durchgeführten Studien zum Naturbewusstsein sollten nicht überfrachtet werden. Sie sind kein geeigneter Rahmen für die (psychologische, soziologische oder philosophische) Grundlagenforschung – auch wenn diese durchaus noch notwendig ist.

Eine weitere inhaltliche und konzeptionelle Angleichung der Naturbewusstseins- an die Umweltbewusstseinsstudien wäre sowohl fachlich als auch naturschutzpolitisch kontraproduktiv und zwar aus folgenden Gründen:

- Es macht wenig Sinn, Einstellungen, Handlungsbereitschaft und Verhalten in den Bereichen Alltagskonsum, Mobilität, Wohnen und so weiter zum einen unter Umweltschutz- und zum anderen unter Naturschutzgesichtspunkten zu untersuchen und darzustellen.
- Die Akteure des Naturschutzes haben für ihre Arbeit spezifischen Unterstützungsbedarf. Es geht zum Beispiel um die Frage, wie die Naturverbundenheit in den verschiedenen soziokulturellen Bevölkerungssegmenten und die konkrete Naturschutzarbeit sowohl in Verbänden als auch im privaten Umfeld gestärkt werden können.
- Der Naturschutz hat andere Handlungsdimensionen als der Umweltschutz – und andere Anknüpfungsmöglichkeiten aufgrund des emotionalen Werts von Natur.

Es sollte eine strategische Abstimmung der inhaltlichen Konzepte für die Naturbewusstseins- und Umweltbewusstseinsstudien angestrebt werden, die eigene und sich möglichst ergänzende inhaltliche Profile für beide Studien zum Ziel hat.

Literaturverzeichnis

Albertz J. (Hrsg.) (1994): Das Bewußtsein - philosophische, psychologische und physiologische Aspekte. Freie Akademie, Berlin.

Barkmann J.; Cerda C. L.; Marggraf R. (2005): Interdisziplinäre Analyse zu Naturbildern: Notwendige Voraussetzungen für die ökonomische Bewertung der natürlichen Umwelt. In: Umweltpsychologie, 9. Jg., Heft 2: 10-29.

BMU (Bundesministerium für Umwelt, Naturschutz und Reaktorsicherheit) (Hrsg.) (2000): Umweltbewusstsein in Deutschland 2000. Ergebnisse einer repräsentativen Bevölkerungsumfrage. Berlin.

BMU (Bundesministerium für Umwelt, Naturschutz und Reaktorsicherheit) (Hrsg.) (2002): Umweltbewusstsein in Deutschland 2002. Ergebnisse einer repräsentativen Bevölkerungsumfrage. Berlin.

BMU (Bundesministerium für Umwelt, Naturschutz und Reaktorsicherheit) (Hrsg.) (2004): Umweltbewusstsein in Deutschland 2004. Ergebnisse einer repräsentativen Bevölkerungsumfrage. Berlin.

BMU (Bundesministerium für Umwelt, Naturschutz und Reaktorsicherheit) (Hrsg.) (2006): Umweltbewusstsein in Deutschland 2006. Ergebnisse einer repräsentativen Bevölkerungsumfrage. Berlin.

BMU (Bundesministerium für Umwelt, Naturschutz und Reaktorsicherheit) (Hrsg.) (2007a): Nationale Strategie zur biologischen Vielfalt. Reihe Umweltpolitik. Berlin.

BMU (Bundesministerium für Umwelt, Naturschutz und Reaktorsicherheit) (Hrsg.) (2007b): Die Natur ist den Deutschen ausgesprochen wichtig, Internet: http/www.bmu.de/files/pdfs/allgemein/application/pdf/forsa_umfrage_biodiversitaet.pdf (25.11.2008)

BMU (Bundesministerium für Umwelt, Naturschutz und Reaktorsicherheit) (Hrsg.) (2008): Umweltbewusstsein in Deutschland 2008. Ergebnisse einer repräsentativen Bevölkerungsumfrage. Berlin.

BMU (Bundesministerium für Umwelt, Naturschutz und Reaktorsicherheit) & BfN (Bundesamt für Naturschutz) (Hrsg.) (2010): Naturbewusstsein 2009. Bevölkerungsumfrage zu Natur und biologischer Vielfalt. Berlin, Bonn.

BMU (Bundesministerium für Umwelt, Naturschutz und Reaktorsicherheit) & BfN (Bundesamt für Naturschutz) (Hrsg.) (2012): Naturbewusstsein 2011. Bevölkerungsumfrage zu Natur und biologischer Vielfalt. Berlin, Bonn.

Brand, K.-W.; Hoffmann, M.; Rink, D. (2002): Umweltmentalitäten, Naturvorstellungen und Lebensstile in Ostdeutschland.

Braun, A. (2000): Wahrnehmung von Wald und Natur. Opladen.

De Groot, W. T.; Van den Born, R. J. G. (2003): Visions of nature and landscape type preferences: an exploration in the Netherlands. Landscape and Urban Planning 63 (3): 127-138.

Dunlap, R. E.; Van Liere, K. D. (1978): The new environmental paradigm: A proposed measuring instrument and preliminary results. In: Journal of Environmental Education 9: 10-19.

Dunlap, R. E.; Van Liere, K. D.; Merting, A. G.; Jones, R. E. (2000): Measuring Endorsement of the New Environmental Paradigm. A Revised NEP Scale. J. Soc. Issues 56: 425-442.

Eser, U.; Neu, A.-K.; Müller, A. (2011): Klugheit, Glück, Gerechtigkeit: Ethische Argumentationslinien in der Nationalen Strategie zur biologischen Vielfalt. Landwirtschaftsverlag Münster.

Europäische Kommission (2007): Attitudes of Europeans towards the issue of biodiversity. Flash Eurobarometer Series 219. The Gallup Organization. Internet: http://ec.europa.eu/public_opinion/flash/fl_219_en.pdf (15.11.2008).

Europäische Kommission (2010): Attitudes of Europeans towards the issue of biodiversity. Flash EB Series 290. The Gallup Organization. Internet: http://ec.europa.eu/public_opinion/flash/fl_290_en.pdf (15.06.2010).

Gardner, G. T.; Stern, P. C. (1996): Environmental problems and human behavior. Boston.

Gloy, K. (1998): Bewußtseinstheorien. Zur Problematik und Problemgeschichte des Bewußtseins und Selbstbewußtseins. Alber, Freiburg.

Herrmann, C.; Pauen, M.; Rieger, J.; Schicktanz, S. (Hrsg.) (2005): Bewusstsein -Perspektivenwechsel zwischen den Disziplinen. UTB, Frankfurt.

Kleinhückelkotten, S.; Calmbach, M.; Glahe, J.; Neitzke, H.-P.; Stöcker, R.; Wippermann, C.; Wippermann, K. (2009): Kommunikation für eine nachhaltige Waldwirtschaft. Forschungsverbund Mensch & Wald, M&W-Bericht 09/01, Hannover.

Kleinhückelkotten, S.; Neitzke, H.-P. (2010): Umfrage Naturbewusstsein. Abschlussbericht. ECOLOG-Institut, Hannover.

Kleinhückelkotten, S.; Neitzke, H.-P. (2012): Naturbewusstseinsstudie 2011. Abschlussbericht. ECOLOG-Institut, Hannover.

Krämer, S. (Hrsg.) (1996): Bewusstsein. Philosophische Beiträge. Suhrkamp, Frankfurt am Main.

Krömker, D. (2004): Naturbilder, Klimaschutz und Kultur. Beltz, Weinheim.

Krömker, D. (2005): Naturbilder – ein kulturbedingter Faktor im Umgang mit dem Klimawandel. In: Umweltpsychologie 9 (2): 146-171.

Kuckartz, U.; Rädiker, S. (2009): Abschlussbericht zum F+E-Vorhaben 'Indikatoren für die nationale Strategie zur biologischen Vielfalt - Bedeutsamkeit umweltpolitischer Ziele und Aufgaben (Gesellschaftsindikator)'. Institut für Erziehungswissenschaft, Philipps-Universität Marburg.

Lantermann, E.-D.; Reusswig, F.; Schuster, K.; Schwarzkopf, J. (2003): Lebensstile und Naturschutz. Zur Bedeutung sozialer Typenbildung für eine bessere Verankerung von Ideen und Projekten des Naturschutzes in der Bevölkerung. In: Erdmann, K.-H.; Schell, C. (Bearb.): Zukunftsfaktor Natur - Blickpunkt Mensch. Bundesamt für Naturschutz, Bonn/ Bad Godesberg: 127-244.

Münkemüller, T.; Homburg, A. (2005): Naturerfahrung. Dimensionen und Beeinflussung durch naturschutzfachliche Wertigkeit. In: Umweltpsychologie, 9 (2): 50-67.

Reusswig, F. (2002a): Lebensstile und Naturorientierungen. Gesellschaftliche Naturbilder und Einstellungen zum Naturschutz. In: Rink D. (Hrsg.): Lebensstile und Nachhaltigkeit. Konzepte, Befunde und Potentiale. Opladen: 156-180.

Reusswig, F. (2002b): Die Bedeutung von Lebensstiltypen für den Natur- und Umweltschutz. In: Erdmann, K.-H.; Schell, C. (Bearb.): Naturschutz und gesellschaftliches Handeln. Bundesamt für Naturschutz, Bonn: 55-77.

Rink, D. (2002): Naturbilder und Naturvorstellungen sozialer Gruppen. Konzepte, Befunde und Fragestellungen. In: Erdmann, K.-H.; Schell, C. (Bearb.): Naturschutz und gesellschaftliches Handeln. Bundesamt für Naturschutz, Bonn: 23-39.

Sawicka, M. (2005): Die Rolle von Naturbildern bei der Meinungsbildung über grüne Gentechnik – eine deutsch-amerikanische Vergleichsstudie. In: Umweltpsychologie 9 (2): 126-144.

Schuster, K. (2003): Lebensstil und Akzeptanz von Naturschutz. Asanger, Heidelberg.

Schuster, K. (2008): Gesellschaft und Naturschutz. Empirische Grundlagen für eine lebensstilorientierte Naturschutzkommunikation. Naturschutz und Biologische Vielfalt, 53. Bonn.

Stern, P. (2000): Toward a Coherent Theory of Environmentally Significant Behavior. J. Soc. Issues 56 (3): 407-424.

Streit, B. (2007a): Biodiversität – die „Große Unbekannte“? Natur und Museum 136 (718): 181-183.

Streit, B. (2007b): Biozahl 2007. 25,7 % der Deutschen kennen spontan den Begriff Biodiversität. Internet: http://www.biofrankfurt.de/download/Biozahl-2007.pdf (14.11.2008).

Thompson, M.; Ellis, R.; Wildavsky, A. (1990): Cultural Theory. Boulder.

Van den Born, R. J. G.; Lenders, H. J. R.; De Groot, W. T.; Huijsman, E. (2001): The New Biophilia: An exploration of visions of nature in Western countries. Environmental Conversation 28 (1): 65-75.

Van den Born, R. J. G. (2006): Implicit Philosophy: Images of the Relationship between Humans and Nature in the Dutch Population. In: Van den Born, R. J. G.; de Groot, W.; Lenders, R. H. J. (Hrsg.): Visions of Nature: A Scientific Exploration of People's Implicit Philosophies Regarding Nature in Germany, the Netherlands and the United Kingdom. Berlin, Hamburg, Münster: 63-84.

Naturbewusstsein und Moralbewusstsein: Der Beitrag der Naturbewusstseinsstudie zu einer ethisch fundierten Naturschutzkommunikation

Uta Eser

1 Naturbewusstsein, Kommunikation und Ethik

> „Eine empirische Wissenschaft vermag niemanden zu lehren, was er soll, sondern nur, was er kann und – unter Umständen – was er will" (Weber 1917:151).

Mit den Naturbewusstseinsstudien soll das Verhältnis der Deutschen zur Natur empirisch erfasst werden, damit Naturschutzpolitik sowie Kommunikation, Bildung und Öffentlichkeitsarbeit der für Naturschutz zuständigen politischen Institutionen fortlaufend über aktuelle Daten hierzu verfügen (BMU/BfN 2012: 13). Was kann ethische Reflexion zu einem solchen Vorhaben beitragen? In den Studien geht es dezidiert „nicht um ‚hohes' oder ‚niedriges' Naturbewusstsein als normative Kategorie" (BMU/BfN 2010: 17). „Wertschätzung von Natur", „Verantwortungsbewusstsein für Natur", „Naturliebe" oder „Naturkenntnis" sind mit dem Begriff „Naturbewusstsein" ausdrücklich nicht gemeint (Kleinhückelkotten 2013). Und doch geht es bei der Erhebung des sogenannten Gesellschaftsindikators darum, „Fortschritte im gesellschaftlichen Bewusstsein" zu messen (BMU/BfN 2012: 13):

> „Im Jahre 2015 zählt für mindestens 75 Prozent der Bevölkerung die Erhaltung der biologischen Vielfalt zu den prioritären gesellschaftlichen Aufgaben. Die Bedeutung der biologischen Vielfalt ist fest im Bewusstsein der Bevölkerung verankert. Das Handeln der Menschen richtet sich zunehmend daran aus und führt zu einem deutlichen Rückgang der Belastung der biologischen Vielfalt (BMU 2007: 60 f.)."

Auch wenn diese Zielbestimmung im Indikativ verfasst ist, ist damit eindeutig ein Sollen gemeint – ein normativer Begriff also. Denn ob eine bestimmte Veränderung des Naturbewusstseins als „Fortschritt“ gilt, ist ein Werturteil, das selbst nicht empirisch zu begründen ist.

Es geht in den Naturbewusstseinsstudien also nicht nur um die wertfreie Erhebung sozialer Tatsachen, sondern – zumindest im Kontext der Nationalen Biodiversitätsstrategie – auch um die Wertung des ermittelten ‚Bewusstseins' als „praktisch wünschenswert oder unerwünscht“ (Weber 1917: 499). Damit ist das Problem der Wertfreiheit berührt, das es nach Max Weber erfordert, empirische Tatsachen und praktische Wertung zu unterscheiden:

> „(E)s handelt sich doch ausschließlich um die an sich höchst triviale Forderung: daß der Forscher und Darsteller die Feststellung empirischer Tatsachen … und seine praktisch wertende, d. h. diese Tatsachen … als erfreulich oder unerfreulich beurteilende, in diesem Sinn: ‚bewertende‘ Stellungnahme unbedingt auseinanderhalten solle, weil es sich da nun einmal um heterogene Probleme handelt“ (Weber 1917: 500).

Dass „Wertschätzung von Natur“ oder „Verantwortungsbewusstsein für die Natur“ im Rahmen sozialwissenschaftlicher Empirie nicht zu begründen sind, heißt freilich mitnichten, dass sie hier nicht thematisiert werden dürfen. Im Gegenteil: Gerade weil die empirische Naturbewusstseinsforschung in einem umweltpolitischen Kontext eingebunden ist, muss der Wertdimension ausdrückliche Aufmerksamkeit gewidmet werden. Im Hinblick auf das Wertfreiheitspostulat muss die sozialwissenschaftliche Forschung Bezüge zu Werten und Normen thematisieren, damit sie sich nicht als objektive wissenschaftliche Erkenntnisse maskieren: „Wertbeziehungen sind methodisch unvermeidlich und gleichwohl objektiv unverbindlich. Wir sind daher gehalten, die Abhängigkeit deskriptiver Aussagen von Voraussetzungen normativen Gehalts zu deklarieren“ (Habermas 1982: 65).

Allerdings zeigen die Erkenntnisse der sozialwissenschaftlichen Wissenschafts- und Technikforschung, dass die geforderte säuberliche Trennung von Tatsachen und Wertung nicht einfach ist (einführend zum Ansatz der Wissenschaftsforschung Felt et al. 1995; grundlegend Jasanoff et al. 1995). Bereits in die Konstitution von Forschungsgegenständen gehen wertende Stellungnahmen und normative Präferenzen ein (hierzu exemplarisch Eser 2002 für den wissenschaftlichen Gegenstand ‚Biodiversität'). Dies gilt auch für den Forschungsgegenstand ‚Naturbewusstsein'. Für die Auftraggeber, für die Forschenden und für die Befragten ist ‚Naturbewusstsein' mit bestimmten, meist unausgesprochenen wertenden Stellungnahmen und normativen Voraussetzungen verbunden. Diese explizit zum Gegenstand der Untersuchung zu machen, ist eine folgerichtige Konsequenz des Wertfreiheitspostulats.

Sowohl in der sozialwissenschaftlichen Naturbewusstseinsforschung als auch in der Umweltkommunikation ist der Begriff der ‚Moral' häufig negativ besetzt. So kritisieren Rückert-John und Peuker (2013) angesichts der Fokussierung der Umweltforschung auf die Differenz zwischen Bewusstsein und Handeln die „Moralisierung des nicht-umweltgerechten Alltagshandelns". Auch in der Umweltkommunikation ist der „moralische Zeigefinger" verpönt: Er gilt als strategisch wenig Erfolg versprechend und entbehrlich:

> „Vergessen Sie den moralischen Zeigefinger! Wenn Sie ein Flugblatt, ein Plakat oder eine Broschüre gestalten – verzichten Sie auf Katastrophenszenarien und auf den moralischen Zeigefinger! Katastrophenszenarien dienen vielleicht der Unterhaltung, sind aber kein geeignetes Mittel der Umweltkommunikation. Der moralische Zeigefinger ist schlichtweg unnötig: Das Anliegen, unsere natürlichen Lebensgrundlagen zu sichern, kann wunderbar über die individuellen ästhetischen Vorlieben, die persönlichen Interessen oder die Lebensstile der Zielgruppe transportiert werden" (Schack 2004: 3).

Mit dem im vorliegenden Beitrag beabsichtigten Nachdenken und Reden über Fragen der Moral und Ethik ist solches „Moralisieren" aber keineswegs gemeint. Vielmehr geht es hier darum, die aus Gründen der Adressatenorientierung vorgeschlagene Vermeidung der Thematisierung moralischer Anliegen kritisch zu hinterfragen. Wer Naturschutz auf eine individuelle ästhetische Vorliebe oder ein persönliches Interesse reduziert, muss sich fragen lassen, wie er diese individuelle Vorliebe in der Abwägung gegen andere individuelle Vorlieben oder gar kollektive Interessen verteidigen will. Spätestens hier kommt man um Fragen der Begründung und damit um Fragen von Moral und Ethik nicht mehr herum. Das bedeutet aber gerade nicht, dass es möglich wäre, „den Wert" der biologischen Vielfalt wissenschaftlich zu bestimmen und ihn anderen mit den Mitteln der Kommunikation zu verordnen. Es geht nicht darum, „den Wert" der Natur zu kommunizieren, sondern mit anderen über den Wert der Natur zu sprechen. Gerade wegen der Subjektivität von Bewertungen müssen alle Kommunikationsteilnehmer in diesen Diskurs einbezogen werden – zumindest wenn diskursiv begründet werden soll, warum Menschen, wie der Gesellschaftsindikator es fordert, ihr Handeln an der Bedeutung der biologischen Vielfalt ausrichten sollen.

Ich werde im Folgenden darstellen, wie solche ethischen Überlegungen ihren Niederschlag in der Naturbewusstseinsstudie 2011 gefunden haben (Abschnitt 2), welche Ergebnisse erhoben wurden (Abschnitt 3), wie sie zu interpretieren sind (Abschnitt 4) und welche Erkenntnisse daraus für die Naturschutzkommunikation gewonnen werden können (Abschnitt 5).

2 Die Kategorien Klugheit, Glück, Gerechtigkeit

Warum ist das Artensterben schlecht? Warum sind Handlungen zum Schutz von Arten gut? Warum sollen Menschen zum Schutz der Natur handeln? Solche Fragen sind Gegenstand der philosophischen Umweltethik. Vor dem Hintergrund des Scheiterns des Ziels der Europäischen Biodiversitätsstrategie, den Verlust an biologischer Vielfalt bis zum Jahr 2010 zu stoppen, hat das Bundesamt für Naturschutz in Deutschland im Jahr 2010 ein umweltethisches Gutachten in Auftrag gegeben, mit dem Ziel, die Anliegen der Nationalen Strategie zur Biologischen Vielfalt besser kommunizieren zu können. In diesem Gutachten wurden die in der Strategie genannten Gründe aus ethischer Perspektive analysiert und evaluiert (Eser et al. 2011). Die Nationale Strategie zur Biologischen Vielfalt dient der Umsetzung des Übereinkommens über die biologische Vielfalt, das Deutschland 1992 beim Weltumweltgipfel in Rio de Janeiro unterzeichnet hat (BMU 2007). Ziel dieses weltweiten Übereinkommens – und damit auch der Nationalen Biodiversitätsstrategie – ist es, die biologische Vielfalt zu schützen, sie nachhaltig zu nutzen und die Vorteile aus der Nutzung gerecht zu verteilen (UNCED 1992, Artikel 1). Die vorgefundenen Argumente für diese dreifache Zielsetzung haben wir gemäß der philosophischen Unterscheidung prudentieller, moralischer und eudämonistischer Argumente (Ott 2007) drei allgemeinverständlichen Kategorien zuordnet: Klugheit, Gerechtigkeit und Glück. Argumente des Typs ‚Klugheit' betonen den instrumentellen Wert der Natur für Wirtschaft und Gesellschaft, ‚Gerechtigkeit' spricht Fragen der Verantwortung und moralische Verpflichtungen an, ‚Glück' schließlich hebt den eudämonistischen Eigenwert der Natur hervor, das heißt, die Bedeutung einer gelingenden Naturbeziehung für ein gutes Leben. Im Hinblick auf die Kommunikationsstrategie haben wir die verbreitete Präferenz von Klugheitsargumenten kritisch hinterfragt und vermutet, dass diese das Moralbewusstsein der Bevölkerung unterschätzen. Dies war ein Motiv für die Aufnahme dieser Kategorien in die Naturbewusstseinsstudie 2011.

2.1 Klugheit: „Weil Naturschutz in unserem eigenen Interesse ist"

Paradigmatisch für den Argumentationstypus ‚Klugheit' ist das im Umwelt- und Nachhaltigkeitsdiskurs omnipräsente Argument „Wir sägen an dem Ast, auf dem wir sitzen". Wer so argumentiert, will betonen, dass Naturschutz kein Akt selbstloser Rücksichtnahme auf die Bedürfnisse anderer Lebewesen ist, sondern im eigenen Interesse der Menschheit liegt. Naturschutz bedarf, so die implizite Voraussetzung, keiner besonderen Sittlichkeit. Er ist mithin keine Frage der Moral, sondern lediglich eine der Klugheit. Denn der Schutz der Natur ist, so das Klugheitsargument, aufgrund der negativen Rückkopplungen, die mit Schädigungen der natürlichen Umwelt verbunden sind, schlicht eine Frage menschlichen Eigeninteresses. Im Zentrum dieses Arguments steht also die Abhängigkeit menschlicher Existenz und ökonomischer Wertschöpfungsprozesse von der Funktionsfähigkeit der Ökosysteme. Wer der Natur Schaden zufügt, so lautet die zentrale Botschaft, schadet über die komplexen Abhängigkeiten und Wechselwirkungen in ökologischen Systemen früher oder später auch sich selbst.

Insbesondere die ökonomische Variante dieses Arguments hat in jüngster Zeit Hochkonjunktur. Das Konzept der Ökosystemdienstleistungen ist mit dem Millennium Ecosystem Assessment zum Schlüsselkonzept geworden, das die umfangreichen und unterschiedlichen Weisen, in denen Menschen von Natur profitieren, unter den ökonomischen Begriff der Dienstleistung subsumiert (MEA 2005). Analog zum Stern-Report für den Klimaschutz haben die internationale TEEB-Studie – The Economics of Ecosystems and Biodiversity – und das nationale Nachfolgeprojekt TEEB-Deutschland das Ziel, Entscheidungsträgern die ökonomischen Kosten zu verdeutlichen, die mit der Vernichtung biologischer Vielfalt verbunden sind (zusammenfassend TEEB 2010). Beeinträchtigungen der biologischen Vielfalt und der damit verbundenen Dienstleistungen sollen durch diesen Ansatz als ökonomische Faktoren sichtbar gemacht werden. Der Schutz der biologischen Vielfalt und der mit ihr verbundenen Ökosystemdienstleistungen erscheint so nicht länger als Partialinteresse romantischer Naturschwärmer, sondern als handfestes Eigeninteresse auch und gerade ökonomischer Akteure. Den klassischen Widerspruch zwischen Ökologie und Ökonomie hofft man, mit dieser Argumentation aufheben zu können.

2.2 Gerechtigkeit: „Weil wir moralisch zum Schutz der Natur verpflichtet sind"

So überzeugend die Klugheitsargumentation in ihrer generischen Variante ist, so deutlich werden ihre Schwächen dann, wenn man von der allgemeinen zur konkreten Ebene wechselt. Hier geben nämlich in der Regel nicht langfristige Überlebensinteressen der Menschheit, sondern kurzfristige Partialinteressen bestimmter Menschen oder Gruppen den Ausschlag. Allgemein gesprochen, ist es zwar zutreffend, dass „der Mensch" sich durch Naturzerstörung langfristig selbst schadet. Konkret jedoch sind es bestimmte Menschen, die durch die Verfolgung ihrer jeweiligen Interessen dazu beitragen, dass andere Menschen ihre Interessen nicht oder nicht in gleicher Weise befriedigen können. Um beim oben genannten Bild zu bleiben: Diejenigen, die die Sägen haben und benutzen, sind nicht immer auch diejenigen, die von dem herabfallenden Ast mitgerissen werden. Vielmehr sägen wir hier und heute an einem Ast, auf dem andernorts oder in Zukunft andere Menschen und nicht menschliche Lebewesen sitzen. Eine solche Relation von „Tätern" und „Opfern" kann eine generische Klugheitsargumentation nicht angemessen erfassen. Grundsätzlich lassen sich drei Arten möglicher Interessenkonflikte benennen (vgl. Eser 2012):

1. Gleiche Interessen unterschiedlicher Personen: Person A und Person B haben dasselbe Interesse an Natur, aber nur eine von beiden kann es realisieren.
2. Unterschiedliche Interessen unterschiedlicher Personen: Person A hat Interesse x und Person B Interesse y, beide lassen sich nicht auf demselben Naturstück realisieren.
3. Unterschiedliche Interessen gleicher Personen: Person A hat Interesse x und Interesse y, kann aber nicht beide gleichzeitig auf demselben Naturstück realisieren.

Da wir den Bereich der „Gerechtigkeit" auf Pflichten gegenüber anderen beschränkt haben, fällt die Abwägung intrapersonaler Interessenkonflikte (3) nicht unter diese Rubrik, sondern unter Klugheit oder Glück. Sobald aber durch die Befriedigung bestimmter Interessen einer Person oder Gruppe die Befriedigung berechtigter Interessen anderer Personen oder Gruppen beeinträchtigt wird, stellen sich Gerechtigkeitsfragen. Dabei können Interessen an der Nutzung der Natur in drei Hinsichten mit anderen Interessen konfligieren:

- im Hinblick auf die Bedürfnisse zukünftiger Generationen: Intergenerationelle Gerechtigkeit,
- im Hinblick auf die Bedürfnisse benachteiligter heute lebender Menschen: Globale Gerechtigkeit und soziale Gerechtigkeit,
- im Hinblick auf die Bedürfnisse nicht-menschlicher Lebewesen: Ökologische Gerechtigkeit.

Prototypisch für ein intergenerationelles Gerechtigkeitsargument ist der Greenpeace-Slogan: „Wir haben die Erde nicht von unseren Eltern geerbt, sondern von unseren Kindern geliehen." Während das (zurückgewiesene) Konzept des Erbes in den Argumentationsraum ‚Klugheit' gehört, macht der Begriff der Leihgabe eine moralische Verpflichtung geltend. Wer sein Erbe verschleudert, handelt zwar unklug, aber nicht unmoralisch. Wer dagegen eine Leihgabe nicht zurückgibt, verstößt gegen eine im Begriff des Leihens implizierte und von allen anerkannte moralische Pflicht.

Fragen globaler Gerechtigkeit sind im Naturschutz insofern berührt, als der ökologische Fußabdruck Europas weit über Europa hinaus reicht. Die Vorteile aus der (Über-)Nutzung natürlicher Ressourcen und die damit verbundenen Nachteile sind global nicht gleich verteilt. Während die Reichsten der Welt überproportional davon profitieren, ist die Vulnerabilität durch Klimawandel oder Verlust an biologischer Vielfalt bei den Ärmsten am größten (UNDP 1998). Aus diesem Grund widmet die deutsche Biodiversitätsstrategie dem Thema „Armutsbekämpfung und Gerechtigkeit" ein eigenes Kapitel (BMU 2007: 101 ff.)

Fragen sozialer Gerechtigkeit stellen sich nicht nur im Verhältnis von Nord und Süd. Auch in Deutschland sind Umweltnutzen und Umweltschäden nicht gleich verteilt. Sozial benachteiligte Bevölkerungsgruppen sind nicht nur in höherem Maße schädlichen Umwelteinflüssen ausgesetzt, sie profitieren auch weniger von den gesundheitsförderlichen Auswirkungen des Naturerlebens (DNR 2009; DUH 2012).

Und schließlich kann gefragt werden, ob beziehungsweise aus welchen Gründen Menschen das Recht haben, ihre Bedürfnisse über die aller anderen Lebewesen zu stellen. Hier ist die Frage ökologischer Gerechtigkeit angesprochen, auf die umweltethische Erwägungen häufig verkürzt werden (zur Kritik dieser Engführung siehe Eser 2003; eine Übersicht über die umweltethische Debatte bietet Krebs 1997).

2.3 Glück: „Weil Naturschutz zu einem guten Leben beiträgt"

Wenn es nicht um Ressourcenschutz, sondern um Naturschutzanliegen geht, weist die Klugheitsargumentation eine weitere Schwäche auf: Längst nicht alle Arten, um die sich der Naturschutz bemüht, sind für das Überleben der Menschheit oder die ökonomische Wertschöpfung relevant. Ob es um den Schutz eiszeitlicher Reliktarten oder um den Schutz vom Menschen unbeeinflusster Prozesse in Nationalparken geht: Wer hier menschliche Überlebensinteressen geltend macht, hat häufig ein Plausibilitätsproblem. Dass es im Umwelt- und Naturschutz häufig nicht um das physische Überleben, sondern um ein gutes Leben geht, ist dabei keine Neuigkeit. Schon der Club of Rome stellt 1972 fest: „Schließlich steht der Mensch nicht vor der Frage, ob er als biologische Spezies überleben wird, sondern ob er wird überleben können, ohne den Rückfall in eine Existenzform, die nicht lebenswert erscheint" (Meadows et al. 1973: 176). Was genau ein lebenswertes Leben ausmacht, das ist die Frage, um die es im Argumentationsraum ‚Glück' geht.

2.4 *Bedeutung für die Naturschutzkommunikation und die Naturbewusstseinsstudie*

In der Naturschutzkommunikation dominieren bislang Klugheitsargumente, während Glücksargumente nur implizit und Gerechtigkeitsfragen kaum thematisiert werden. In unserem Gutachten haben wir vermutet, dass dieser Dominanz die Annahme zugrunde liegt, naturschutzferne Adressaten seien über Eigennutz am besten zu erreichen. Diese Annahme entspricht dem verengten Verständnis des Homo oeconomicus, demzufolge Menschen in ihrem Handeln stets ihren eigenen Nutzen optimieren. Es gibt jedoch gute Gründe für die Vermutung, dass mit einer solchen Annahme das Moralbewusstsein der Bevölkerung unterbewertet wird. Umweltpsychologische Arbeiten haben gezeigt, dass in Umweltkonflikten nicht nur Eigennutz, sondern auch moralische Überzeugungen und Gerechtigkeitsempfinden eine erhebliche Rolle spielen (Müller 2012). Die Bedeutung eigennütziger Interessen, so Syme (2012), werde von der Politik tendenziell überschätzt. Gegen eine rein egoistische Interpretation des Homo oeconomicus ist zudem einzuwenden, dass auch im Rahmen ökonomischer Rationalität altruistische Motive Handlungen rechtfertigen können (Nida-Rümelin 2011).

Um zu erheben, ob und in welchem Ausmaß die Bevölkerung den unterschiedlichen Argumentationstypen gegenüber aufgeschlossen ist, wurden in der Naturbewusstseinsstudie 2011 die drei Kategorien Klugheit, Glück und Gerechtigkeit ausdrücklich in die Frage nach den persönlichen Gründen für den Schutz der Natur aufgenommen (vgl. BMU/BfN 2012: 39 ff.).

3 Die Befunde der Naturbewusstseinsstudie

Durch die ausdrückliche Frage nach den Gründen für den Schutz der Natur liegen konkrete Befunde dazu vor, ob und inwieweit die Befragten für moralische und ethische Aspekte des Naturschutzes aufgeschlossen sind. Die erhobenen Zustimmungsraten zeigen, dass die Aspekte Zukunftsgerechtigkeit, globale Gerechtigkeit und ökologische Gerechtigkeit für die große Mehrzahl der Befragten überzeugende Argumente darstellen, ebenso der Wert der Natur für ein gelingendes Leben. Die Zustimmungsraten sind dabei für Gerechtigkeits- und Glücksargumente teilweise sogar höher als für Klugheitsargumente (BMU/BfN 2012: 40): Während Zukunftsgerechtigkeit mit 96 Prozent die mit Abstand größte Zustimmung findet, ist die Tatsache, dass Natur eine Rohstoffquelle für Wirtschaft und Industrie ist, nur für 84 Prozent der Befragten von Bedeutung.

Dazwischen liegen die Zustimmungsraten für ökologische Gerechtigkeit (92 %), globale Gerechtigkeit (90 %), erfülltes Leben (89 %) und potenzielle Nutzungsmöglichkeiten (86 %). Im Folgenden werden die Befunde im Detail dargestellt.

3.1 Klugheit

Klugheitsargumente finden sich sowohl am oberen als auch am unteren Ende der Zustimmungsskala. Der Wert der Natur für Gesundheit und Wohlbefinden des Menschen führt mit 71 Prozent uneingeschränkter Zustimmung die Liste der Gründe für den Naturschutz an. Ökonomische Klugheitsargumente liegen dagegen am untersten Ende der vollständigen Zustimmung (Abbildung 1). Zukünftige Nutzungsmöglichkeiten und ökonomische Verwertungsinteressen treffen für 41 Prozent der Befragten „voll und ganz" als Grund für den Naturschutz zu, für 2 beziehungsweise 3 Prozent hingegen „überhaupt nicht". Materielle Nutzungen sind offenbar als Argumente weniger gewichtig als immaterielle Vorteile, die Menschen mit Natur verbinden.

„Der Schutz der Natur hat für mich einen hohen Wert,
„weil sie für Gesundheit und Erholung des Menschen wichtig ist":
    95 Prozent Zustimmung (71 „voll und ganz", 24 Prozent „eher")
    4 Prozent Ablehnung (4 Prozent „eher nicht")
„weil in ihr noch ungeahnte Möglichkeiten stecken, die der Mensch zukünftig nutzen kann":
    86 Prozent Zustimmung (41 „voll und ganz", 45 Prozent „eher")
    9 Prozent Ablehnung (7 Prozent „eher nicht", 2 Prozent „überhaupt nicht")
„weil sie eine wichtige Rohstoffquelle für Industrie und Wirtschaft ist":
    89 Prozent Zustimmung (41 „voll und ganz", 43 Prozent „eher")
    14 Prozent Ablehnung (11 „eher nicht", 3 Prozent „überhaupt nicht")
(BMU/BfN 2012: 40)

Abbildung 1: Zustimmungs- und Ablehnungsraten zu Klugheitsargumenten

In der Detailauswertung nach Naturbewusstseinstypen bestätigt sich allerdings, dass naturferne Gruppen durch das ökonomische Argument am ehesten zu überzeugen sind: In der Gruppe der „Naturfernen" erfährt dieses Argument mit 33 Prozent die relativ größte Zustimmung (Kleinhückelkotten/Neitzke 2012: 22;

vgl. Abbildung 7). In der Gruppe der „Naturschutzorientierten“ spielt dagegen Natur als Rohstoffquelle eine eher unbedeutende Rolle. Die Zustimmung liegt hier mit 46 Prozent zwar deutlich über der Zustimmungsrate der „Naturschutzfernen“, gleichwohl liegt sie weit unter der Zustimmungsrate zum Wert „Gesundheit und Erholung“, die bei den „Naturschutzorientierten“ 91 Prozent beträgt (ebd.). Bei den „Naturschutzfernen“ liegt die Zustimmungsrate hierzu lediglich bei 27 Prozent.

3.2 *Gerechtigkeit*

Unter ‚Gerechtigkeit’ fallen alle Aussagen, die auf Rechte oder Pflichten und auf die Verantwortungsübernahme für das eigene Handeln abzielen. Hier rangiert an oberster Stelle die Verantwortung für zukünftige Generationen. Sie stellt sowohl für den Schutz der Natur als auch für ihre nachhaltige Nutzung das prominenteste Argument dar (Abbildung 2).

„Der Schutz der Natur hat für mich einen hohen Wert, weil zukünftige Generationen ein Recht auf intakte Natur haben“:
   96 Prozent Zustimmung (67 „voll und ganz“, 29 Prozent „eher“) (BMU/BfN 2012: 40).
„Wir dürfen die Natur nur so nutzen, dass dies auch für kommende Generationen im gleichen Umfang möglich ist“:
   93 Prozent Zustimmung (58 „voll und ganz“, 35 Prozent „eher“) (BMU/BfN 2012: 55).
„Die biologische Vielfalt sollte als Erbe für unsere Kinder und zukünftige Generationen erhalten bleiben“:
   91 Prozent Zustimmung (59 „voll und ganz“, 32 Prozent „eher“), (BMU/BfN 2012: 63).

Abbildung 2: Zustimmungsraten zu Zukunftsgerechtigkeit

Betrachtet man wieder nur die uneingeschränkte Zustimmung, differenziert nach Naturbewusstseinstypen, so findet sich eine Spannbreite von 90 Prozent bei den „Naturschutzorientierten“ bis zu 22 Prozent bei den „Naturfernen“ (Kleinhückelkotten/Neitzke 2012: 22).

Ähnlich groß ist die Spannbreite bei der Frage nach der globalen Verantwortung. Zwar sind insgesamt 90 Prozent der Befragten der Meinung, dass wir Verantwortung für die globalen Folgen unseres Handelns übernehmen müssen.

Uneingeschränkt sehen das aber nur 78 Prozent der „Naturschutzorientierten“ und nur 16 Prozent der „Naturfernen“ so (Kleinhückelkotten/Neitzke 2012: 22). Unterdurchschnittliche Bedeutung hat dieses Argument mit 58 Prozent für die Gruppe der „Unbesorgten Naturverbundenen“ (ebd.). Die Zustimmung zur konkreten Unterstützung ärmerer Staaten fällt mit insgesamt 75 Prozent deutlich geringer aus als die generelle Bereitschaft zur Übernahme von Verantwortung. Uneingeschränkt stimmen dieser Aussage nur 27 Prozent der Befragten zu (Abbildung 3).

„Der Schutz der Natur hat für mich einen hohen Wert, weil wir für globale Folgen unseres Handelns Verantwortung übernehmen müssen.“:
90 Prozent Zustimmung (50 „voll und ganz“, 40 Prozent „eher“)
7 Prozent Ablehnung (6 „eher nicht“, 1 Prozent „überhaupt nicht“)
(BMU/BfN 2012: 40).
„Wir dürfen die Natur nicht auf Kosten der Menschen in ärmeren Ländern ausbeuten.“:
91 Prozent Zustimmung (52 „voll und ganz“, 39 Prozent „eher“)
6 Prozent Ablehnung (5 „eher nicht“, 1 Prozent „überhaupt nicht“)
(BMU/BfN 2012: 55).
„Ärmere Staaten sollten zum Schutz ihrer biologischen Vielfalt durch reichere Staaten finanziell unterstützt werden.“:
75 Prozent Zustimmung (27 „voll und ganz“, 48 Prozent „eher“)
18 Prozent Ablehnung (13 „eher nicht“, 5 Prozent „überhaupt nicht“)
(BMU/BfN 2012: 63).

Abbildung 3: Zustimmungs- und Ablehnungsraten zu globaler Gerechtigkeit

Ein von Menschen unabhängiges Existenzrecht von Tieren und Pflanzen erkennen insgesamt 92 Prozent der Befragten an. Damit liegt die Rate der uneingeschränkten Zustimmung nur knapp unter der für die Zukunftsverantwortung. Immerhin 63 Prozent halten Naturschutz voll und ganz für eine Frage ökologischer Gerechtigkeit. Skeptisch gegenüber einem solchen Recht sind lediglich 6 Prozent der Befragten (Abbildung 4). Dabei liegt die uneingeschränkte Zustimmung erwartungsgemäß bei den „Naturschutzorientierten“ mit 87 Prozent am höchsten, bei den „Naturfernen“ mit 19 Prozent am niedrigsten (Kleinhückelkotten/Neitzke 2012: 22). Die dauerhafte Sicherung der Vielfalt an Pflanzen und Tieren begrenzt nach Auffassung von 93 Prozent der Befragten die Nutzung der Natur.

„Der Schutz der Natur hat für mich einen hohen Wert, weil Tiere und Pflanzen ein eigenes Recht auf Existenz haben.“:
92 Prozent Zustimmung (63 „voll und ganz“, 29 Prozent „eher“)
6 Prozent Ablehnung (5 „eher nicht“, 1 Prozent „überhaupt nicht“)
(BMU/BfN 2012: 40).
„Die Natur darf nur so genutzt werden, dass die Vielfalt der Pflanzen und Tiere sowie ihrer Lebensräume auf Dauer gesichert ist.“:
93 Prozent Zustimmung (55 „voll und ganz“, 38 Prozent „eher“)
7 Prozent Ablehnung (6 „eher nicht“, 1 Prozent „überhaupt nicht“)
(BMU/BfN 2012: 55).

Abbildung 4: Zustimmungs- und Ablehnungsraten zu ökologischer Gerechtigkeit

Insgesamt weisen Zustimmungsraten von über 90 Prozent darauf hin, dass Anliegen globaler, intergenerationeller und ökologischer Gerechtigkeit fest im Moralbewusstsein der Befragten verankert sind.

3.3 Glück

Die Kategorie ‚Glück’ hebt im Unterschied zu Rechten und Pflichten stärker auf das subjektive Erleben der Einzelnen ab. Deshalb ist für den Punkt „Gesundheit und Erholung“ keine eindeutige Zuordnung zu den Kategorien Klugheit oder Glück möglich. Wenn Naturbegegnung rein instrumentell als Mittel zum Zweck der Gesundheitsförderung gesehen würde, wäre damit ein Klugheitsargument geltend gemacht. Viele Befragte dürften aber mit ‚Gesundheit und Erholung’ mehr als rein physisches Wohlergehen verbinden. Erholungssuchenden geht es häufig nicht lediglich um ein Naturerleben im Sinne eines Konsums von Naturschönheit, sondern vielmehr um eine emotionale oder ästhetische Bezugnahme auf Natur, die frei von instrumentellen Absichten ist (siehe hierzu ausführlich Eser et al. 2013, Kapitel 5). In diesem Fall wäre das Argument als Glücksargument einzuordnen. Welcher Anteil der insgesamt 95 Prozent Zustimmung zum Argument ‚Gesundheit und Erholung’ in dieser Weise zu interpretieren ist, lässt sich den Daten nicht entnehmen. Eindeutig subjektiv gefasst sind jedoch die in der Befragung unter die Rubrik „Glück“ eingeordneten Gründe, die allesamt im Mittelfeld der Zustimmungsraten rangieren. Die größte Zustimmung findet mit 93 Prozent das ‚Erleben von Vielfalt‘, ‚Eigenart und Schönheit‘, während die Empfindung von ‚Erhabenheit‘ nur für 78 Prozent der Befragten eine Rolle spielt. 28 Prozent können diesem Argument wenig oder nichts abgewinnen

(Abbildung 5). Erwartungsgemäß spielt die Empfindung von Erhabenheit in der Gruppe der „Naturfernen" mit rund 13 Prozent Zustimmung die geringste Rolle, während unter den „Naturschutzorientierten" 69 Prozent dieser Empfindung uneingeschränkt zustimmen.

„Der Schutz der Natur hat für mich einen hohen Wert, ..."
„... weil wir dort Schönheit, Eigenart und Vielfalt erleben können.":
93 Prozent Zustimmung (59 „voll und ganz", 34 Prozent „eher")
6 Prozent Ablehnung (5 „eher nicht", 1 Prozent „überhaupt nicht")
„... weil sie zu einem erfüllten Leben dazugehört.":
89 Prozent Zustimmung (54 „voll und ganz", 35 Prozent „eher")
9 Prozent Ablehnung (7 „eher nicht", 2 Prozent „überhaupt nicht")
„... weil sie das Gefühl vermittelt, dass es etwas gibt, das größer ist als der Mensch.":
78 Prozent Zustimmung (45 „voll und ganz", 33 Prozent „eher")
18 Prozent Ablehnung (14 „eher nicht", 4 Prozent „überhaupt nicht").
(BMU/BfN 2012: 40)

Abbildung 5: Zustimmungs- und Ablehnungsraten zu Glücksargumenten

Auch die Frage, welche Rolle Natur im Leben der Befragten spielt, verweist auf das Thema Glück: 58 Prozent der Befragten sind uneingeschränkt der Auffassung, dass Natur zu einem guten Leben gehört (BMU/BfN 2012: 49, Abbildung 6). Dabei geben nur 41 Prozent an, dass es sie glücklich macht, in der Natur zu sein. Hier wird deutlich, dass das flüchtige Glück des Augenblicks von einem anspruchsvolleren Konzept eines ‚Guten Lebens' zu unterscheiden ist, welches das Gelingen eines menschlichen Lebens insgesamt umfasst.

„Natur bedeutet für mich Gesundheit oder Erholung.“:
93 Prozent Zustimmung (58 „voll und ganz“, 35 Prozent „eher“)
„Zu einem guten Leben gehört die Natur dazu.“:
93 Prozent Zustimmung (58 „voll und ganz“, 35 Prozent „eher“)
„An der Natur schätze ich ihre Vielfalt.“:
91 Prozent Zustimmung (50 „voll und ganz“, 41 Prozent „eher“)
„Es macht mich glücklich, in der Natur zu sein.“:
86 Prozent Zustimmung (41 „voll und ganz“, 45 Prozent „eher“)
„Ich fühle mich mit Natur und Landschaft in meiner Region eng verbunden.“:
82 Prozent Zustimmung (38 „voll und ganz“, 43 Prozent „eher“)
(BMU/BfN 2012: 49)

Abbildung 6: Persönliche Bedeutung von Natur

4 Kritische Würdigung der Befunde

Betrachtet man die hohen Zustimmungsraten, so scheint die moralische Dimension des Naturschutzes (Gerechtigkeit) den Befragten ebenso bewusst zu sein wie die Bedeutung der Natur für ein gutes Leben (Glück). Unter den „Naturschutzorientierten“ und „Unbesorgten Naturverbundenen“ (zusammen 52,8 %) finden diese Argumente weitaus größere Zustimmung als der Wert der Natur als Rohstoffquelle für Wirtschaft und Industrie. Allerdings wird in den Gruppen der „Nutzenorientierten“, „Desinteressierten“ und „Naturfernen“ das Rohstoff-Argument am ehesten anerkannt: Die Zustimmungsraten liegen hier weniger unter dem Durchschnitt als bei allen anderen Argumenten (5 bis 10 % unter dem Durchschnitt, während alle übrigen 10 oder mehr Prozent unter dem Durchschnittswert liegen, Kleinhückelkotten/Neitzke 2012: 22). Bis auf die Gruppe der „Naturfernen“ liegen gleichwohl auch in dieser Gruppe die Zustimmungsraten zur Zukunftsgerechtigkeit und ökologischen Gerechtigkeit höher als zur Anerkennung der Bedeutung als Rohstoff (Abbildung 7).

	Durch-schnittswert	Nutzenorien-tierte	Desinteres-sierte	Natur-ferne
Zukunftsgerech-tigkeit	66,8	47,7	54,5	22
Ökologische Gerechtigkeit	63,0	48,3	48,8	18,7
Globale Gerech-tigkeit	49,9	29,1	30,2	15,6
Schönheit	59,2	43,1	38,1	13,9
Erhabenheit	44,9	29,6	23,1	12,5
Nutzungs-potenzial	41,2	29,6	30	18
Rohstoffquelle	40,8	32,4	34,8	32,6

Abbildung 7: Zustimmungsraten („voll und ganz") zu unterschiedlichen Argumenten nach Naturbewusstseinstypen, Angaben in Prozent (nach Kleinhückelkotten/Neitzke 2012: 22)

Wer unterschiedliche Zielgruppen für den Naturschutz erreichen will, braucht also auch bei Menschen, die nicht bereits naturschutzorientiert oder naturverbunden sind, moralische Themen nicht zu scheuen. Die Naturschutzargumentation kann darauf aufbauen, dass nicht nur ein Drittel dieser Gruppe den Nutzwert von Natur anerkennt, sondern auch ein erheblicher Anteil das Kriterium der Zukunftsgerechtigkeit und der ökologischen Gerechtigkeit akzeptiert.

Gleichwohl muss bei der kritischen Bewertung der durchweg sehr hohen Zustimmungsraten der Effekt der sozialen Erwünschtheit berücksichtigt werden. Ebenso wenig können die hohen Zustimmungsraten darüber hinwegtäuschen, dass zwischen Moralbewusstsein und moralischem Handeln eine ebenso große Lücke klafft wie zwischen Umweltbewusstsein und umweltverträglichem Handeln.

4.1 Soziale Erwünschtheit

Schon die Naturbewusstseinsstudie 2009 konzediert für die Interpretation der Befunde den Aspekt der sozialen Erwünschtheit: „Der Schutz der Natur kann als eine gesellschaftliche Norm angesehen werden. Es ist daher davon auszugehen, dass bei einer Befragung zu diesem Themenkomplex [...] Antwortverzerrungen auftreten, das heißt, es werden möglicherweise Antworten gegeben, die der wahrgenommenen sozialen Norm, nicht aber der eigenen Meinung entsprechen" (BMU/BfN 2010: 15). Nicht nur die generell hohe gesellschaftliche Wertschätzung von Natur, sondern auch der konkrete Kontext der Befragung ist dabei von Bedeutung. Die Frage nach den persönlichen Gründen für den Schutz der Natur, um die es im vorliegenden Beitrag wesentlich geht, fragt ja nicht, ob, sondern lediglich warum der Schutz der Natur für die Befragten einen hohen Wert hat (BMU/BfN 2012: 40).

So wenig sich die Erwartungshaltung für das Naturbewusstsein verbergen lässt, so wenig ist dies in Bezug auf das Moralbewusstsein möglich. Auch hier muss also die soziale Erwünschtheit in Rechnung gestellt werden. Das Bekenntnis zur Verantwortung für zukünftige Generationen, das die Liste der Naturschutzgründe anführt, ist heute fester Bestandteil der politischen Rhetorik sowie der Unternehmenskommunikation fast aller großen Konzerne. Angesichts der medialen Präsenz dieses Arguments darf angenommen werden, dass sich nur wenige Befragte trauen würden, diese Verantwortung infrage zu stellen.

Vor dem Hintergrund des gegenwärtigen „Greening" von Ökonomie, Politik und Gesellschaft sind daher weniger die absoluten Zahlen der Zustimmung beeindruckend als die relativen: Dass ökonomische Nutzenkalküle in der Gesamtheit der Begründungen auf den untersten Rängen rangieren, kann angesichts der aktuellen Konjunktur ökonomischer Argumente durchaus überraschen. Die ermittelte Rangfolge könnte – bei aller angebrachten Skepsis – zumindest ein Indiz für die von uns unterstellte Aufgeschlossenheit der Bevölkerung für moralische und ethische Fragen sein.

4.2 Allgemeines versus konkretes Verantwortungsbewusstsein

Noch gewichtiger als der Einwand der sozialen Erwünschtheit ist die Diskrepanz zwischen Moralbewusstsein und moralischem Handeln. Will man diese auch für das Umweltbewusstsein schon häufig konstatierte Diskrepanz verstehen, ohne sie von vornherein zu „moralisieren", so sind die erhobenen Befunde zum Naturbewusstsein und zum Moralbewusstsein hilfreich. Auffällig ist, dass eine überragende Mehrheit der Befragten angibt, sich Sorgen über den Zustand der Natur zu machen. Über 80 Prozent aller Befragten ärgern sich, dass „die Menschen" zu sorglos mit der Natur umgehen, nur 17 Prozent sind der Auffassung, die Menschen machten sich über Naturzerstörung zu viele Gedanken (BMU/BfN 2012: 35).

Ich ärgere mich darüber, dass viele Menschen so sorglos mit der Natur umgehen.“:
83 Prozent Zustimmung (43 „voll und ganz“, 40 Prozent „eher“)
16 Prozent Ablehnung (12 „eher nicht“, 4 Prozent „überhaupt nicht“)
„Die Menschen machen sich über die Zerstörung der Natur zu viele Gedanken.“:
17 Prozent Zustimmung (4 „voll und ganz“, 13 Prozent „eher“)
80 Prozent Ablehnung (47 „überhaupt nicht“, 33 Prozent „eher nicht“)
(BMU/BfN 2012: 35)

Abbildung 8: Wahrnehmung von Naturgefährdung

Obwohl also die „Unbesorgten“ offensichtlich in der Minderheit sind, ärgert sich die weit überwiegende Mehrheit über die Unbesorgtheit „vieler Menschen“. Während jeder Einzelne sich subjektiv für sorgsam hält, ist es die Summe der Unbesorgtheit der anderen, die Anlass zur Sorge gibt. Woran es offenbar mangelt, ist die Wahrnehmung der eigenen Verantwortung – und zwar nicht auf der allgemeinen, sondern auf der konkreten Ebene: Zwar fühlen sich 62 Prozent der Befragten persönlich verantwortlich, die Natur zu erhalten, zugleich sind jedoch 54 Prozent der Befragten der Auffassung, dass sie als Einzelner keinen großen Beitrag leisten können (BMU/BfN 2012: 39, Abbildung 9).

„Ich fühle mich persönlich dafür verantwortlich, die Natur zu erhalten.“:
62 Prozent Zustimmung (17 „voll und ganz“, 45 Prozent „eher“)
35 Prozent Ablehnung (26 „eher nicht“, 9 Prozent „überhaupt nicht“)
„Ich als Einzelner kann keinen großen Beitrag leisten.“:
54 Prozent Zustimmung (18 „voll und ganz“, 36 Prozent „eher“)
45 Prozent Ablehnung (30 „eher nicht“, 15 Prozent „überhaupt nicht“)
(BMU/BfN 2012: 39)

Abbildung 9: Wahrnehmung der persönlichen Verantwortung und des eigenen Beitrags zum Schutz der Natur

In der Differenz von allgemeinem Verantwortungsgefühl und wahrgenommener Selbstwirksamkeit verbirgt sich ein Hinweis auf das klassische Trittbrettfahrerproblem (Hardin 2013): Ein Einzelner, der mit Gemeingütern sorgfältig umgeht, scheitert beim Schutz dieser Güter, solange nicht alle mitmachen. Um eine „Moralisierung“ der Debatte zu vermeiden, ist es wichtig, die dokumentierte grundsätzliche Verantwortungsbereitschaft anzuerkennen und zugleich zu fragen, welche sozialen, politischen oder ökonomischen Rahmenbedingungen die Wahrnehmung dieser Verantwortung im konkreten Alltagshandeln erschweren oder gar verhindern.

Die ermittelte Differenz zwischen allgemeinem und konkretem Verantwortungsbewusstsein muss also Folgen für die Naturschutzkommunikation haben. Zum einen müssen Menschen darüber informiert werden, welche individuellen Schutzbemühungen denn einen wirksamen Beitrag zum Naturschutz leisten können. Hier ist die kommunikative Entwicklung überzeugender Handlungsalternativen gefragt. Zum anderen, und dies ist fast noch wichtiger, muss deutlich werden, dass flankierende politische Maßnahmen sicherstellen können und müssen, dass der Erfolg individueller Schutzbemühungen nicht am Trittbrettfahrerproblem scheitert. Handlungsbeschränkungen durch gesetzliche Regelungen wären vor diesem Hintergrund als Möglichkeit zu thematisieren, die individuell angestrebte Verantwortungsübernahme wirksam zu ermöglichen.

5 Schlussfolgerungen für eine ethisch fundierte Kommunikation

Trotz der skizzierten kritischen Aspekte zeigt die Studie, dass eine adressatenorientierte Kommunikation Fragen der Gerechtigkeit und des ‚Guten Lebens' nicht zu scheuen braucht. Wichtig ist es aber, die konkrete Ebene des Alltagshandelns mit dieser abstrakten Ebene zu verbinden. Dabei kommt es darauf an, dass sowohl divergierende Moralvorstellungen als auch unterschiedliche Vorstellungen von einem ‚Guten Leben' mehr als bisher zur Sprache kommen können.

Die Aufgaben einer ethisch aufgeklärten und empirisch fundierten Naturschutzkommunikation lassen sich also folgendermaßen zusammenfassen. Sie muss bemüht sein um

- Aufklärung: Welche Folgen hat das Alltagshandeln der Einzelnen (Ernährung, Bekleidung, Konsum, Mobilität, Wohnen, Urlaub) für Menschen und Natur?
- Reflektion: Welchen eigenen Interessen dient dieses Handeln? Welche eigenen und/oder fremden Interessen werden dadurch beeinträchtigt?
- Information: Was kann jede/r Einzelne tun? Welche konkreten Handlungsalternativen sind denkbar?
- Befähigung: Welche institutionellen Rahmenbedingungen braucht es, um den Einzelnen von moralischem Heldentum zu entlasten? Unter welchen Bedingungen sind konkrete Handlungsalternativen individuell machbar?

Aufklärung und Information dienen der unentbehrlichen Vermittlung von Wissen. Damit dieses Wissen praktisch werden kann, bedarf es aber des notwendigen subjektiven Schritts der Reflexion: Die Menschen müssen verstehen, welchen Vorteil sie aus bestimmten Handlungsmustern ziehen und welche Nachteile damit verbunden sind. Sie müssen begreifen, welche inneren und äußeren Restriktionen ihr Handeln bestimmen, und herausfinden, was sie brauchen, um Handlungsalternativen zu realisieren. Eine Kommunikation, die an das dokumentierte Moralbewusstsein der Bevölkerung anknüpft, muss also mitnichten „moralisieren". Vielmehr ist es ihr Ziel, die Menschen dabei zu unterstützen, sich Klarheit über ihre eigenen ethischen und moralischen Überzeugungen zu verschaffen, und sie zu befähigen, diese Überzeugungen im Alltag umzusetzen. Vor diesem Hintergrund wird es möglich, politische Regulierung nicht lediglich als Einschränkung individueller Handlungsspielräume zu thematisieren, sondern als die strukturelle Ermöglichung von Verhaltensweisen, die mit den eigenen Moralvorstellungen im Einklang sind.

Ziel einer ethisch fundierten Naturschutzkommunikation ist es also, die Wahrnehmung von Verantwortung zu ermöglichen, und zwar in dreifachem Sinne:

- Verantwortung erkennen: Wo bin ich „Verursacher" und habe unerwünschte Folgen meines Handelns zu verantworten?
- Verantwortung umsetzen: Was kann ich in meinem konkreten Alltagshandeln ändern?
- Verantwortung ermöglichen: Wer oder was hindert mich daran, Handlungsalternativen zu verwirklichen? Welche politischen Rahmenbedingungen müssen geschaffen werden, damit die denkbaren Handlungsalternativen praktisch machbar werden?

Indem sie moralische Fragen nicht ausklammert, sondern ausdrücklich einbezieht, setzt solche Kommunikation sich nicht dem Verdikt der Moralisierung aus, sondern versteht sich als aufklärerisches Bemühen, das die Einzelnen befähigt, ihr Umwelt- und Moralbewusstsein ernst zu nehmen und praktisch werden zu lassen.

Literaturverzeichnis

Bundesministerium für Umwelt, Naturschutz und Reaktorsicherheit (BMU) (2007): Nationale Strategie zur biologischen Vielfalt. – URL: http://www.bmu/de/naturschutz_biologische_vielfalt/nationale_strategie/doc/40332.php (21.10.2010).

Bundesministerium für Umwelt, Naturschutz und Reaktorsicherheit (BMU) und Bundesamt für Naturschutz (BfN) (2012): Naturbewusstsein 2011. Bevölkerungsumfrage zu Natur und biologischer Vielfalt. – URL: http://www.bfn.de/fileadmin/MDB/documents/themen/gesellschaft/Naturbewusstsein_2011/Naturbewusstsein-2011_barrierefrei.pdf (05.12.2012).

Deutsche Umwelthilfe (DUH) (Hrsg.) (2012): Umweltgerechtigkeit und Biologische Vielfalt. Stadtnatur und ihre soziale Dimension in Umweltbildung und Stadtentwicklung.– URL: http://www.umweltbundesamt.de/umweltbewusstsein/publikationen/duh_kongressbroschuere.pdf (20.01.2013).

Deutscher Naturschutzring (DNR) (Hrsg.) (2009): Mehr Gerechtigkeit durch Umweltschutz. – URL: http://www.nachhaltigkeits-check.de/sites/default/files/Gerechtigkeit_Broschuere_web.pdf. (06.03.2012).

Eser, U. (2002): Zwischen Wissenschaft und Gesellschaft. Ökologische Gegenstände als Grenzobjekte. In: Wie kommt die Ökologie zu ihren Gegenständen? Gegenstandskonstitution und Modellierung in den ökologischen Wissenschaften. Theorie in der Ökologie 7/ hg. v. Achim Lotz und Johannes Gnädinger. Frankfurt/M. (Lang): 107-116.

Eser, U. (2003): Einschluss statt Ausgrenzung. Menschen und Natur in der Umweltethik. In: Bioethik. Eine Einführung/ hg. v. Marcus Düwell & Klaus Steigleder. Frankfurt/M. (Suhrkamp): 344-353.

Eser, U. (2012): Der gesellschaftliche Umgang mit Biodiversität und Klimawandel aus ethischer Perspektive. In: Mosbrugger, V.; Brasseur, G.; Schaller, M.; Stribrny, B. (2012): Klimawandel und Biodiversität – Folgen für Deutschland. Kap. 14: Gesellschaftliche Wahrnehmung von Klima- und Biodiversitätswandel – Herausforderungen und Bedarfe (372-412). Darmstadt (Wissenschaftliche Buchgesellschaft): 392-397.

Eser, U.; Neureuther, A.-K.; Müller, A. (2011): Klugheit, Glück, Gerechtigkeit. Ethische Argumentationslinien in der Nationalen Strategie zur biologischen Vielfalt. – Bundesamt für Naturschutz (Hrsg): Naturschutz und Biologische Vielfalt, Band 107. – Münster (Landwirtschaftsverlag).

Eser, U.; Benzing, B.; Müller, A. (2013): Gerechtigkeitsfragen im Naturschutz. Was sie bedeuten und warum sie für die Kommunikation wichtig sind. – Bundesamt für Naturschutz (Hrsg): Naturschutz und Biologische Vielfalt, Band 130. Münster (Landwirtschaftsverlag).

Felt, U.; Nowotny, H.; Taschwer, K. (1995): Wissenschaftsforschung. Eine Einführung. Frankfurt/M.: Campus.

Habermas, J. (1982), Gegen einen positivistisch halbierten Rationalismus (1964). In: ders., Logik der Sozialwissenschaften, Frankfurt/ M., S. 45-76.

Hardin, R. (2013): The Free Rider Problem, The Stanford Encyclopedia of Philosophy (Spring 2013 Edition), Edward N. Zalta (ed.), URL: http://plato.stanford.edu/archives/spr2013/entries/free-rider (19.08.2014).

Kleinhückelkotten, S.; Neitzke, H.-P. (2012): Naturbewusstseinsstudie 2012. Abschlussbericht.

Kleinhückelkotten, S. (2013): Rückblick. Konzeptionierung der Naturbewusstseinsstudien. Thesenpapier zum Workshop am 18./19.2.2013 in Berlin.

Jasanoff, S.; Markle, G. E.; Petersen, J. C.; Pinch, T. (Hrsg.) (1995): Handbook of Science and Technology Studies. Thousand Oaks, London, New Delhi (SAGE).

Krebs, A. (Hrsg.) (1997): Naturethik. Grundtexte der gegenwärtigen tier- und ökoethischen Diskussion. Frankfurt (Suhrkamp).

Meadows, D.; Meadows, D.; Zahn, E.; Milling, P. (1973): Die Grenzen des Wachstums. Bericht des Club of Rome zur Lage der Menschheit. – Reinbek bei Hamburg (Rowohlt).

Millennium Ecosystem Assessment (MEA) (2005): Ecosystems and Human Well-being. A framework for assessment. URL: http://www.maweb.org/en/Framework.aspx#download (12.08.2011).

Müller, M. M. (2012): Justice as a Framework for the Solution of Environmental Conflicts. – In: Kals, E.; Maes, J.: Justice and conflicts. Theoretical and empirical contributions. – Berlin, Heidelberg (Springer): 239-250.

Nida-Rümelin, J. (2011): Die Optimierungsfalle. Philosophie einer humanen Ökonomie. – München (Irisiana).

Ott, K. (2007): Zur ethischen Begründung des Schutzes von Biodiversität. – In: Biodiversität: Schlüsselbegriff des Naturschutzes im 21. Jahrhundert? – Naturschutz und biologische Vielfalt 48. – Münster (Landwirtschaftsverlag): 89-124.

Rückert-John, J.; Peuker, B. (2013): Soziologische Perspektive: Alltag und Natur. Überlegungen im Anschluss an die Umweltbewusstseinsstudie 2012. Thesenpapier zum Expertenworkshop Naturbewusstsein, 18./19.2.2013, Berlin.

Schack, K. (2004): Reden Sie noch oder überzeugen Sie schon? Mit der richtigen Kommunikationsstrategie bringen Sie Ihre Botschaft rüber. – Punkt.um Impulse für engagierte Umwelt- und Naturschutzarbeit Nr. 8, Juli 2004: 2-4. – URL: http://www.aktivum-online.de/pdf/aktivum_8_2004.pdf (13.04.2012).

Syme, G. J. (2012): Justice and Environmental Decision Making. In: Kals, E.; Maes, J.: Justice and conflicts. Theoretical and empirical contributions. – Berlin, Heidelberg (Springer): 283-295

TEEB – The Economics of Ecosystem and Biodiversity (2010): Mainstreaming the Economics of Nature: A synthesis of the approach, conclusions and recommendations of TEEB. URL: http://www.teebweb.org/mainstreaming-the-economics-of-nature/ (23.05.2013).

United Nations Conference on Environment and Development (UNCED) (1992): Convention on Biological Diversity (CBD). – URL: http://www.cbd.int/doc/legal/cbd-en.pdf (09.12.2011).

United Nations Development Programme (UNDP) 1998: Human Development Report, Overview. URL: http://hdr.undp.org/en/media/hdr_1998_en_overview.pdf; (06.08.2012).

Weber, M. (1917): Der Sinn der ‚Wertfreiheit‘ der soziologischen und ökonomischen Wissenschaften. In: ders., Gesammelte Aufsätze zur Wissenschaftslehre, 6. Aufl. Tübingen 1985, S. 489-540.

Zur ‚Natur' der ökologischen Frage: Gesellschaftliche Naturverhältnisse zwischen öffentlichem Diskurs und Alltagspolitik

Angelika Poferl

1 Einführung

Nicht nur von Natur- oder Umweltbewusstsein, sondern auch von der ökologischen Frage zu sprechen, bedeutet, strukturelle Voraussetzungen, diskursive Problematisierungen und alltagskulturelle Implikationen moderner Naturverhältnisse in den Blick zu nehmen und sich jenen Folgen – genauer: Nebenfolgen – des industriegesellschaftlichen Fortschritts-, des Wachstums- und Wohlstandsmodells zuzuwenden, die gegen ein unbekümmertes ‚Weiter So' gerichtet sind. Angesichts der zunehmend beobachtbaren Umweltschäden, der schon in den 1970er Jahren konstatierten Grenzen des Wachstums, der aktuellen Problematik des Klimawandels sowie nicht zuletzt der mit dem Begriff der „Risikogesellschaft" verbundenen (Beck 1986), sich verbreitenden Erkenntnis, dass Störungen des Ökosystems und technische Entwicklungen sich zu Zivilisationsrisiken auswachsen können, sind bislang unhinterfragte Formen der ökonomisch-instrumentellen Nutzung und Ausbeutung von Naturressourcen, Naturproduktivität und ihrer technologischen Überformung seit geraumer Zeit in die Kritik geraten. Dies ist wiederum weit mehr als nur ein ‚grünes' Thema. Zur Disposition stehen Prinzipien und Institutionen der Moderne selbst, moderne Arbeits- und Lebensweisen, Wissensordnungen und Handlungsorientierungen, die sowohl in ihren industriegesellschaftlichen Ausprägungen des 19. und 20. Jahrhunderts als auch in gegenwärtigen Transformationsprozessen notwendigerweise auf ein bestimmtes ‚Verhältnis zur Natur' beziehungsweise zu den ökologischen Grundlagen von Gesellschaft angewiesen sind. Eben diese vielschichtigen Verflechtungen machen die ‚Natur' der ökologischen Frage aus und man möge verzeihen, dass der Begriff ‚Natur' hier zunächst metaphorisch, zur Kennzeichnung von Konstitutionsmerkmalen einer spezifischen gesellschaftlichen Selbstbeschreibung, verwendet wird. In der Kurzformel der ‚ökologischen Frage‘ verdichtet sich die Semantik problematisch gewordener Natur-Gesellschafts-Verhältnisse; sie ist gleichermaßen Diagnose und Programm. Zwei Komponenten sind hierbei zentral: Der ökologische Diskurs stellt nicht nur, aber auch einen Schauplatz der öffentlichen Verständigung dar, auf dem jene unerwünschten Folgeerscheinungen thematisiert und reflektiert werden, die teils direkt, teils eher indirekt über krisenhafte Naturbeziehungen und deren mögliche Bearbeitung Auskunft geben. Darüber hinaus wird gerade über den ökologischen Diskurs auch der Bereich des Alltags zum Gegenstand – verborgen freilich meist im Gewand normativer Adressierungen. So sehr die Fürsprecher von Natur- und Umweltanliegen einerseits deren Berücksichtigung in Politik, Wirtschaft, Recht und Wissenschaft einklagen (also eine primär institutionsorientierte Perspektive einnehmen), so sehr wird andererseits ein Umdenken auf der Ebene jedes Einzelnen gefordert – eine in ihren empirischen Konturen eher unklare, jedoch nachdrücklich angesprochene Sozial- und Subjektfigur, die wahlweise als ‚Verbraucher‘ und ‚Konsument‘, ‚Bürger‘ oder ‚Bevölkerung‘, ‚Mann auf der Straße‘ oder schlicht ‚die Menschen‘ in Erscheinung tritt. Dies weist auf die eingangs angeführte Kategorie des Bewusstseins beziehungsweise des Bewusstseinswandels hin, auf die sich die Hoffnungen richten und die vorrangig auf einen kulturellen Wandel zielt; kaum eine Verlautbarung, kaum ein Dokument des ökologischen Diskurses und seiner Materialisierung beispielsweise in Form von Umfragen, Aufklärungsarbeit, politischer Bildung, Mobilisierungsbemühungen und pädagogischen Maßnahmen kommen ohne entsprechende Bezüge aus. Vor dem Hintergrund einer meist auf Einstellungsforschung beruhenden Forschungslage, die unermüdlich den Befund einer Diskrepanz zwischen ‚Bewusstsein‘ und ‚Verhalten‘ wiederholt und die Klage über die Unzulänglichkeit sozialer Praxis (die ‚Realität‘, die mit dem ‚Ideal‘ nicht Schritt hält) stets neu abzusichern scheint, müssten dergleichen Ambitionen einer gezielten Umsteuerung der Art und Weise, wie Menschen im Rahmen ihrer jeweils eigenen Weltverhältnisse denken, fühlen und handeln, verwundern. Doch dies ist vergleichsweise selten der Fall. Häufig wird auch von wissenschaftlicher Seite auf vermehrte Anstrengungen der Bewusstseinsbildung und ein Mehr an ‚richtiger‘ Einstellung gesetzt, was ahnen lässt, dass Routinen des Diskurses und Routinen der Forschung längst eine Allianz eigener Art eingehen.

Der vorliegende Beitrag plädiert dafür, eingetretene Pfade zu verlassen, und nimmt eine wissens- wie alltagssoziologisch ausgerichtete Perspektive auf die ökologische Frage und die ihr eingeschriebene Problematisierung gesellschaftlicher Naturverhältnisse ein. Zunächst werden in Grundzügen die Entwicklungslinien des ökologischen Diskurses nachgezeichnet, um einige typische Merkmale der diskursiven Formierung des Feldes zu verdeutlichen, in dem sich die Erforschung von ‚Bewusstseins'- und ‚Verhaltensphänomenen' bewegt. Dies wird erstens auf die These eines Übergangs von der Fraglosigkeit der Natur zur Gestaltung von Gesellschaft, zweitens auf die These einer Individualisierung ökologischer Verantwortung und den Aufbau öffentlicher Erwartungshorizonte zugespitzt. Beide Entwicklungen verleihen der Frage nach Natur- oder Umweltbewusstsein, weiterführend dann auch nach Lebensstilen und deren möglichen Veränderungen erst Relevanz (2). Nach einem kurzen Rückblick auf die Umweltbewusstseins- und Lebensstilforschung sowie deren Verdienste und Grenzen werden anschließend Desiderata einer weiterführenden Erforschung von Alltagswissen und Alltagshandeln benannt. Die Spezifik und relative Eigenständigkeit von Alltag als Erfahrungs-, Handlungs- und Symbolraum spielen hierbei ebenso eine Rolle wie die Frage nach der Möglichkeit von Regelveränderungen, die unter dem Aspekt einer den Akteuren auferlegten ‚Alltagspolitik' aufgegriffen wird (3). Gesellschaftstheoretisch schließen die Ausführungen zum einen an das konstruktivistische Konzept einer Vergesellschaftung von Natur (Eder 1988, 1998) an, das Natur immer schon als menschlich wahrgenommen, bearbeitet, gestaltet, darin ‚hergestellt' oder eben auch zerstört begreift. Dies bedeutet – um gängigen Missverständnissen vorzubeugen – nicht, dass es eine ‚objektive Realität' der Natur nicht gäbe, sondern dass sie in eben dieser Weise objektiv existiert,[1] nicht als ‚reine' Natur, sondern in zahlreiche Handlungsverkettungen und Assoziationen eingebunden. Im Sinne der Theorie reflexiver Modernisierung (Beck 1986, 1988; Beck/Giddens/Lash 1996; Beck/Bonß/Lau

1 Je mehr der Aspekt des menschlichen Bezugs auf Natur betont wird, desto präziser wäre es, von Objektivierungen zu sprechen. Die Perspektive einer Vergesellschaftung von Natur und die damit verbundene Frage nach dem „Verhältnis des Menschen und seiner Gesellschaft zur Natur" (Eder 1998: 97) sind zu unterscheiden vom Konzept gesellschaftlicher Naturverhältnisse, wie es im Rahmen einer transdisziplinären sozialen Ökologie im Forschungs- und Diskussionszusammenhang des Frankfurter Instituts für sozial-ökologische Forschung entwickelt worden ist (u. a. Jahn/Wehling 1998; Becker-Jahn 2006). Einen radikaleren, aus Sicht der Verfasserin aber durchaus mit konstruktivistischen Annahmen verträglichen und diese zugleich herausfordernden Zugang, der auch der nicht-menschlichen Natur den Status eines Akteurs verleiht, schlägt Latour (2001 [1999]) mit seiner Akteur-Netzwerk-Theorie vor. Zur Entwicklung einer auf die Verzahnung von Natur und Gesellschaft bezogenen Soziologie in den (keineswegs deckungsgleichen) Spannungsfeldern von ‚Konstruktivismus' und ‚Realismus', Umweltsoziologie und/oder Soziologie der Natur vergleiche historisch und im Überblick Groß (2001, 2006), Kropp (2002) sowie Brand (2013). Die Begriffe vergesellschaftete Natur, gesellschaftliche Naturverhältnisse oder auch Natur-Gesellschaft-Verhältnisse werden im vorliegenden Beitrag synonym verwendet.

2001; Beck/Bonß/Lau 2004) geht der Beitrag zum anderen von der grundlegenden Annahme einer Transformation der Moderne im Zuge der Erosion klassischer Strukturunterstellungen und Handlungsselbstverständlichkeiten aus, zu denen auch die Ausblendung und Ausbeutung von Natur gehören.[2]

2 Zur diskursiven Konstruktion der ökologischen Frage

2.1 Von der Fraglosigkeit der Natur zur Gestaltung von Gesellschaft

Moderne Gesellschaften sind heute unabweisbar vor die ökologische Frage gestellt, die die existenziellen Schattenseiten der industriegesellschaftlichen Moderne und ihrer Erfolgsversprechen sichtbar macht; die Gefährdung der ökologischen Lebensgrundlagen und – wie mithin auch erkannt – der Überlebensgrundlagen stellt eine der zentralen Herausforderungen aktueller und künftiger gesellschaftlicher Entwicklungsprozesse dar. Seit den 1960er und verstärkt seit den 1980er Jahren existiert ein gesellschaftliches Problembewusstsein hinsichtlich der negativen Folgen industriemoderner Natur- und Umweltverhältnisse, dem einschneidende Ereignisse, wie die Atomunfälle von Three Mile Island, Harrisburg und schließlich Tschernobyl, Chemiekatastrophen, wie in Bhopal oder Seveso, Erkenntnisse über langfristige, schleichende Umweltveränderungen, wie Treibhauseffekt, Ozonloch, Einschränkungen der Biodiversität, reale Anlässe lieferten. Mahnende Stimmen (wegweisend bereits Carson 1965; Meadows et al. 1972) haben auf die Erscheinungsformen einer immanenten Ausbeutung der Natur sowie die Entstehung qualitativ neuartiger Risiken aufmerksam gemacht. Neuen politischen Akteuren, wie allen voran der Umwelt- und Ökologiebewegung, gelang es, die ,Sorge um Umwelt und die Lebenschancen nachkommender Generationen breitenwirksam zu artikulieren und damit nicht zuletzt auch weit über den traditionellen ,Schutz der Natur' hinauszugehen. Dem Engagement für eine ,umweltgerechte', ökologisch sensible Produktions- und Lebensweise wurde und wird in unkonventionellen Protest- und Aktionsformen Gestalt verliehen. Entsprechende Forderungen sind – anschließend an den Brundtland-Bericht (Hauff 1987) und die UN-Konferenz von 1992 – seit

2 Die Spezifika moderner beziehungsweise reflexiv-moderner Natur-Gesellschaft-Verhältnisse werden darüber hinaus grundlegend auch bei Giddens (1999 [1990], 2001) sowie aus weltrisikogesellschaftlicher Perspektive Beck (1997, 2007) behandelt; vergleiche außerdem Lash/Szerszynski/Wynne (1996), Macnaghten/Urry (1998).

einigen Jahren vor allem um das Konzept der „nachhaltigen Entwicklung" gruppiert.[3] Die Erkenntnis der Verflechtung ökologischer, ökonomischer und sozialer Dimensionen gesellschaftlicher Entwicklung ebenso wie der Globalität des grenzüberschreitenden, weltumspannenden Charakters ökologischer Problemlagen ist damit in den Vordergrund gerückt. Aus heutiger Sicht ist davon auszugehen, dass die vorherrschenden industriegesellschaftlichen Paradigmen eines unbegrenzten, selbstgewissen Wachstums- und Fortschrittsglaubens gebrochen sind und sich anhaltend den Gegenentwürfen einer ‚anderen' Moderne gegenüber sehen. Zugleich haben Institutionalisierungsprozesse stattgefunden: Die ökologische Frage als Ausbuchstabierung spezifischer Problemerfahrungen und alternativer Entwicklungspfade ist in die gesellschaftliche Selbstbeschreibung eingeflossen – mit weitgehend offenem Ausgang, was das Potenzial einer tatsächlich durch- und umsetzbaren ‚Ökologisierung' moderner Natur- und Gesellschaftsverhältnisse betrifft. Auch die Debatten um „ökologische Modernisierung" (Huber 2011), „Postwachstum" (Paech 2012), „postkarbone Gesellschaft" (vgl. Reusswig 2010) oder „Suffizienz" (Sachs 1993) können darauf keine abschließende Antwort geben. Sie machen jedoch deutlich, in welch unterschiedlichen thematischen und programmatischen Bahnen (technologische Innovation, alternative Ökonomiemodelle, Umstellung auf andere Energieträger, Entschleunigung, Verzicht und ressourcenschonende Lebensweise) sich die Diskussion um eine Transformation der klassischen Industriemoderne bewegt.

Politische Konzepte und Gesellschaftsmodelle, die die Entwicklung der Moderne begleitet haben (wie Liberalismus und Marxismus, die Entwicklung von Wohlfahrtsstaatlichkeit und die Institutionalisierung der Bürgerrechte) konnten gesellschaftliche Naturbezüge mehr oder weniger stillschweigend voraussetzen und Natur als eine der Gesellschaft vorgängige Größe sowohl symbolisch als auch materiell exterritorialisieren, also gleichsam als ‚Außen' und 'Gegenüber' der Gesellschaft oder als ihr unverfügbares Innerstes, als ‚Natur des Menschen', betrachten. Mit der industriellen Produktionsweise verliert die ‚äußere' Natur zugleich den eigenständigen Status, der ihr in traditionellen, vormodernen Gesellschaften zugeschrieben wurde; sie wird im Selbstverständnis ‚der' Moderne[4] auf ein Objekt menschlicher Aktivitäten reduziert. Im Unter-

3 Zur Entwicklung des globalen ökologischen Diskurses vergleiche Yearley (1996); zur Nachhaltigkeitsdiskussion und Nachhaltigkeitsforschung Brand (1997), Lange (2008).

4 Empirisch ist heute weniger denn je von einer Einheit der Moderne auszugehen, was – wie die aktuelle Diskussion über multiple und miteinander verflochtene Modernen (Eisenstadt 2000; Randeria 1999) zeigt – auch konzeptionelle Konsequenzen hat. Die Verwendung des

schied dazu steht mit der aufkommenden ökologischen Frage das menschliche Verhältnis zur Natur, das heißt, die grundlegende Art und Weise der Naturaneignung und -bearbeitung sowie ihre sozial-symbolischen Vermittlungen, selbst zur Disposition. Herausgebildet hat sich ein öffentlicher Diskurs beziehungsweise Gegen-Diskurs, der – zum Teil gegen seine eigenen Kontrastfolien einer vermeintlich unberührten oder wieder zu erlangenden ,reinen' Natur[5] – die unabweisbare gesellschaftliche Dimension historisch geformter Naturverhältnisse zum Gegenstand der Reflexion und Auseinandersetzung macht.[6] Es geht dabei nicht um Probleme der Verteilung vorhandenen gesellschaftlichen Reichtums und gesellschaftlicher Wohlfahrt. Vielmehr werden bereits die Formen und Bedingungen der Produktion und Konsumtion von Gütern, Gruppen übergreifende Aspekte des Gemeinwohls sowie Visionen und Utopien eines angesichts ökologischer Bedrohungen kollektiv tragbaren und legitimierbaren ,guten Lebens' einschließlich seiner je konkreten Lebensqualitäten zum Thema. Institutionalisierte wie alltagskulturell eingeschliffene Muster eines verschwenderischen, fortschrittsgläubigen und folgenblinden Umgangs müssen – so die ökologische Programmatik – im Namen einer übergeordneten, funktional und sozialmoralisch begründeten Rationalität überwunden werden: „Umweltkritik" ist auf umfassende Weise zur „Gesellschaftskritik" geworden (Beck 1988: 62 ff.). Insofern bietet der ökologische Diskurs nicht nur Problemdiagnosen, sondern auch Optionen der Problemlösung und Richtungsentscheidungen an. Unter den Bedingungen der Relativierung von Expertenwissen sowie zunehmender Uneindeutigkeit und Ungewissheit lassen beide – die Rede von ,Fakten' und deren handlungsleitende Beurteilung – allerdings Interpretationsspielräume und Kontroversen, Wert- und Interessenkonflikte zu. Autoritäten und Instanzen, die im Besitz zweifelsfreier Wahrheit, unanfechtbarer Geltungskraft sowie konkurrenzloser Machtansprüche wären, stehen nicht (mehr) zur Verfügung. Natur- und Umweltverhältnisse haben sich so von unhinterfragten Daseinsvoraussetzungen zur Grundlage und Ausdrucksgestalt gesellschaftlicher Risikoerfahrungen und damit zu einer grundsätzlich entscheidungsabhängigen, im Widerstreit unterschiedlichster Positionen und Auffassungen sich befindlichen Angelegenheit verkehrt. Sie erweisen sich als „Innenwelt-Probleme[n] von Gesellschaft" (Beck

---

Singulars knüpft an Moderne als Strukturkategorie an, wie sie im europäischen Kontext entwickelt worden ist.

5 Eine frühe Kritik am Naturalismus der Ökologiebewegung findet sich bei Beck (1988).

6 Zur Entwicklung von Umwelt- und Risikodiskursen sowie zur Bedeutung einer Diskursperspektive vergleiche Lau (1989), Brand/Eder/Poferl (1997), Keller (1998), Poferl (2004) sowie allgemein Keller/Poferl (2011) und die dort angeführte Literatur.

1997: 12, Hervorhebung im Original) und geraten als solche unter Rechtfertigungszwang. Ihre Problematisierung[7] geht darüber hinaus mit einer Diskreditierung etablierter Kulturformen einher – welchen Stellenwert haben ‚Umwelt' und ‚Natur'? Was bedeutet dies für das gesellschaftliche Selbstverständnis? Worin liegen Alternativen? Diese Fragen brechen auf.[8]

Prozesse der ökologischen Kommunikation,[9] verstanden als Thematisierung sogenannter ‚Umweltprobleme', stellen insgesamt ein symbolisches Interaktionsfeld der Neudefinition gesellschaftlicher Identitäten und Ordnungsvorstellungen dar. Vor dem Hintergrund der skizzierten Dynamiken wird die ökologische Frage zum Ausgangspunkt einer Diskussion über die Gestaltungsbedürftigkeit und Gestaltungsfähigkeit von Gesellschaft, die jedoch die Grundlagen bisheriger Modernisierungsprozesse unterläuft. Umgekehrt reißt mit der Ökologieproblematik ein Spektrum möglicher Entwicklungen und Situationen auf, das die Grenzen von ‚Natur' und ‚Nicht-Natur' verschwimmen lässt und bislang bekannte Formen und Auswirkungen menschlicher Einflussnahme übersteigt:

> „Seit einem gewissen Zeitpunkt jedoch – der, historisch betrachtet, nicht lange zurückliegt – müssen wir uns weniger um das sorgen, was uns die Natur zufügen könnte, als vielmehr um das, was wir der Natur angetan haben. [...] Wir leben in einer Gesellschaft, aus der die Natur verschwunden ist. Das soll nicht heißen, daß die physische Welt nicht mehr existierte oder daß keine physischen Prozesse mehr stattfänden. Es bedeutet vielmehr, daß die meisten Bereiche der uns umgebenden physischen Umwelt auf die eine oder andere Weise von menschlichen Eingriffen beeinflußt sind." (Giddens 2001: 40)

Der Klimawandel und die damit verbundenen globalen Umweltveränderungen (vgl. Welzer/Soeffner/Giesecke 2010; Reusswig 2011) sind nur als jüngstes – in ihrer planetaren Bedeutung aber herausragendes – Beispiel für eine solche Entgrenzung von Natur, Umwelt und Gesellschaft zu nennen, die zu inzwischen sehr weitgehenden sowohl öffentlichen als auch wissenschaftlichen Debatten über eine Auflösung der Unterscheidung von Natur- und Menschheitsgeschichte veranlasst (vgl. Chakrabarty 2010). Reusswig konstatiert mit Blick auf die ge-

---

7 Der Begriff der Problematisierung wird hier in Anlehnung an Foucault (2005) verwendet, der damit Diskontinuitäten der historischen Entwicklung beschreibt.

8 So kann auch von ‚Natur' und ‚Umwelt' als Politikum im Sinne eines gesellschaftlichen „Streitobjekt[s]" (Palonen 1995: 422) gesprochen werden, vergleiche etwa Hajer (1995), Gill (2003).

9 Untersuchungen ökologischer Kommunikation aus der Perspektive der „frame analysis" liegen bei Brand/Eder/Poferl (1997) vor. Einen systemtheoretischen Begriff der „ökologischen Kommunikation" hat Luhmann (1986) entwickelt.

sellschaftliche Bedeutung des Klimawandels explizit den Übergang von einem „Katastrophen- zum Gestaltungsdiskurs" (2010). Eine weitere, im globalen Umwelt- und Nachhaltigkeitsdiskurs schon angelegte Diskussion bahnt sich mit der Verknüpfung von Umwelt- und Gerechtigkeitsfragen auf globaler und lokaler Ebene an. Neuere soziologische Beiträge weisen auf die Herausforderungen des Umgangs mit Nicht-Wissen (Wehling 2006) hin.

Im Kern stehen mit der ökologischen Problematik sowohl makrosoziale Fragen der gesellschaftlichen Reproduktion als auch mikrosozial greifbare Existenzfragen auf dem Spiel. Der Rückgriff auf ‚objektives' (vermeintlich unumstrittenes) Wissen, tradierte Weltanschauungen und Handlungsregulative bietet diesen nur bedingt Lösungen an und muss sich an alternativen, konkurrierenden Zugängen der Problemdeutung und Problembewertung messen lassen; Formen der Politisierung, Kulturalisierung und Moralisierung ökologischer Anliegen gehen dabei eine enge Verbindung ein. Öffentliche Thematisierungen machen teils direkt, teils indirekt auch auf den Bereich des Alltags aufmerksam. Doch wie schließt die diskursive Konstruktion der ökologischen Frage an alltagsbezogene Handlungsperspektiven an?

2.2 Die Individualisierung ökologischer Verantwortung und der Aufbau öffentlicher Erwartungshorizonte

Die ökologische Programmatik ist zum einen durch systembezogene Kritiken am Industrialismus und am Wachstumsparadigma, an naturzerstörerischen Produktionsweisen und einem übersteigerten technologischen Fortschrittsglauben bestimmt. Sie zeichnet sich zum anderen dadurch aus, eine Botschaft umfassender individueller Verantwortung zu transportieren, die die Umorientierung der Denkweisen und Lebensführung ‚des Einzelnen' – des gesellschaftlichen ‚Jedermann' – zum Leitbild erklärt. Vor allem die seit den 1980er Jahren verstärkt entfalteten Diskussionen um ‚Umweltbewusstsein' oder einen ‚Wandel der Lebensstile' sind gleich einem roten Faden von der Frage durchzogen, was individuelle Akteure tun könnten, sollten oder müssten, um der erwachten Sorge um die Umwelt Rechnung zu tragen – und was dem gegebenenfalls an institutionellen, mentalen, praktischen oder kulturellen Barrieren im Wege steht. Das Postulat ökologischer Verantwortlichkeit nimmt dabei die Gestalt eines eingeforderten Kollektivbewusstseins an, das jeder Einzelne mehr oder weniger intrinsisch zu entwickeln und mitzutragen habe. Anhand eines Vergleichs der deutschen und französischen Mülldebatte arbeitete Keller beispielsweise die Unterscheidung zwischen ‚umweltfeindlichen' und ‚umweltfreundlichen' Bürgern beziehungsweise die französische Variante des „écocitoyen“ als Position des „umweltverantwortungsvollen Subjektes“ (Keller 2012: 40) heraus. Der Rahmen des ‚Kollektivs‘ geht zugleich weit über lokale Kontexte und partikulare Geltungsansprüche hinaus. Zwar ist es aufgrund der vielfachen Binnendifferenzierungen schwierig, von ‚dem‘ ökologischen Diskurs zu sprechen. Dennoch lässt sich ein Grundtenor ausmachen: Die Bewältigung ökologischer Probleme markiere eine Menschheitsaufgabe von globalen Ausmaßen und universaler, zukunftsweisender Bedeutung; Fragen des weltweiten Ressourcenverbrauchs und der Naturnutzung seien mit Konsumformen und Praktiken vor Ort, großtechnische Risiken und Umweltschädigungen mit je eigenen Wohlstands- und Anspruchsniveaus, gegenwärtige Lebensweisen mit den Lebens- und Handlungschancen kommender Generationen verknüpft (vgl. etwa Dryzek 1997; Yearley 1992, 1996, 2009). Angesichts eklatanter globaler Ungleichheiten richtet sich die auch umweltpolitisch aufgegriffene Forderung nach einem Umdenken insbesondere an die im Weltmaßstab reichen westlichen Nationen, wobei dies teils als bloße Rhetorik gilt (vgl. Görg/Brand 2002; Cox 2010). Hinzu kommt, dass die Vorstellung von Systemzusammenhängen, auf die Einzelne kaum Einfluss hätten, unterlaufen ist. Die ökologische Frage ist hierin ganz wesentlich von der politischen Kultur der Umweltbewegung geprägt, die – bei aller Systemkritik – dem je individuellen Bewusstsein und Handeln gesellschaftsverändernde Potenziale zuschreibt (vgl. Rucht 1998).

Ein Blick zurück zeigt, dass in bewegungsnahen medialen Teildiskursen und Milieus der Rekurs auf individuelle Verantwortung – oder zumindest Mitverantwortung – unmittelbar als Aufforderung zu politischem Handeln beziehungsweise als Renaissance entsprechender Handlungschancen verstanden wird, wobei typischerweise auch krisenhafte Ereignisse eine Rolle spielen. Dies zeigen nicht nur Formen des Konsumboykotts (wie sie Mitte der 1990er Jahre beispielsweise sehr medien- und breitenwirksam im Konflikt zwischen Greenpeace und Shell um die Versenkung der Ölplattform Brent Spar diskutiert wurden). Auch die Erfahrung möglicher gesundheitlicher Risiken legt diskursive Verknüpfungen von Alltagshandeln, politischem Handeln und individualisierenden Verantwortungskonstruktionen nahe. So heißt es im Zuge der BSE-Krise und der dadurch angeregten Diskussion über einen Umbau der Landwirtschaft: „Auch die Verbraucher tragen Verantwortung: Solange sie nicht nach Preis und Qualität einkaufen, bleibt alles beim Alten.“ (taz, 01.03.2001) oder: „Seit die Regierung über BSE stolpert, wird Essen endlich wieder zum politischen Akt“ (taz, 13/14.01.2001). Entsprechende Argumente werden in bemerkenswertem Gleichklang nicht nur im Kontext sozialer Bewegungen, sondern auch von etablierten Institutionen vertreten. So spricht sich im selben Zusammenhang der

Präsident des Umweltbundesamts in einer Pressemeldung Anfang des Jahres 2001 für eine Reduzierung des Fleischverzehrs als einer notwendigen, ökologisch gebotenen ‚Begleitmaßnahme‘ aus. Auf ein Umdenken des Einzelnen komme es an, ein Wandel der Einstellungen und die Bereitschaft zur Verhaltensänderung seien unverzichtbare Bestandteile oder gar Hebel jeder durchgreifenden ökologischen Reform. Weitere Beispiele ließen sich aus aktuellen Debatten – sei es im Bereich der Ernährung, der Mobilität, der Energieversorgung und des Umgangs mit Müll – anführen.[10] Da hier nicht der Raum ist, auf einzelne Felder einzugehen, müssen die Hinweise zu den angedeuteten diskursiven Formierungen genügen. An das Alltagsverhalten adressierte Mahnungen, Handlungsanweisungen und Aufforderungen lassen sich in der historischen Rückschau allerdings sehr viel weiter zurückverfolgen und begleiten umweltbezogene Problemdeutungen, seit diese nennenswert in den gesellschaftlichen Diskursspektren repräsentiert sind. Mit der auf Regierungsebene einsetzenden Umweltpolitik und mit dem aufkommenden Müllproblem vor Augen prangerte Anfang der 1970er Jahre der damalige Bundesinnenminister der sozialliberalen Koalition beispielhaft die ‚Umweltsünden‘ der Bürger an:

> „Gesprochen werden muss auch vom aufgeschlitzten Sofa, das im stadtnahen Erholungswald vergammelt, vom verrosteten Herd, dem verbogenen Fahrradgestell, den außerplanmäßigen Müllhalden am Stadtrand. Parole: ‚Umweltbewußtes Konsumverhalten‘“ (Die Welt, 15.01.1971, zit. nach Keller 2010: 40).

Nach einer inzwischen mehrere Jahrzehnte währenden Institutionalisierung des ökologischen Diskurses lässt dieser sich weniger denn je als ‚subkultureller‘ Ideen- und Interpretationszusammenhang begreifen. Ökologische Umorientierungen – oder zumindest ein Mehr an ökologischer Aufmerksamkeit und Sensibilität – werden von ‚unten‘ und von ‚oben‘ propagiert. Die Unterschiede in Radikalität und Reichweite der Forderungen wie auch in den Herrschaftsverhältnissen der beteiligten Akteure sind keinesfalls eingeebnet. Der öffentlichen Mobilisierung durch zivilgesellschaftliche Organisationen, Bürgerprojekte und kritische Experten kommt zugleich ein hoher Grad an Definitionsmacht und symbolischem Kapital zu. Zum Repertoire des Diskurses gehört je nach ideologischer Couleur auch der Verdacht, das Postulat individueller Verantwortlich-

10 Zur umweltsoziologischen Diskussion vergleiche im Überblick etwa Götz (2011), Rückert-John (2011), Rosenbaum/Mautz (2011), Krohn/Hoffmann-Riem/Groß (2011). Eine Diskursanalyse der je einzelnen Felder hätte selbstverständlich auch deren jeweiliger Spezifik Rechnung zu tragen.

keit werde als Ersatz von Politik instrumentalisiert. Entsprechend zweideutig gestaltet sich der Balanceakt, zwischen ‚echtem', auf Überzeugung, Vernunft und Aufklärung fußendem Engagement und ‚bloßen' Moralappellen zu unterscheiden.

Doch wie lässt sich dies gesellschaftstheoretisch interpretieren? Die Zuweisung individueller Verantwortung scheint auf den ersten Blick dem Schema eines „kollektiven Individualismus", verstanden als historisch verankerte Kultur der Eigenverantwortlichkeit und Eigeninitiative (Meyer 1994), oder auch einem „institutionalisierten Individualismus", betrachtet als Chance und Zwang zur Gestaltung des je eigenen Lebens (Beck 1986; Beck/Beck-Gernsheim 2002), zu gleichen. Dennoch gehen die beschriebenen Entwicklungen weit über biografische Selbstbezüglichkeiten und die Sphäre des Privaten hinaus: Die ökologische Frage repräsentiert in ihrem semantischen Kern nichts Geringeres als die Aufkündigung einer ökologisch unbedarften Moderne, die Ablösung von klassischen industriegesellschaftlichen Denk- und Handlungsmustern und ein Infrage stellen der darin eingeschriebenen „organisierten Unverantwortlichkeit" (Beck 1988), die Naturzerstörungen und ökologische Gefährdungen mehr oder weniger billigend in Kauf genommen hat. Mit der Hinwendung zu Gestaltungsaspekten steht sie zudem exemplarisch für einen außerhalb des politischen Systems entstandenen Typus des politischen Handelns, den Beck als „Subpolitik" (1993, 1997), Giddens in etwas anderer Akzentsetzung als „life politics" beziehungsweise ‚Politik der Lebensführung' beschreibt; diese ist um die Erfahrung existenzieller, ins Alltägliche gewendeter Probleme der Lebensführung und die posttraditionelle Kernfrage „Wie sollen wir leben?" (Giddens 1991: 215) konzentriert. Übertragen auf das hier betrachtete Diskursmoment einer Individualisierung von ökologischer Verantwortung, ist festzuhalten, dass Gemeinwohlbezüge erhalten bleiben und projektiv sogar neu entfaltet werden, ebenso die Überzeugung, dass ein gesellschaftliches und individuelles Bewusstsein – mit anderen Worten: ein Wissen um eben diese Verantwortung – sich politisch und moralisch stiften lässt: Jeder Einzelne und jeder Einzelne, das heißt letztendlich alle, sind in der Verpflichtung auf das Ganze hin gefordert – so die symbolische Strukturierung, die die ökologische Frage als Handlungsproblem (Poferl 2004) hervorbringt und markiert. Gesellschaftstheoretisch betrachtet, eröffnet die diskursive Konstruktion der ökologischen Frage damit auch einen Erwartungshorizont, der mit der Reproduktion von Vergangenheit und Gegenwart, das heißt, mit der Fortsetzung historisch tradierter und gegenwartsgesellschaftlich fixierter

Muster bricht.[11] Sie ist nur vor dem Hintergrund einer gesellschaftlichen Selbstverständigung zu verstehen, die die Offenheit der Zukunft wahrnimmt und sich sowohl ihrer gegebenen als auch denkbaren Entwicklungsmöglichkeiten und Handlungsoptionen zu vergewissern hat. Die Figur einer kollektiven individuellen Verantwortung ist dabei gleichermaßen weit von einem ausschließlich emanzipatorischen Diskurs (wie ihn die ökologische Programmatik teils selbst vorgibt) wie von bloßen Herrschaftstechniken der Regulierung (dies wäre ein Thema der Gouvernementalitätsforschung) entfernt; beides wäre vereinfachend und zu kurz gegriffen. Ihr innerer und durchaus paradoxer Aufbau weist in Richtung einer sozialen Normierung, die sich allerdings mit Ermöglichungs- und Ermächtigungsperspektiven verbindet: Die Gesundheit und Sicherheit, der Zustand des Globus, die Lebenschancen nachkommender Generationen hängen demnach auch vom Denken und Handeln ‚im Kleinen', von den Wahrnehmungen und Praxen der Individuen, ab. Darin spiegeln sich Tendenzen einer umfassenderen strukturellen Individualisierung in den Dimensionen der Freisetzung aus traditionellen Sozialformen und Bindungen, der Entzauberung von vormals geltenden Gewissheiten und Normen sowie neuer Formen der Kontrolle und Re-Integration wider (Beck 1986). Zudem wird deutlich, dass die Problematisierung gesellschaftlicher Naturverhältnisse als eine eigene generative Struktur zu begreifen ist. Sie verleiht der Maxime der Verantwortung ein ungeheures Gewicht und trägt zu sozialen und kulturellen Dynamiken bei, die, ausgehend von öffentlichen Problemthematisierungen, auch die Sphäre des Alltags erfassen und entsprechende Imperative – ‚sei und handle umweltbewusst'– begründen. Die zuvor genannten Konzepte der „Subpolitik" und „life politics" verweisen auf das Eindringen gesellschaftlich großformatiger Fragen in den Mikrokosmos der Lebensführung und nehmen De- und Restrukturierungen in den Blick, wie sie für eine reflexiv gewordene Moderne typisch sind. Von den Grundprinzipien und Prämissen moderner, säkularer und pluralistischer Gesellschaften behält diese den Glauben an die individuelle Autonomie, an die Handlungs- und Gestaltungsmacht sowie an die Möglichkeit der weltanschaulichen Entscheidung (d. h. an einen programmatischen Individualismus) bei. Daran das Schicksal nicht nur der Gesellschaft, sondern auch der Natur zu binden, ist eine neuartige Konstellation. Sie zeugt von einer Moderne, die ihren bisherigen materialen und symbolischen, institutionalisierten und objektivierten Beziehungen zur Natur misstrauen und das Natur-Gesellschaft-Verhältnis neu ‚erfinden' muss.

11 Insofern deutet sich hierin auch ein Stück „Wiederkehr der Gesellschaftsgeschichte" an (Beck/Bonß/Lau 2001: 26 ff., Bezug nehmend auf Koselleck 1989).

Die öffentliche Aufmerksamkeit für Natur und Umwelt ruht auf einem Geflecht gesellschaftlicher Faktoren auf. Lange (2011a) zählt in einem Überblick zur Umweltsoziologie in Deutschland und Europa den wirtschaftlichen und technologischen Entwicklungsstand eines Landes, die politischen Strukturen und Machtverhältnisse, die politisch ideologischen Ordnungsvorstellungen und Politikkonzepte sowie die kulturellen Traditionen, etablierten Weltbilder, Überzeugungen und Gewohnheiten (ebd.: 24) als wichtigste Einflussgrößen auf. All diese Bereiche bilden sich auf der Ebene des ökologischen Diskurses ab, sie werden in kommunikativen Prozessen stabilisiert oder ‚verflüssigt', aufgelöst oder neu justiert. Die grundlegende Bedeutung diskursiver Konstruktionsprozesse und der damit verknüpften Sinnzusammenhänge, die sich ‚quer' zu den Unterscheidungen von Wirtschaft, Technik, Politik, Kultur aufspannen, dürfte im Vorherigen sichtbar geworden sein. Vor dem Hintergrund der skizzierten Entwicklungen liegt es nahe, sich der dem Diskurs nur scheinbar abgewandten Seite des Alltags zuzuwenden. Darauf gehen die folgenden Ausführungen ein.

3 Naturverhältnisse – Alltag – Alltagspolitik

3.1 ‚Umweltbewusstsein' und ‚Lebensstile': Zwischen Normvermessung und empirischer Sozialforschung

Die Umweltsoziologie hat sich dem Phänomenbereich Alltag eher indirekt auf dem Umweg über das Thema des ‚Umwelt'- beziehungsweise ‚ökologischen Bewusstseins', des ‚Umweltverhaltens' oder ‚ökologischen Handelns' genähert und sich damit wiederum auf unterschiedliche Weise befasst. Dominierend im Gebiet der Politikberatung und in der öffentlichen Wahrnehmung ist die auf repräsentativen Umfragen beruhende Einstellungsforschung, die mit quantitativ-standardisierenden Methoden und Hypothesen testend operiert. Daneben hat sich ein Spektrum qualitativ orientierter Forschung herausgebildet, in dem Fragen der sozialstrukturellen Differenzierung sowie die Anwendung und Weiterentwicklung von theoretisch unterschiedlich begründeten Konzepten im Vordergrund stehen. Die untersuchten Frage- und Problemstellungen variieren je nach konzeptionellem Zuschnitt (nach z. B. Umweltbewusstsein, alltäglicher Lebensführung, Lebensstile), sozialstrukturellem Aggregationsniveau und ausgewählter Gruppe (das Spektrum reicht von umfassenderen Milieustudien bis hin zur Untersuchung beispielsweise von Industriearbeitern, Landwirten, Managern, Müttern, Jugendlichen, Stadtbewohnern) sowie Handlungsfeld (z. B. Mobilität, Ernährung, Konsum, Beruf, Freizeit); teilweise überschneiden sich die Zugänge auch, die Grenzen lassen sich keineswegs trennscharf ziehen.[12]

Die Frage, welche Bedeutung problematisch gewordene Naturverhältnisse im Alltag haben und wie Alltagsakteure – also diejenigen, die am öffentlichen Diskurs nicht beziehungsweise nur mittelbar als anonymes Publikum oder Adressaten teilhaben – auf die an sie gerichteten Erwartungen reagieren, ist trotz der vielfältigen Forschungsaktivitäten keineswegs befriedigend beantwortet (und komplizierter, als es zunächst den Anschein hat). Zwar wird seit Jahren darauf hingewiesen, dass eine tiefe Kluft zwischen verbalisierten Verhaltensabsichten und tatsächlichem Verhalten besteht. Der hohen normativen Resonanz, die der ökologische Diskurs auch in der breiteren Bevölkerung offenbar entfalten konnte, entspräche demnach keine adäquate Praxis. Umweltbewusstsein sei, wie Kuckartz (1995: 77) konstatiert, zu einer „sozialen Norm“ geworden, die auf tönernen Füßen steht. Doch die Feststellung einer solchen Diskrepanz sagt nur wenig über die realen Erfahrungen und Perspektiven der Akteure selbst aus. Sie dokumentiert eher die Voreinstellungen einer Forschung, die der Komplexität des Alltagswissens und Alltagshandelns aus verschiedenen Gründen nicht gerecht werden kann. Ein erster, hier zu erhebender Einwand richtet sich gegen eine fragmentierende und teilweise auch voreingenommene Methodik, die die Formen des Bewusstseins und Handelns in isolierte Einstellungs- und Verhaltensvariablen zerlegt und damit ihrer umfassenderen alltagsweltlichen Einbettungen entkleidet. Bemühungen um Disaggregation und Reaggregation bleiben von geringem analytischem Wert, da sie Einstellungs- und Verhaltensaspekte entweder zu sehr reduzieren oder umgekehrt Verallgemeinerungen vornehmen, die sich weit von jeglicher Lebenswirklichkeit entfernen.[13] Zudem wird nicht immer klar zwischen subjektiv sinnhaftem Handeln und Verhalten unterschieden; Handeln wird als Verhalten erfasst und umgekehrt weisen ‚Verhaltensindikatoren‘ oftmals implizit auf Handeln hin. So kritisiert beispielsweise Huber (2001) die Forschung zu Umweltbewusstsein und Umweltverhalten scharf:

12 Überblicke über die Forschungsfelder der Umweltsoziologie insgesamt einschließlich der Umweltbewusstseins- und Lebensstilforschung finden sich zum Beispiel bei Brand (2013), Lange (2011a), Groß (2006), im Hinblick auf globale Perspektiven (vgl. auch Lange 2011b).

13 Im Zuge der Entwicklung der Forschung zu Umweltbewusstsein und Umweltverhalten (beziehungsweise Umwelthandeln) fanden – bei allen Unterschieden in den je präferierten Zugängen – durchwegs auch selbstkritische Auseinandersetzungen statt; zu einer detaillierten Diskussion der Probleme vergleiche zum Beispiel Kuckartz (1995), Preisendörfer (1999), Lange (2000), Poferl (2004) und die dort angeführte Literatur.

> „Es ist nun festzustellen, dass die bisherige empirische Umweltbewusstseins- und -verhaltensforschung sich ausgeprägt suffizienzlastig darstellt. Die Items, mit denen sie umweltgerechtes Verhalten operationalisiert, kreisen fast ausnahmslos darum, (a) mit weniger zufrieden zu sein und (b) mehr dafür zu bezahlen [...] Viele, um nicht zu sagen die meisten der Items, mit denen umweltorientiertes Verbraucherverhalten operationalisiert wird, sind unter diesem Aspekt problematisch, und zwar sowohl in methodischer Hinsicht (Validität) als auch in sachlicher sowie ideologiekritischer Hinsicht, zumal wenn damit nicht nur Verbraucherverhalten, sondern gleich das Umweltbewusstsein an und für sich erfasst werden soll. Die folgenden Beispiele sind typisch: ‚Ich achte darauf, Getränke in Pfandflaschen einzukaufen' – ‚Ich vermeide es, zum Einkauf Plastiktüten zu benutzen' – [...] – ‚Beim Einseifen unter der Dusche stelle ich das Wasser ab' – ‚Ich lasse nicht unnötig Licht brennen' – [...] Zustimmung bzw. Widerspruch zu diesen Items wird als umweltgerechtes Verbraucherverhalten oder womöglich als Umweltbewusstsein schlechthin gedeutet. Von den genannten Beispielen könnte aber allenfalls das erste zu den Pfandflaschen noch einigermaßen so gedeutet werden, obwohl Ökobilanzen auch diesbezüglich erbracht haben, dass Mehrwegbehälter die erforderlichen Umlaufzahlen häufig nicht erreichen, um gegenüber Einwegbehältern im Vorteil zu sein, zumal Mehrweggläser mit heißem Wasser und Chemikalien gereinigt werden. [...] Das Item, das umweltbewusstes Verhalten durch Wasserabstellen beim Einseifen unter der Dusche indizieren soll (was 40 Prozent bejahten) ist besonders merkwürdig – eher wie aus einem satirischen Stück" (Huber 2001: 402 f.).

Ein zweiter, eher epistemologischer Einwand lautet, dass die Konstruktionen des ökologischen Diskurses – seine Normierungen wie auch Ermächtigungen – mehr oder weniger ungefiltert den wissenschaftlichen Zugriff auf den untersuchten Gegenstandsbereich prägen. Dies gilt nicht nur für die Einstellungsforschung, sondern auch für das hier zur Diskussion stehende Wissenschaftsfeld generell. Mit anderen Worten: Erst die Überzeugung, dass Naturverhältnisse gestaltbar sind und erst die auf der Individualisierung von Verantwortung beruhende Annahme, dass es auf ‚den Einzelnen' und sein Denken und Handeln ankommen könne, gibt der darauf dann auch ausgerichteten Forschung ihren Gegenstand zur Hand. Dies wäre nicht per se verwerflich. Die Forschung hat die Herausforderung der ökologischen Frage angenommen und ist insbesondere dort, wo sie ihren eigenen Sinn und Zweck über die Ausrichtung an ‚öffentlicher Relevanz' bestimmt, unweigerlich auf die Vorgaben des Diskurses angewiesen. An der Ökonomie der Aufmerksamkeit führt in diesem Fall kein Weg vorbei. Eine Forschung, die außerdem politisch-praktisch von Bedeutung sein will, muss ein Gespür für das, was sich gesellschaftlich bewegt, entwickeln. Schwierig wird es, wenn seitens der Wissenschaft diskursive Vorgaben schlicht übernommen und normativ überhöhte Maßstäbe einer ‚konsequenten' Umorientierung angelegt werden, an denen das Alltagsdenken und -handeln nur scheitern können. In Anschlag gebracht werden dann primär jene Verständnisse ‚angemessener' oder ‚unangemessener' Natur- und Umweltbeziehungen, wie der Relevanz setzende öffentliche Diskurs und die um Relevanz bemühte Forschung sie sich vorstellen können. Darin droht nicht nur eine bloße Verdoppelung politischer und moralischer Aufladungen (einschließlich der Unterscheidungen von ‚richtigem' und ‚falschem' Bewusstsein, ‚richtigem' und ‚falschem' Verhalten). Eine ihre eigenen normativen Voraussetzungen ausklammernde Forschung läuft zudem Gefahr, die Spezifik der untersuchten Gegenstände systematisch zu verfehlen und die Relevanzen des Feldes gar nicht erst zur Geltung zu bringen; auf dieses Problem hat im Rahmen der interpretativen Soziologie insbesondere Howard Becker hingewiesen (vgl. Becker 1967, 2003). Auch ‚Effizienzlastigkeit' im Gegensatz etwa zu der im obigen Zitat monierten Suffizienzlastigkeit wäre einseitig und käme zudem kaum an alltagssoziologische Fragestellungen heran. Was also heißt es, der ökologischen Frage auf der Ebene des Alltagswissens und Alltagshandelns nachzugehen?

3.2 Die ökologische Frage als (nicht) alltägliches Handlungsproblem

Die Kategorie des Alltags ist grundbegrifflich keineswegs einheitlich bestimmt und führt in das verzweigte Feld der Sozialtheorie hinein. Schon der Versuch einer Festlegung, um wen oder was es eigentlich geht, wenn von ‚Alltag' die Rede ist, bedürfte einer ausufernden Literaturexegese.[14] Hinzu kommt, dass der Bereich des Alltags (sei er als Alltagswelt, Alltagsarbeit, Alltagswissen, Alltagshandeln, Alltagsmoral oder Alltagskultur gefasst) in einem durch die Theoriebildung und Forschung längst nicht ausgeloteten Verhältnis zu übergeordneten gesellschaftlichen Problemdiskursen steht. Dazu mag unter anderem beitragen, dass die in den 1970er, 1980er Jahren entwickelte Soziologie des Alltags (vgl. Hammerich/Klein 1978) etwas in Vergessenheit geraten und durch neue Frage- und Problemstellungen (wie die Hinwendung zur Milieu- und Lebensstilforschung, zur Individualisierungsdiskussion und zu praxistheoretischen Ansätzen) überlagert worden ist. Die Sphäre des Alltags ist dabei keineswegs diskursfrei und als ein privatisiertes Gegenüber zu Wissenschaft und Öffentlichkeit zu betrachten, sondern von zirkulierenden Erwartungen, Bewertungen und Handlungsanweisungen durchzogen. Dennoch konstituiert sie sich als ein von der Öffentlichkeit zu unterscheidender, spezifischer Erfahrungs-, Handlungs- und

14 Sie hätte so unterschiedliche Ansätze wie das Schützsche Konzept der Lebenswelt des Alltags und dessen sozialkonstruktivistische Fortführungen, marxistische und feministische Theorien, die cultural studies sowie das handlungstheoretische und an die subjektorientierte Soziologie anschließende Konzept der alltäglichen Lebensführung (Voß 1995) einzubeziehen.

Symbolraum, dessen relative – perspektivische, strukturelle und kulturelle – Eigenständigkeit kurz verdeutlicht werden soll:

Erstens ist davon auszugehen, dass ‚den Alltagsakteuren' (die ‚wir' je nach Rolle und Handlungsform natürlich alle sind) ihr Status als Adressat und Objekt gesellschaftlicher Thematisierungen nicht verborgen bleibt. Insofern hat es die Forschung über Alltagsphänomene schlicht mit wissenden und zum Eigen-Sinn begabten Akteuren[15] zu tun, die sich ihren ‚Reim' auf die Dinge machen und ihren eigenen jeweiligen Situationsdefinitionen[16] folgen – nicht mit „cultural dopes", die zu unterstellen schon der Ethnomethodologe Garfinkel dem sozialwissenschaftlichen Mainstream seiner Zeit vorgeworfen hat (Garfinkel 1967: 68). An diesem Punkt treffen öffentliche Diskurse und eine die Akteure vergessende, ‚alltagsblinde' Wissenschaft sich oftmals in ähnlichen Einseitigkeiten und Stilisierungen. Eine Rekonstruktion des Wissens von Alltagsakteuren geht über das Abfragen von Einstellungen hinaus und lässt sich auch nicht auf wissenschaftliches oder öffentlich legitimiertes Wissen reduzieren. Sie erfordert, die „objektivierte Sinnhaftigkeit institutionalen Handelns" (Berger/Luckmann 1989: 75), die als „Wissen" (ebd.) in allen möglichen Handlungsbereichen (z. B. Familie, Beruf, Bildungseinrichtungen) weitergereicht wird und die sich auf alle möglichen Institutionalisierungen von Handeln bezieht, im Rahmen von Natur-Gesellschafts-Verhältnissen und zu dem, was als ‚Natur' beziehungsweise ‚Umwelt' assoziiert wird, zu klären. Zu erfassen ist hierbei auch, in welchem Verhältnis unterschiedliche Wissenstypen, die in das Alltagswissen eingelassen sind (z. B. Sachwissen, normatives Wissen, Tradition, Erfahrungswissen), zueinander stehen. Wissen, verstanden als gesellschaftlich objektivierter Sinn, ist für Prozesse der subjektiven Sinn- und Bedeutungszuschreibung zentral. Diese sind allerdings nicht auf kognitiv-rationales Erfassen, Bewerten, Planen und Entscheiden beschränkt, weshalb die Forschung keinem kognitiven Bias unterliegen sollte. Vielmehr spielen auf der Ebene der Subjektivität auch Affekte, Emotionen, ästhetische Empfindungen und Imaginationen eine Rolle.

Zweitens weist die Sphäre des Alltags strukturelle Eigenheiten auf, die sich einer einfachen Übernahme öffentlich formulierter Postulate und Handlungsanweisungen entziehen; der bestehende Handlungsdruck, die notwendige Entwicklung von Routinen, der Zwang zur Synchronisation unterschiedlichster, ausdif-

---

15 Vergleiche dazu aus individualisierungstheoretischer Sicht auch Poferl (2010).

16 Der Begriff der Situationsdefinition knüpft an das bekannte Thomas-Theorem an (Thomas/Thomas 1928, hier zitiert nach Thomas 1965: 113 f.): „Wenn die Menschen Situationen als real definieren, so sind auch ihre Folgen real."

ferenzierter Anforderungen, Ziele und Tätigkeiten sind hier zu nennen. Die konsistente, methodisch-rationale Ausrichtung und Durchkomposition der alltäglichen Lebensführung nach ökologischen Kriterien dürften angesichts dessen ein eher unwahrscheinlicher beziehungsweise nur in Nischen zu findender Sonderfall sein. Hinzu kommen institutionell verfestigte Strukturen, die sich der individuellen Beeinflussung zwar nicht gänzlich entziehen, aber doch einen enormen Härtegrad aufweisen: Hierbei geht es nicht ,nur' um Mobilität, Ernährungsgewohnheiten oder die Trennung des Mülls. Es sind auch leistungsgesellschaftliche Zwänge der Verfügbarkeit und Optimierung, die Erfordernisse privater Reproduktion unter eben diesen Bedingungen, die Arbeitsteilung zwischen den Geschlechtern,[17] die Verwerfungen des Konsumkapitalismus und nicht zuletzt die ökonomischen Handlungsspielräume, die einer ökologisch orientierten ,Selbstbestimmung' im Alltag Grenzen ziehen.

Von herausragender Bedeutung ist schließlich drittens die kulturelle Überformung des Alltagswissens und -handelns, die in ihren jeweiligen Habitualisierungen einerseits zur ,zweiten Natur' des Menschen geworden, andererseits aber doch auch offen für Irritationen und gegenteilige Erfahrungen ist. Insoweit zeichnen sich die Deutungsmuster des Alltags zwar durch „große Eigenständigkeit, ein enormes Beharrungsvermögen und eine ebensolche Resistenz gegenüber alternativen Deutungsangeboten" (Soeffner 1989: 19) aus. Die bisherigen Ergebnisse aus der umweltsoziologischen Forschung[18] weisen dennoch darauf hin, dass auf unterschiedlichste Weise um eine Alltagsintegration der ökologischen Problematik gerungen wird. In einer vergleichsweise frühen Untersuchung sozial- und alltagskultureller Orientierungen (Poferl/Schilling/Brand 1997) konnte gezeigt werden, dass neben strukturellen Bedingungen weltanschauliche Lagerungen beziehungsweise Mentalitäten zum Tragen kommen und je spezifische Resonanzen erzeugen. Sie entscheiden, um dies nur exemplarisch zu verdeutlichen, darüber, ob die Beachtung von Natur- und Umweltanliegen als Aufgabe der je eigenen persönlichen Entwicklung wahrgenommen, als Bürgerpflicht befolgt, als Systemfrage deklariert, indifferent zur Kenntnis genommen oder als überflüssig zurückgewiesen wird. Vor dem Hintergrund struktureller

17 Zur Verknüpfung von Natur- und Geschlechterverhältnissen und den „nach wie schweren Stand geschlechterbezogener Forschungen" Hofmeister/Katz (2011: 365), Nebelung/Poferl/Schultz (2001).

18 Zu den in den 1990er Jahren eingeschlagenen Richtungen der Umweltbewusstseins-, Lebensführungs- und Lebensstilforschung vergleiche etwa Reusswig (1994), Poferl/Schilling/Brand (1997) sowie den Band von Lange (2000); später zum Beispiel auch Kleinhückelkotten (2005).

Zwänge und kultureller Überformungen sind nicht zuletzt die Defizitkategorien des ökologischen Diskurses (das ‚bildungsferne Milieu', die ‚Unaufgeklärten', ‚Unwissenden' oder ‚Unwilligen') zu hinterfragen. In jeder Primel, mit der die Fensterbank geschmückt wird, in der Lust am Grünen und sommerlichen Grillvergnügen steckt womöglich ein wenig Sehnsucht nach Natur und ‚intakter' Umwelt– wie deformiert auch immer. Umgekehrt lösen sinnlich wahrnehmbare Natur- und Umweltveränderungen (z. B. Smog, Verschmutzungen von Gewässern) bis hin zur Erfahrung von Bedrohungen und Katastrophen (z. B. Überflutungen, Extremwetter) ein Gefühl für die Abhängigkeit des Menschen aus. Dergleichen Natur- und Umweltbezüge sind nicht dem bildungsbürgerlichen Milieu vorbehalten. Sie haben auf den ersten Blick auch nichts mit Alltag zu tun, führen aber in jenen weiten Assoziationsraum hinein, den die Problematisierung gesellschaftlicher Naturverhältnisse vorgezeichnet hat. Die Sorge um steigende Stromkosten im Zuge der Energiewende oder die ‚Verschandelung' der Landschaft durch neue Technologien macht wiederum deren unspektakuläre, soziale und politisch jedoch hoch brisante Seiten deutlich.

Unter dem Aspekt der diskursiven Konstruktion der ökologischen Frage kristallisiert sich, wie oben aufgezeigt, die Tendenz einer Individualisierung von Verantwortung heraus. Sie bildet sich ab in der Subjektposition des ‚umweltbewussten Bürgers' – einer Sozialfigur, die heute unabweisbar zum Spektrum gesellschaftlicher Selbstbeschreibungen gehört. Beide Entwicklungen – die Individualisierung von Verantwortung wie auch die damit verknüpfte Forderung nach Umweltbewusstsein und korrespondierendem Umwelthandeln – gewinnen ihre Bedeutung unter den Vorzeichen gesellschaftlicher Naturverhältnisse, die problematisch geworden sind. Eben diese Problematisierung steht (makrosoziologisch) für den Entzug von Gewissheitsgrundlagen und den Bruch mit Routinen der Industriemoderne, die – in Ansätzen – auch das Alltagswissen und Alltagshandeln (also die Mikroebene) erfassen. Die ökologische Frage entsteht als Handlungsproblem einer reflexiven und durch die Irritation bislang gültiger Handlungsgrundlagen zwangsläufig experimentellen Moderne (Poferl 1999), die an einen vielschichtigen öffentlichen Erwartungshorizont gebunden ist. Die pragmatistische Tradition (die mit James, Dewey und für die Soziologie wegweisend vor allen Mead verbunden ist) lehrt, dass soziales Handeln prinzipiell als problemlösendes Handeln und darin dann auch „kreatives" Handeln (Joas 1992) zu begreifen ist. Dies gilt ebenso für das Alltagshandeln, wobei hier – im Vergleich etwa zu Wissenschaft, Kunst, Politik – die unmittelbare lebenspraktische Bewältigung von Handlungsproblemen im Vordergrund steht. Sie schafft Realitätszwänge, die eine Orientierung an ökologischen Leitbildern und Maßstäben zwar nicht verhindern. Dennoch bleiben sich aus einer wissenssoziologischen Perspektive (vgl. Berger/Luckmann 1989). kulturelle Imperative als Ausdruck hoch spezifischer, handlungsentlasteter Programmatiken und sowohl die ,Logik' als auch die Lebenswelt des Alltags in ihren Normalitäts- und Selbstverständlichkeitsannahmen strukturell fremd. Die Integration der ökologischen Frage in Alltagszusammenhänge, die in aller Regel nur partial und bruchstückhaft erfolgen kann, stellt sich so als ein ,Zwitterwesen' der Verknüpfung von ,Kultur' und ,Praxis'[19] dar, das als Alltagspolitik (Poferl 2004: 215 ff.) bezeichnet werden kann. Sie lässt sich als eine Sonderform sozialer Praxis (ebd.) begreifen, in der gesellschaftliche Regelveränderungen innerhalb des Alltags (wie etwa ökologisch sensible Formen des Konsums, der Mobilität, der Nutzung von Dingen) erprobt werden und die darin explizit auf die an sie herangetragenen Gestaltungsanforderungen und -zumutungen (beziehungsweise auf von den Alltagsakteuren übernommene ökologische Einsichten) reagiert. Trotz aller Beharrungstendenzen wird dadurch Neues hervorgebracht; ausgehend von symbolisch-diskursiven Strukturierungen der ökologischen Frage einerseits, dem Feld der Alltagspraxis andererseits finden Strukturbildungen (Giddens 1992 [1984]) hin zu – unfragmentarischen, unvollständigen, inkonsequenten und teils auch banal erscheinenden – Formen einer Abarbeitung an ökologischen Herausforderungen statt. Praxistheoretische Ansätze, wie sie seit einiger Zeit auch innerhalb der Umweltsoziologie aufgriffen werden (vgl. aktuell Brand 2013), können dazu beitragen, solche Regelveränderungen (deren Optionsspielräume wie auch Grenzen) im Kontext des Alltags zu erhellen, sofern sie sich den Perspektiven und Erfahrungsmöglichkeiten der Akteure öffnen. So wie life politics eine Politik der Lebensführung nach dem „Ende der Natur" und nach dem „Ende der Tradition" (Giddens 1994: 246) bedeutet, so ist auch die Alltagspolitik der Alltagsakteure – vom selbstbewusst ökologischen Lebensstil bis hin zu einem ,muddling through' der weniger Ambitionierten, von der Akzeptanz ökologischer Anliegen bis hin zur faktischen Zurückweisung – von einem asozialen Naturverständnis und einer einfachen Rückkehr zu industriegesellschaftlichen Traditionen notgedrungen weit entfernt. Sie ist Ausdruck einer gesellschaftlichen Transformationserwartung und möglicher transformativer Potenziale, die den Alltag nicht verschonen und wenngleich nicht der Tradition, so doch ,der Natur' am Ende neue Geltung verschaffen.

19 Vergleiche Schatzki/Knorr-Cetina/Savigny (2001), Reckwitz (2003), Shove (2003), Hörning/Reuter (2004).

Literaturverzeichnis

Beck, U. (1986): Risikogesellschaft. Auf dem Weg in eine andere Moderne. Frankfurt a.M.: Suhrkamp.

Beck, U. (1988): Gegengifte. Die organisierte Unverantwortlichkeit. Frankfurt a.M.: Suhrkamp.

Beck, U. (1993): Die Erfindung des Politischen. Zu einer Theorie reflexiver Modernisierung. Frankfurt a. M.: Suhrkamp.

Beck, U. (1997): Weltrisikogesellschaft, Weltöffentlichkeit und globale Subpolitik. Ökologische Fragen im Bezugsrahmen fabrizierter Unsicherheiten. Wien: Picus.

Beck, U. (2007): Weltrisikogesellschaft. Auf der Suche nach der verlorenen Sicherheit. Frankfurt a. M.: Suhrkamp.

Beck, U.; Beck-Gernsheim, E. (2002): Individualization. Institutionalized Individualism and its Social and Political Consequences. London: Sage.

Beck, U.; Bonß, W.; Lau, C. (2001): Theorie reflexiver Modernisierung – Fragestellungen, Hypothesen, Forschungsprogramme. In: Beck, U.; Bonß, W. (Hrsg.): Die Modernisierung der Moderne. Frankfurt a.M.: Suhrkamp, S. 11-59.

Beck, U.; Bonß, W.; Lau, C. (2004): Entgrenzung erzwingt Entscheidung: Was ist neu an der Theorie reflexiver Modernisierung? In: Beck, Ulrich/Lau, Christoph (Hrsg.): Entgrenzung und Entscheidung. Frankfurt a.M., S. 13-62.

Beck, U.; Giddens, A.; Lash, S. (1996): Reflexive Modernisierung. Eine Kontroverse. Frankfurt a.M.: Suhrkamp.

Becker, E.; Jahn, T. (2006): Soziale Ökologie: Grundzüge einer Wissenschaft von den gesellschaftlichen Naturverhältnissen. Frankfurt a.M.: Campus.

Becker, H. S. (2003): Making Sociology Relevant to Society (http://home.earth.net/~hsbecker/articles/relevant.html)

Becker, H. S. (1967): Whose side are we on? Social Problems, 14, 239-247.

Berger, P.; Luckmann, T. (1989): Die gesellschaftliche Konstruktion der Wirklichkeit. Eine Theorie der Wissenssoziologie. Frankfurt a.M.: Fischer.

Brand, K.-W. (Hrsg.) (1997): Nachhaltige Entwicklung. Eine Herausforderung an die Soziologie. Opladen: Leske + Budrich.

Brand, K.-W. (2013): Umweltsoziologie. Entwicklungslinien, Basiskonzepte und Erklärungsmodelle. Reihe Grundlagentexte Soziologie. Weinheim: Beltz-Juventa.

Brand, K.-W.; Eder, K.; Poferl, A. (1997): Ökologische Kommunikation in Deutschland. Opladen: Westdeutscher Verlag.

Hauff, V. (Hrsg.) (1987): Unsere gemeinsame Zukunft. Der Brundtland-Bericht der Weltkommission für Umwelt und Entwicklung. Greven: Eggenkamp.

Carson, R. (1965): Der stumme Frühling. München: Biederstein.

Chakrabarty, D. (2010): Das Klima der Geschichte. In: Welzer, H.; Soeffner, H.-G.; Giesecke, D. (Hrsg.). KlimaKulturen. Soziale Wirklichkeiten im Klimawandel. Frankfurt a.M./New York: Campus, S. 270-301.

Cox, R. (2010): Environmental Communication and the Public Sphere. Second Edition. Thousand Oaks: Sage.

Dryzek, J. S. (1997): The Politics of the Earth – Environmental Discourses. Oxford: University Press.

Eder, K. (1988): Die Vergesellschaftung der Natur. Studien zur Evolution der praktischen Vernunft. Frankfurt a.M.: Suhrkamp.

Eder, K. (1998): Gibt es Regenmacher? Vom Nutzen des Konstruktivismus in der soziologischen Analyse der Natur. In: Brand, K.-W. (Hrsg.): Soziologie und Natur. Theoretische Perspektiven. Opladen: Westdeutscher Verlag, S. 97-115.

Eisenstadt, S. N. (2000): Die Vielfalt der Moderne. Weilerswist: Velbrück.

Foucault, M. (2005): Schriften in vier Bänden. Dits et Ecrits, hrsg. von Daniel Defert und Francois Ewald. Bd. 4: 1980-1988. Frankfurt/Main: Suhrkamp.

Garfinkel, H. (1967): Studies in Ethnomethodology.Englewood Cliffs/NJ: Prentice Hall.

Giddens, A. (1991): Modernity and Self-Identity. Self and Society in the Late Modern Age. Cambridge: Polity Press.

Giddens, A. (1992): Die Konstitution der Gesellschaft. Grundzüge einer Theorie der Strukturierung. Frankfurt a.M.: Campus.

Giddens, A. (1999): Konsequenzen der Moderne. Frankfurt a.M.: Suhrkamp.

Giddens, A. (1994): Beyond Left and Right. The Future of Radical Politics. Cambridge: Polity Press.

Giddens, A. (2001): Entfesselte Welt. Wie die Globalisierung unser Leben verändert. Frankfurt a.M.: Suhrkamp.

Gill, B. (2003): Streitfall ‚Natur'. Weltbilder in Technik- und Umweltkonflikten. Opladen: Westdeutscher Verlag.

Görg, C.; Brand, U. (Hrsg.) (2002): Mythen globalen Umweltmanagements. „Rio + 10" und die Sackgasse nachhaltiger Entwicklung. Münster: Westfälisches Dampfboot.

Götz, K. (2011): Nachhaltige Mobilität. In: Groß, M. (Hrsg.): Handbuch Umweltsoziologie. Wiesbaden: Springer VS, S. 325-247.

Groß, M. (2001): Die Natur der Gesellschaft: Eine Geschichte der Umweltsoziologie. Weinheim: Juventa.

Groß, M. (2006). Natur. Bielefeld: transcript.

Groß, M. (Hrsg.) (2011): Handbuch Umweltsoziologie. Wiesbaden: Springer VS.

Hajer, M. A. (1995): The Politics of Environmental Discourse. Oxford: University Press.

Hammerich, K.; Klein, M. (1978): Alltag und Soziologie. In: Dies. (Hrsg.): Materialien zur Soziologie des Alltags. Sonderheft 20 der Kölner Zeitschrift für Soziologie und Sozialpsychologie. Opladen: Westdeutscher Verlag, S. 7-21.

Hörning, K.; Reuter, J. (2004): Doing Culture. Neue Positionen zum Verhältnis von Kultur und sozialer Praxis. Bielefeld: transcript.

Hofmeister, S.; Katz, C. (2011). Naturverhältnisse, Geschlechterverhältnisse, Nachhaltigkeit. In: Groß, M. (Hrsg.): Handbuch Umweltsoziologie. Wiesbaden: Springer VS, S. 365-398.

Huber, J. (2001): Allgemeine Umweltsoziologie. Wiesbaden: Westdeutscher Verlag.

Huber, J. (2011): Ökologische Modernisierung und Umweltinnovation. In: Groß, M. (Hrsg.): Handbuch Umweltsoziologie. Wiesbaden: Springer VS, S. 279- 302.

Jahn, T.; Wehling, P. (1998): Gesellschaftliche Naturverhältnisse – Konturen eines theoretischen Konzepts. In: Brand, K.-W. (Hrsg.): Soziologie und Natur: Theoretische Perspektiven. Opladen: Leske + Budrich, S. 75-93.

Joas, H. (1992): Die Kreativität des Handelns. Frankfurt a.M.: Suhrkamp.

Keller, R. (1998): Müll – Die gesellschaftliche Konstruktion des Wertvollen. Opladen: Westdeutscher Verlag.

Keller, R. (2012): Zur Praxis der Wissenssoziologischen Diskursanalyse. In: Keller, R.; Trutschkat, I. (Hrsg.): Methodologie und Praxis der Wissenssoziologischen Diskursanalyse. Band 1: Interdisziplinäre Perspektiven. Wiesbaden: Springer VS, S. 27-68.

Keller, R.; Poferl, A. (2011): Umweltdiskurse und Methoden der Diskursforschung. In: Groß, M. (Hrsg.): Handbuch Umweltsoziologie. Wiesbaden: Springer VS, S. 199-220.

Kleinhückelkotten, S. (2005): Suffizienz und Lebensstile: Ansätze für eine milieuorientierte Nachhaltigkeitskommunikation. Berlin: Berliner Wissenschaftsverlag.

Koselleck, R. (1989): Vergangene Zukunft. Zur Semantik geschichtlicher Zeiten. Frankfurt a.M.: Suhrkamp.

Krohn, W.; Hoffmann-Riem, H.; Groß, M. (2011): Innovationspraktiken der Entsorgung von Müll und Abfall. In: Groß, M. (Hrsg.): Handbuch Umweltsoziologie. Wiesbaden: Springer VS, S. 421-442.

Kropp, C. (2002): ‚Natur'. Soziologische Konzepte, politische Konsequenzen. Opladen: Leske + Budrich.

Kuckartz, U. (1995): Umweltwissen, Umweltbewusstsein, Umweltverhalten. Der Stand der Umweltbewusstseinsforschung. In: De Haan, G. (Hrsg.): Umweltbewusstsein und Massenmedien. Perspektiven ökologischer Kommunikation. Berlin: Akademie-Verlag, S. 71-85.

Lange, H. (Hrsg.) (2000): Ökologisches Handeln als sozialer Konflikt. Opladen: Leske + Budrich.

Lange, H. (Hrsg.) (2008): Nachhaltigkeit als radikaler Wandel: Die Quadratur des Kreises? Wiesbaden: VS Verlag für Sozialwissenschaften.

Lange, H. (2011a): Umweltsoziologie in Deutschland und Europa. In: Groß, M. (Hrsg.): Handbuch Umweltsoziologie. Wiesbaden: Springer VS, S. 19-53.

Lange, H. (2011b): Umweltbewusstsein und „Environmentalism" in der „Ersten" und „Dritten" Welt. In: Groß, M. (Hrsg.): Handbuch Umweltsoziologie. Wiesbaden: Springer VS, S. 613-627.

Lash, S.; Szerszynski, B.; Wynne, B. (Hrsg.) (1996): Risk, Environment and Modernity: Towards a New Ecology. London: Sage.

Latour, B. (2001 [1999]): Das Parlament der Dinge: Für eine politische Ökologie. Frankfurt a.M.: Suhrkamp.

Lau, C. (1989): Risikodiskurse: gesellschaftliche Auseinandersetzungen um die Definition von Risiken. In: Soziale Welt 40 (3), S. 418-436.

Luhmann, N. (1986): Ökologische Kommunikation: Kann die moderne Gesellschaft sich auf ökologische Gefährdungen einstellen? Opladen: Westdeutscher Verlag.

Macnaghten, P.; Urry, J. (1998). Contested Natures. London: Sage.

Meadows, D.; Meadows, D.; Zahn, E.; Millig, P. (1972): Die Grenzen des Wachstums. Bericht des Club of Rome zur Lage der Menschheit. Stuttgart: Deutsche Verlags-Anstalt.

Meyer, T. (1994): Die Transformation des Politischen. Frankfurt a.M.: Suhrkamp.

Nebelung, A.; Poferl, A.; Schultze, I. (Hrsg.): Geschlechterverhältnisse, Naturverhältnisse. Feministische Auseinandersetzungen und Perspektiven der Umweltsoziologie. Opladen: Leske + Budrich 2001.

Paech, N. (2012): Befreiung vom Überfluss. Auf dem Weg in die Postwachstumsökonomie. München: oekom.

Palonen, K. (1995): Die jüngste Erfindung des Politischen. Ulrich Becks ‚Neues Wörterbuch des Politischen' als Beitrag zur Begriffsgeschichte. In: Leviathan 23 (3), S. 417-436.

Poferl, A. (1999): Gesellschaft im Selbstversuch. Der Kick am Gegenstand oder: Zu einer Perspektive ‚experimenteller Soziologie'. In: Soziale Welt, 1999, 50 (4), S. 29-38.

Poferl, A. (2004): Die Kosmopolitik des Alltags. Zur ökologischen Frage als Handlungsproblem. Berlin: edition sigma.

Poferl, A. (2010): Die Einzelnen und ihr Eigensinn. Methodologische Implikationen des Individualisierungskonzepts. In: Berger, P. A.; Hitzler, R. (Hrsg.): Individualisierungen. Ein Vierteljahrhundert ‚jenseits von Stand und Klasse'? Wiesbaden: VS Verlag für Sozialwissenschaften 2010, S. 291-309.

Poferl, A.; Schilling, K.; Brand, K.-W. (1997): Umweltbewußtsein und Alltagshandeln. Eine empirische Untersuchung sozial-kultureller Orientierungen. Opladen: Leske + Budrich 1997.

Preisendörfer, P. (1999): Umwelteinstellungen und Umweltverhalten in Deutschland. Opladen: Lese + Budrich.

Randeria, S. (1999): Jenseits von Soziologie und soziokultureller Anthropologie. Zur Ortsbestimmung der nichtwestlichen Welt in einer zukünftigen Sozialtheorie. In: Soziale Welt 50 (4), 373-382.

Reckwitz, A. (2003): Grundelemente einer Theorie sozialer Praktiken. Eine sozialtheoretische Perspektive. In: Zeitschrift für Soziologie 32 (4), S. 282-301.

Reusswig, F. (1994): Lebensstile und Ökologie. In: Dangschaft, J.; Blasius, J. (Hrsg.): Lebensstile in den Städten: Konzepte und Methoden. Opladen: Leske + Budrich, S. 91-103.

Reusswig, F. (2010): Klimawandel und Gesellschaft: Vom Katastrophen- zum Gestaltungsdiskurs im Horizont der postkarbonen Gesellschaft. In: Voss, M. (Hrsg.): Der Klimawandel: Sozialwissenschaftliche Perspektiven. Wiesbaden: VS Verlag für Sozialwissenschaften, S. 75-97.

Reusswig, F. (2011): Klimawandel und globale Umweltveränderungen. In: Groß, M. (Hrsg.): Handbuch Umweltsoziologie. Wiesbaden: Springer VS, S. 692-720.

Rosenbaum, W.; Mautz, R. (2011): Energie und Gesellschaft: Die soziale Dynamik der fossilen und erneuerbaren Energien. In: Groß, M. (Hrsg.): Handbuch Umweltsoziologie. Wiesbaden: Springer VS, S. 399-420.

Rucht, D. (1998): Ökologische Frage und Umweltbewegung im Spiegel der Soziologie. In: Friedrichs, J.; Lepsius, R. M./Mayer, K.-U. (Hrsg.): Die Diagnosefähigkeit der Soziologie. Sonderheft 38 der Kölner Zeitschrift für Soziologie und Sozialpsychologie. Opladen: Westdeutscher Verlag, S. 404-432.

Rückert-John, J. (2011): Nachhaltige Ernährung. In: Groß, M. (Hrsg.): Handbuch Umweltsoziologie. Wiesbaden: Springer VS, S. 348-364.

Sachs, W. (1993): Die vier E's: Merkposten für einen maßvollen Wirtschaftsstil. In: Politische Ökologie, Nr. 33, S. 69-72.

Schatzki, T.; Knorr-Cetina, K.; Savigny, E. von (Hrsg.) (2001): The Practice Turn in Contemporary Theory. London: Routledge.

Shove, E. (2003): Comfort, Cleanliness and Convenience: The Social Organisation of Normality. London: Berg.

Soeffner, H.-G. (1989): Auslegung des Alltags – Der Alltag der Auslegung. Zur wissenssoziologischen Konzeption einer sozialwissenschaftlichen Hermeneutik. Frankfurt a.M.: Suhrkamp.

Thomas, W. I. (1965): Person und Sozialverhalten. Neuwied am Rhein: Luchterhand.

Voß, G. G. (1995): Entwicklung und Eckpunkte des theoretischen Konzepts. In: Projektgruppe „Alltägliche Lebensführung" (Hrsg.): Alltägliche Lebensführung. Arrangements zwischen Traditionalität und Modernisierung. Opladen: Leske + Budrich, S. 23-43.

Wehling, P. (2006): Im Schatten des Wissens? Perspektiven der Soziologie des Nichtwissens. Konstanz: UVK.

Welzer, H.; Soeffner, H.-G.; Giesecke, D. (Hrsg.) (2010): KlimaKulturen. Soziale Wirklichkeiten im Klimawandel. Frankfurt a.M./New York: Campus.

Yearley, S. (1992): The Green Case: A Sociology of Environmental Arguments, Issues and Politics. London: Routledge.

Yearley, S. (1996): Sociology, Environmentalism, Globalization. London: Sage.

Yearley, S. (2009): Cultures of Environmentalism: Empirical Studies in Environmental Sociology. Houndmills: Macmillan.

Natur. Versuch über eine soziologische Kalamität

Fritz Reusswig

1 Einleitung: Natur als soziales (Gegen-)Konstrukt

Natur, die einmal überholt schien, erhält sich am Leben, weil der Augenblick ihrer Versöhnung versäumt ward. Mit dieser Anspielung auf den ersten Satz der „Negativen Dialektik" Adornos könnte man umschreiben, warum Natur für die Soziologie ebenso wenig erledigt wie als Problem klar umrissen ist. Erledigt: das wäre, glaubt man einer stilisierten Betrachtung der Urgeschichte der Disziplin, der Wunschzustand der frühen Soziologen gewesen. Soziales kann nur durch Soziales, nicht durch Natur erklärt werden, so das vielzitierte Credo, mit dem Durkheim die Verbannung von Natur zur methodischen Bedingung der Wissenschaftlichkeit der Soziologie macht.[1] Mit dem Ansatz der Akteur-Netzwerk-Theorie (ANT), die Naturobjekte und Artefakte als Aktanten betrachtet und ihnen wieder eine konstitutive Rolle für die Erklärung sozialer (oder dann eben: sozial-ökologischer) Tatbestände einräumt, hat die Soziologie an der Natur insofern ein Stück Wiedergutmachung geleistet – ironischerweise erneut mit einer Stimme aus Frankreich (Latour 1998, 2001).

Aber es ist alles andere als klar, wie man das genau macht: bringing nature back in. Schon der Begriff des Aktanten nivelliert zwischen handelnden Subjekten und wirksamen Objekten. Also muss man ein gestuftes Konzept der Wirkmächtigkeit von „Aktanten" haben. Aber das ist nur ein Thema unter vielen. Wem das theologisch imprägnierte und schwierige Konzept der Versöhnung, das in Anlehnung an Adorno eingangs zitiert wurde, fehl am Platze erscheint, kann sich gerne bei säkulareren Konzepten bedienen. Das Naheliegendste wäre

1 Auch die sinnverstehende Soziologie Max Webers, der in vieler Hinsicht als Gegenspieler Durkheims gelten kann, sieht Natur als sinnfremdes Geschehen an, das keinen Einfluss auf soziales Handeln hat.

das der nachhaltigen Entwicklung – für die einen ein „Plastikwort", für die anderen eine brauchbare regulative Idee, die das Recht auf Zukunft im unverkürzten Sinn auf den Begriff bringt.

Sicher ist: Natur „bleibt ein Problem", wie Hegel zu Beginn seiner Naturphilosophie so treffend bemerkt (Hegel 1970: 9). Gerade für die Soziologie. Umso wichtiger scheint mir, dass der Versuch ihrer „Einholung" und dann auch Operationalisierung für die empirische Forschung nicht zu kurz greift. Also etwa nicht nur bei dem ansetzt, was Soziologinnen und Soziologen so über Natur denken. Angesichts des auch staatlich geförderten Aufschwungs interdisziplinärer (Umwelt-) Forschung in den letzten Jahren scheint das nicht mehr betont werden zu müssen: Soziologinnen und Soziologen nehmen ernst, was die Naturwissenschaften über Natur zu sagen haben. Aber auch das reicht nicht, um das Projekt einer kritischen Soziologie der gesellschaftlichen Naturverhältnisse auf den Weg zu bringen. Denn trotz ihres laut und selbstsicher verkündeten – und auch von der klassischen Wissenschaftssoziologie unterschriebenen – Anspruchs erschöpft sich Natur eben nicht in dem, was die Naturwissenschaften über sie zu sagen haben – so wichtig es auch ist.

Um das ein wenig zu belegen, soll zunächst auf einige epistemologische und ontologische Aspekte von Natur eingegangen werden (Abschnitt 2), bevor das Schicksal der Natur in der ihr gegenüber ambivalenten Moderne etwas näher beleuchtet wird (Abschnitt 3). Am Beispiel des Begriffs „Wildnis", einer Untermenge von „Natur", soll diese Ambivalenz für die neuere Zeit dann etwas tiefer und empirisch gehaltvoller beschrieben werden (Abschnitt 4). Den Abschluss bildet ein etwas allgemeiner gehaltenes Plädoyer für eine kritische Soziologie der gesellschaftlichen Naturverhältnisse (Abschnitt 5).

2 Die Dialektik der Natur

Aller Unterscheidung von „anthropozentrischer" versus „ökozentrischer" Moral oder Epistemologie zum Trotz: Der Begriff der Natur ist radikal anthropozentrisch, privilegiert er doch unsere Wahrnehmung und unsere Region des Kosmos. Und doch soll er seit jeher das Außermenschliche und Außergesellschaftliche bezeichnen. Damit ist Natur schon begrifflich das, was „unser" Verhältnis zu „ihr" ausmacht: Dialektisch im Kern. Das Ensemble dessen, was „wir" nicht sind, lässt sich eben nur durch „uns" bezeichnen.

Das deutsche Wort „Natur" entstammt dem lateinischen natura, das wiederum eine Übersetzung des altgriechischen Wortes phýsis darstellt. Als philosophischer Fachterminus – prominent etwa bei Platon und Aristoteles – systematisiert er nur, was in Dichtung und alltäglichem Sprachgebrauch mehr intuitiv bereits gemeint war: Natur ist das strukturierte Wachsen und Blühen aus sich selbst heraus – es bedarf keines menschlichen Zutuns (Schadewaldt 1978). Damit steht es dem technischen (techné), aber auch dem sittlichen Menschenwerk (nómos) gegenüber, die beide klar auf seine Urheber als den tragenden Grund verweisen. So unterschiedlich Menschen und Gesellschaften in Raum und Zeit sind, so unterschiedlich sind die Gesetze, Sitten und Gebräuche, die sie sich geben. Von daher wird Natur stets ins Feld geführt, wenn es gilt, die Kontrastfolie des Ursprünglichen, Selbstständigen und Notwendigen gegenüber dem Abgeleiteten, Gemachten und Zufälligen aufzuspannen (Heinimann 1987). Damit ist auch klar, dass Natur immer schon ein konstitutiver Bestandteil von Gesellschaftskritik ist: Um gesellschaftliche Alternativen ins Spiel zu bringen, muss das jeweils Bestehende als kontingent – als eben nicht „Natur" – gesetzt werden, während die jeweils außergesellschaftliche Natur als Reservoir möglicher anderer Ordnungen von Gesellschaft dient. Anders als es in Durkheims und der ihm folgenden Mainstream-Soziologie erscheint, ist der Rückgriff auf Natur im sozialen Sprachspiel keineswegs auf Naturalisierung und Konservatismus festgelegt, sondern immer schon auch mit dem sozialen Protest und der Utopie verschworen.[2]

Die beiden begrifflichen Kernbestandteile des Naturbegriffs im Ausgang von der Antike sind damit zum einen die der Selbstständigkeit des Wirklichen dem Denken, Wollen und Fühlen des Menschen gegenüber, zum anderen die des in sich strukturierten Zusammenhangs, als dessen paradigmatische Verkörperungen je nach Akzentuierung der individuelle Organismus, das Wirkungsgefüge des Lebens oder das kosmische Geschehen gelten können. Noch Kant unterscheidet zwischen den „Dingen der Natur" (was die Dimension der Eigenständigkeit gegenüber dem Menschenwerk betont) und der „Natur der Dinge" (was die Dimension der Strukturiertheit dieses eigenständig Wirklichen betont) (Kant 1976).

Intendiert der Naturbegriff damit die außermenschliche Wirklichkeit in ihrer eigenständigen Strukturiertheit, so wird erst im Zeitalter der Entdeckung der unendlichen Weiten des Kosmos deutlich, wie „provinziell" Natur meist gedacht war und weitgehend noch ist. Ob wir Alltagskonversationen oder Wer-

2 Wie immer man sonst zu ihm stehen mag: In der Philosophie des 20. Jahrhunderts hat sich vor allem Ernst Bloch um die begriffliche und sozialphilosophische Rekonstruktion dieses Konnexes zwischen dem „Geist der Utopie" und der menschlichen wie außermenschlichen Natur bemüht.

bung nehmen, Schulbücher oder Internetauftritte, Weltliteratur oder soziologische Umfragen – stets lachen oder weinen uns die Knopf- oder Fischaugen der diversen Spezies unseres Heimatplaneten an, immer geht es um irgendeine der mehr oder weniger bunten Landschafts- oder Systemfacetten der Erde, und auch dort, wo es wissenschaftlicher und abstrakter wird, funktioniert alles nach „sublunarer“ Ökologie.

Im übergroßen Rest des Universums aber herrschen völlig andere Zustände. Atomkraft, nein danke – aber die sanfte Sonnenenergie, die durchschnittlich mit 1.367 Watt pro Quadratmeter auf die Erde trifft, entsteht durch Kernfusion bei 15,6 Millionen. Grad und einen Druck von 200 Milliarden Bar. In jeder Sekunde strahlt die Sonne 20.000 Mal so viel Energie ab, wie die Menschheit seit Beginn der Industrialisierung verbraucht hat. In etwa sieben Milliarden Jahren wird sie zum Roten Riesen mutieren und schon lange vorher alles Leben auf der Erde zerstört haben. Im Zentrum der Milchstraße thront ein Schwarzes Loch von 4,3 Millionen Sonnenmassen; Licht kann aufgrund der extrem hohen Gravitation dieses Objekt nicht mehr verlassen. Als vor 13,8 Milliarden Jahren das Universum entstand, herrschten unvorstellbare 1,4 x 10^{32} Kelvin. Noch ist nicht sicher, sondern nur wahrscheinlich, dass es Leben auch andernorts im Universum gibt. Aber sicher ist, dass an fast allen uns bekannten Orten lebensfeindliche Bedingungen herrschen.

Würde „Natur“ sich auf die uns umgebende physische Wirklichkeit im Sinne moderner Kosmologie beziehen – sie wäre eher der Name für eine unvorstellbare Dystopie und ökologische Heimatgefühle kämen gar nicht erst auf.[3] Dass das nicht so ist, hängt – zumindest bis zur Entdeckung von vergleichbaren Lebensformen anderenorts – an unserer äußerst bornierten Selbstzentriertheit. Wir leben als Menschen auf der Erde und deren zufällige Partikularitäten prägen unser Verständnis von „Natur“.

Wir können nicht anders, als alles auf uns zu beziehen. Das hat nichts mit Egoismus zu tun – es sitzt viel tiefer. Unser Anthropozentrismus hat die Leib- und dann auch die Selbstzentrierung jener seltsamen Art von Lebewesen zur Bedingung, die wir sind. Wir sind der raum-zeitliche Nullpunkt unserer Welt, der Ground Zero ihrer Bezüge. Darum erscheint uns alles, was sich ganz zufällig in unserer Nähe befindet, als Gegebenheit schlechthin: Natur.

---

3 Wer das nicht in den Büchern und Aufsätzen der Naturwissenschaften nachlesen will oder kann, dem geben Raumfahrt und Science-Fiction-Filme davon eine Ahnung. Dass auch Letztere (und wahrscheinlich sogar Erstere in ihrer Inszenierung) dabei gesellschaftliche Wertvorstellungen in den benutzten kulturellen Frames transportieren, ist klar.

Diese gleichsam transzendentale Anthropo-Zentrik freilich hat eine Kehrseite. Das zentrische Lebewesen Mensch hat dank seiner körperlichen, geistigen und sozialen Entwicklung die fundamentale Eigenschaft, nicht nur „alles" auf sich zu beziehen, sondern auch noch dieses Beziehen-auf-Etwas zu reflektieren. Gleich ursprünglich mit der Welt ist uns auch unser Selbst gegeben – genauer: Uns ist Welt nur im Selbstverhältnis gegeben. Die spezifische Zentralität des Tieres Mensch ist zugleich „exzentrische Positionalität" (Plessner), also durch reflexive Selbstbezüglichkeit vermittelt. Und genau das macht, dass wir nicht nur, wie andere Tiere, eine Umwelt haben, sondern eine Welt, auf die wir ausgerichtet sind und die uns objektiv ist.

Wir können offenbar als einzige Wesen Objektivität herstellen – und uns auf sie einlassen –, indem wir uns als Subjekte zur Objektivität verhalten. Steine liegen neben Steinen, aber sie verhalten sich nur für uns oder an sich zueinander. Obwohl sie irgendwie „härter" und „objektiver" scheinen als wir Menschen, sind sie füreinander nicht „objektiv". Objektivität ist das spezifische Weltverhältnis, das menschliche Subjekte haben. Der Kantische Unterschied zwischen Ding an sich und Erscheinung ist nur uns gegeben, nicht besteht er „an sich". Indem wir etwas für uns setzen, setzen wir den Unterschied des Ansichseins dieses Für-uns mit. Jenseits dieser Unterscheidung gibt es kein Ansich. Das Wissen um diesen Tatbestand nennt Hegel daher mit einigem Recht „absolut". Absolut ist also nicht – analog zum Unendlichen im Verhältnis zum Endlichen – das angebliche Wissen darum, dass irgendein Wissen „keine Grenzen" habe (und deswegen z. B. unbegrenzt gültig sei). Absolut ist allein das Wissen darum, dass uns mit dem einen (dem Fürunssein) unweigerlich auch das andere (Ansichsein) gesetzt ist. Wer die Relativität jeweiliger Erkenntnis gegen ihre Verabsolutierung kenntlich macht, mobilisiert daher das absolute Wissen im Sinne Hegels – aller Hegel-Kritik zum Trotz.[4]

Das macht Natur so „hart" und am Ende auch wissenschaftlich für uns. Anthony Giddens hat gegen den noch immer verbreiteten Minderwertigkeitskomplex der Sozialwissenschaften gegenüber den Naturwissenschaften (diese meint man im Englischen ja primär, wenn von science gesprochen wird) mit seiner These von der „doppelten Hermeneutik" (Giddens 1988) angeschrieben: Naturwissenschaften betreiben einfache Hermeneutik, weil sie symbolisch vermittelte und sozial interpretierte Analysen von Objekten durchführen, die keine

4 Wer Hegel nicht als toten Hund abtun oder nochmals „erledigen" möchte (eine Neigung, die freilich mit dem zwischenzeitlich erlahmten Interesse an Marx ebenfalls phasenweise nachließ), sei auf die hellsichtigen Interpretationen von Stekeler-Weithofer (2005) verwiesen.

eigenen Theorien über sich selbst hegen. Sozialwissenschaften dagegen haben es schwerer. Sie müssen sich mit Objekten herumschlagen, die derlei Theorien entwickeln. Und dies nicht nur so, dass sie einerseits irgendwie „objektiv" wären und daneben eben auch die mehr oder weniger unwichtige Eigenschaft aufwiesen, Theorien über sich selbst zu haben. Vielmehr macht es die spezifische Ontologie dieser besonderen Objekte aus, dass sie Theorien über sich selbst haben, also auch Objekte für sich selbst sind. Anders können sie nämlich gar nicht handeln (übrigens auch nicht soziale Systeme „herstellen"), und anders als im Rekurs auf diese Theorien lässt sich das Handeln dieser seltsamen Objekte auch gar nicht wissenschaftlich erklären.[5]

Natur ist in dieser Perspektive das, was sich der einfachen Hermeneutik erschließt – das gilt auch für alles, was sich am Menschen dieser Perspektive fügt. Der Mensch als Naturwesen ist ebenfalls Gegenstand der einfachen Hermeneutik. Erneut ein dialektischer Befund: Die (wissenschaftliche) Objektivität von Natur hängt an unserer Subjektivität, also an der Art, wie wir leben, handeln und denken. Die Zecke – um das berühmte Beispiel von Uexküll (1909) zu nehmen – hat ihre Umwelt, wir haben Welt. Und wir haben sie nicht nur so, wie das komplexere Tier Mensch eben auch eine „größere" Umwelt hätte als die vergleichsweise einfach gebaute Zecke. Sondern so, wie ein vom Typus her völlig „neuer" Organismus und seine Sozialorganisation eben eine emergente Art von „Umwelt" haben. Ihr Kennzeichen ist gar nicht primär ihr größerer raumzeitlicher Umfang oder ihre höhere Systemkomplexität – das mag auch zutreffen. Ihr Kennzeichen ist vielmehr ihr dialektischer Charakter als objektive Welt eines „radikalen" Subjekts. „Radikal" meint: Als Ganzes im Verhältnis zu sich als Ganzes zu stehen. Anthropozentrisch ist also beides am Naturbegriff: Seine konstitutive Bindung an den Menschen und seine Funktion zur Markierung eines Ensembles selbstständiger außermenschlicher Wirklichkeit.

Das macht übrigens deutlich, dass Cattons und Dunlaps (1978) Unterscheidung zwischen Human Exemptionalism Paradigm (HEP) und New Environmental Paradigm (NEP) zwei Seiten derselben Medaille künstlich auseinanderreißt.[6] Nur ein außer-natürliches Wesen kann von sich selbst behaupten,

5 Verbunden mit dem Privatsprachenargument des späten Wittgenstein, lässt sich präzisieren, dass derlei Theorien nur geteilte Theorien sein können, weil der Mensch als symbolisches Konstitutiv ein soziales Wesen ist (vgl. Winch 1978).

6 Das muss nicht auch schon bedeuten, dass diese Unterscheidung für pragmatische Zwecke der Einteilung von Menschen in ihrer alltäglichen Denkungsart unbrauchbar sei. Viele Umweltsoziologinnen und -soziologen haben damit recht erfolgreich gearbeitet. Es heißt aber,

es sei „Teil“ der Natur. Die radikale Dezentrierung des Menschen durch das „ökologische Paradigma“ – hier fügt sich das „ökologische Denken“ ganz in die kulturgeschichtliche Linie der „narzisstischen Kränkungen“ von Galilei bis Freud ein – ist die kognitive Leistung eines Wesens, das erstmals in der Evolutionsgeschichte über einen Begriff seiner Umwelt verfügt und diesen als Ensemblebegriff für das „Außermenschliche“ als ein Ganzes verwendet, zu dem es selbst als „bloßes“ Teil gehört. Das wahre und in dieser Vergegenständlichung nicht oft gesehene Ganze ist natürlich, dass nur ein Wesen mit exzentrischer Positionalität diese Dezentrierung vornehmen kann. Löwen in freier Wildbahn sehen den Menschen als potenzielles Beuteobjekt, als Teil ihrer Umwelt, nicht als Teil von Natur. Etwas dieser Art „kennen“ sie nicht – und brauchen es auch nicht zu kennen. Ihre Umwelt reicht ihnen.

Unterm Bann ihres lange Zeit herrschenden „szientifischen Selbstmissverständnisses“ (Habermas) konnte es scheinen, als sei das, was und wie Natur ist, Gegenstand der Naturwissenschaften. Naturphilosophie – etwa in Gestalt der Hegelschen – war überflüssige Restmetaphysik, von manchen gönnerhaft als Teil des Subsystems Literatur der höheren Erbauung überantwortet. In der Tat war es eines der Hauptziele der Hegelschen Naturphilosophie, die Grenzen der naturwissenschaftlichen Erkenntnis aufzuzeigen (Reusswig 2013). Natur „gehört“ nicht nur den Naturwissenschaften, vor allem dann nicht, wenn diese sich der epistemischen und praktischen Voraussetzungen ihres Tuns nicht bewusst werden und damit deren immanente Dialektik ausblenden – mit praktischen Folgen.[7] Natur „gehört“ der alltäglichen Wahrnehmung und Praxis heterogener sozialer Akteure ganz ebenso wie der philosophischen Reflexion.

Eine Nebenfolge dieser Aussage ist, dass eine kritische Soziologie der Natur sich allein durch interdisziplinäre Weiterungen nicht von einem möglicherweise verkürzten Naturverständnis befreien kann.[8] Ob aus Koketterie oder aus

---

dass man die epistemologische und praktisch-philosophische Relevanz dieser Dichotomie nicht überschätzen sollte.

7 Das bedeutet auch: Die hier in Anspruch genommene Dialektik der Natur verdankt sich nicht einer ontologischen Setzung angeblicher „Grundgesetze“ im Gegenstandsbereich, insbesondere dann nicht, wenn dieser als „Materie“ dogmatisch vorausgesetzt und verkürzt wird. Genau das tut die in vielem ansonsten sehr hellsichtige „Dialektik der Natur“ von Friedrich Engels und genau deshalb bietet der alte Hegel uns heute an dieser Stelle mehr als der große Sohn des Wuppertals.

8 Gleichwohl wohnt auch dem Ideal der Interdisziplinarität ein, wenn man so will, dialektischer Impuls inne. Fällt es doch in der Tat schwer zu glauben, dass die Wirklichkeit selbst in unterschiedliche „Ontologien“ zerfällt, nur weil verschiedene Wissenschaften unterschiedliche Wirklichkeitsausschnitte mit unterschiedlichen Perspektiven untersuchen. Die Idee der Ein-

ernster Absicht: Die liaison dangereuse mit den Naturwissenschaften für sich allein erhöht die Objektivität und Sachhaltigkeit (umwelt-)soziologischer Aussagen nicht. Sie tut dies nur dann, wenn ihre subjektiven Konstitutionsbedingungen offengelegt werden. Natur an sich gibt es nur für uns.

3 Die Natur der ambivalenten Moderne

Nicht allzu gewagt ist die These, dass die eingangs erwähnte Naturausblendung der Soziologie nur das nachvollzog, was ihr genuiner Gegenstand – die bürgerliche Gesellschaft der Moderne – praktisch vorlebte. Agrarische Gesellschaften können ihren Naturbezug schlecht leugnen. Aber „moderne" Industriegesellschaften können dies wohl – die Leugnung der Naturabhängigkeit stellt gleichsam deren notwendig falsches Bewusstsein dar. Die Voraussetzungen dafür schufen vier miteinander verknüpfte Prozesse, die – Dialektik auch hier – Natur zur Vordertür nur hinauswarfen, um sie zur Hintertür (und in transformierter Gestalt) wieder hereinlassen zu müssen:

1. Die Industrialisierung sorgte dafür, dass die technischen und organisatorischen Voraussetzungen für eine Massenfertigung von Investitions- und Konsumgütern geschaffen wurden, die von rein innergesellschaftlichen Parametern (wie Arbeitskräfteverfügbarkeit, Lohnhöhe, Preisen, Profiten, Märkten) abhängig waren und denen die Zufälligkeiten, etwa des Standorts oder des Wetters (anders als die Landwirtschaft), nichts mehr anhaben konnten.
2. Die Urbanisierung führte dazu, dass menschliche Sozialorganisationen ein Habitat vorfanden, das durch hohe Dichte und Spezialisierung charakterisiert war und bei dem natürliche Gegebenheiten unwichtig (die Stadt lebt vom menschlichen Austausch) oder symbolisch transformiert wurden (Natur als städtischer Park).
3. Der Übergang von einem energetischen Regime der Biomassenutzung zu dem der fossilen Brennstoffe erlaubte es der urbanen Industriegesellschaft, sich von Raum- und Zeitgrenzen weitgehend zu emanzipieren und Kräfte zu mobilisieren, die keine Gesellschaftsform vorher gekannt hatte.
4. Die Produktivitätsrevolution der Landwirtschaft (mechanisch und chemisch) machte es möglich, einen beachtlichen „Arbeitskräfteüberschuss" in

heit der Wissenschaft angesichts der Pluralität der Wissenschaften ist das Korrelat dieser Idee der einen Wirklichkeit (Tetens 2009).

Industrie und Städte zu schicken, die zugleich auf einem vorher nie gekannten (und immer weiter steigenden) Ernährungs- und Konsumniveau gehalten werden konnten. Auch auf dem Dorfe also wurden die Naturgrenzen hinausgeschoben.

Diese interdependenten Prozesse führten zu einer ungekannten „Verdichtung" des Sozialen: Mehr Menschen, mehr Energie, mehr Produktion, mehr Einkommen, mehr Infrastruktur, mehr Gebäude, mehr landwirtschaftlicher Output – und verbunden damit: Mehr Ungleichheit, mehr Konflikte, mehr Regelungsbedarf, mehr Theorien der (guten) Gesellschaft. Soziologie entstand als Selbstreflexion einer dichter, komplexer und zerrissener werdenden bürgerlichen Gesellschaft und ihrer politischen Regulierungsform.

Parallel dazu schritten auch die Naturwissenschaften voran. Kein Wunder, denn eine ihrer modernen Quellen – das Experiment – und einer ihrer wesentlichen Zwecke – die Naturbeherrschung – fanden in der Industrie als dem „aufgeschlagenen Buch der menschlichen Wesenskräfte" (Karl Marx) ja ihr immer weiter expandierendes und sich auffächerndes Betätigungsfeld.

Die Geistes- und Sozialwissenschaften dagegen konzentrierten sich aufs Soziale – entweder „gutbürgerlich" auf Kultur- und Herrschaftsgeschichte beziehungsweise als religiöses oder ästhetisches Sinnkonstrukt oder „antibürgerlich" als Klassenkampfanalyse und Befreiungsnarrativ. Erst spät kam ihnen die gute alte Natur in den Sinn. Dazu mussten zwei Dinge geschehen: Erstens musste deutlich werden, dass die scheinbar bezähmte und angeeignete Natur ihre Widerständigkeit durch ökologische Selbstgefährdung anzeigte, und zweitens musste – bisweilen durch den Rückgriff auf naturwissenschaftliche Befunde und Metaphern – auf theoretischer Ebene die Einbindung des Kulturwesens Mensch in seine natürliche Umgebung reflektiert werden.

Ersteres machte sich praktisch von selbst. Denn die Naturunabhängigkeit der urbanen Moderne ist notwendiger Schein und als dieser wurde er historisch auch gesetzt. Industrieprozesse – insbesondere dann, wenn sie in großem Maßstab betrieben werden, wie im Übergang zur Massenkonsumgesellschaft – verbrauchen natürlich Ressourcen und hinterlassen Emissionen und Abfälle, auch Landschaftsveränderungen vielfacher Art. Die Umweltverschmutzung durch Industrieprozesse beschäftigte und beschäftigt – vor allem in den Schwellenländern – die Moderne noch heute. Ob Natur (primär und ganz lange noch also: „die Erde") als endliches Gefüge eine immer weiter expandierende Produktions- und Konsumwelt weiter tragen kann, ohne dass sie – genauer gesagt: sie als Lebensort von uns Menschen – dabei schweren Schaden nimmt, gilt derzeit zumindest als umstritten (Rockström et al. 2009).

Urbanisierung als Verdichtung des Sozialen in vielfacher Hinsicht ist ebenfalls mit ökologischen Folgeschäden verbunden, die es gegen die Vorteile einer solchen Lebensweise auch für die Natur klug abzuwägen gilt (Kennedy et al. 2007; Heinonen et al. 2013). Die ältesten Umweltgesetze der Menschheit – lange vor der Etablierung der Umweltpolitik durch Nationalstaaten im späten 20. Jahrhundert – finden wir in den antiken Städten des Zweistromlands. Städte sind auch ein gutes Beispiel dafür, wie sozio-technische Lösungen von Umweltproblemen diese – auf höherer Stufe – reproduzieren können. Die Stadtentwässerung der europäischen Metropolen im 19. Jahrhundert ist ein historisches Beispiel dafür. Heute wäre es etwa der Versuch, städtische Mobilität klimafreundlich durch den Anbau von Bioenergiepflanzen zu ermöglichen, die gleichzeitig die biologische Vielfalt reduzieren.

Als besonders ironisch darf gelten, dass das für Industrialisierung und Urbanisierung unverzichtbare Anzapfen der fossilen Quellen des „unterirdischen Waldes“ (Sieferle 1982) die Moderne von den raum-zeitlichen Grenzen des solar gesteuerten Biomasseregimes nur befreit hat, um sie umso tiefer in die erheblichen Risiken des anthropogenen Klimawandels zu stürzen.

Die erste „grüne Revolution“ der modernen Landwirtschaft schließlich hat zwar die Produktivität der agrarisch genutzten Natur messbar erhöht, dies aber erkauft durch erhebliche Modifikationen der „natürlichen“ Stoffkreisläufe, die Ausweitung der landwirtschaftlichen Nutzfläche auf Kosten „der Natur“ sowie eines erheblichen energetischen Inputs in die landwirtschaftliche Produktion. Das schlägt auch auf diese selbst zurück, etwa in Gestalt von nitratverseuchtem Grundwasser oder resistenten Nutztieren. Ob die Ernährung einer wachsenden Weltbevölkerung auf dem eingeschlagenen Pfad weiter gesichert werden kann, darf als fraglich gelten.

Nimmt man alle vier Facetten der Moderne in den Blick, dann gilt der Satz eines alten Dialektikers:

> "Schmeicheln wir uns indes nicht zu sehr mit unsern menschlichen Siegen über die Natur. Für jeden solchen Sieg rächt sie sich an uns. Jeder hat in erster Linie zwar die Folgen, auf die wir gerechnet, aber in zweiter und dritter Linie hat er ganz andre, unvorhergesehene Wirkungen, die nur zu oft jene ersten Folgen wieder aufheben. Die Leute, die in Mesopotamien, Griechenland, Kleinasien und anderswo die Wälder ausrotteten, um urbares Land zu gewinnen, träumten nicht, dass sie damit den Grund zur jetzigen Verödung jener Länder legten, indem sie ihnen mit den Wäldern die Ansammlungszentren und Behälter der Feuchtigkeit entzogen.“ (Engels 1962: 452 f.)

Lassen wir hier einmal außen vor, dass auch der Sozialismus, als es ihn noch gab, eine Menge Rechnungen mit der Natur offen hatte. Beschränken wir uns darauf, Friedrich Engels erhebliche sozial-ökologische Weitsicht zu attestieren, als er die kapitalistische Moderne quasi als dialektische Weltrisikogesellschaft schilderte.

Dies alles geschah und wurde sichtbar nicht ohne Umweltpolitik und ohne vielfältige Rückbesinnungen auf Natur. Wenn man den ökologiehistorischen Sinn nicht mit den 1970er Jahren einsetzen lässt, dann erkennt man, dass Natur als Gegenbild – nicht nur als Opfer – die Moderne immer schon begleitet hat. Kaum eine soziale Protestbewegung, in der sie nicht vorkam. Das gilt auch für die Arbeiterbewegung, deren konkrete (lokale) Forderungen und Kämpfe immer auch um Fragen der Gesundheit (und ihrer Gefährdung), der Reproduktion, der Lebensverhältnisse in Städten, des Zugangs zu unzerstörter Natur als sozialem Freiraum zentriert waren. Die von Marx angeprangerte „Untergrabung der Natur“ ist ja nicht nur neben der „Untergrabung des Arbeiters“ ein Problem, sondern Erstere fördert Letztere.

Im ideologischen Haushalt der bürgerlich-kapitalistischen Moderne übernimmt Natur also eine Doppelfunktion, die zunächst nicht reflektiert wird, sich auch widerspricht: Einerseits kann Natur als Gegenentwurf dazu aufgerufen werden, andererseits kann Natur als Legitimation bestehender Verhältnisse dienen. Letzteres dann, wenn sich plausibel machen lässt, dass diese Ordnung Reflex natürlicher Gesetzmäßigkeiten ist. Die von Durkheim, Weber und vielen Nachfolgern betriebene „Entnaturalisierung“ der Gesellschaft hat dort ihren positiven Sinn, wo sie die Deckbildfunktion von Natur als ideologisches Rechtfertigungsmanöver des Bestehenden enttarnt. Bei dieser Operation kann der Verweis auf das, was Natur „eigentlich“ ist, hilfreich sein. Natur kann vor Naturalisierung retten. Entnaturalisierung wird aber selbst zum ideologischen Deckbild, wenn sie die Naturbasis der Gesellschaft unsichtbar werden lässt.

4 Wildnis: Natur im Spannungsschema – und als Freiheitsversprechen

Mit Blick auf die Ubiquität, mit der sie als dekoratives Element für vielerlei Werbezwecke daherkommt, spricht der Philosoph Hartmut Böhme von Natur auch als einer „Zauberformel für Akzeptanzsteigerung und universelle Legitimation“ (Böhme 1991: 15). Das gilt heute noch, wird aber bisweilen getoppt durch die Renaissance des Wildnis-Begriffs in den letzten Jahren. Es gibt Wildnis-Camps, in denen sich zur wildnispädagogischen Tour auf dem Wildnispfad versammelt wird, der auf dem Weg zum wahren Selbst auch am Wildniszentrum des offiziellen Naturschutzes vorbeiführt. Ausgestattet werden die Sinnsucher von Outdoor-Anbietern, die für jede Wildnis-Situation das passende Gerät und Outfit parat halten – in abgespeckten Varianten gerne auch für die Amateur-

Kollegen, die nur ein wenig Entspannung suchen. „Born to be wild" – ein guter Song, der leider den Weg alles musikalischen Fleisches in die pestilenzartig sich ausbreitenden Sender mit den „besten Songs der 1970er und 1980er" für die Kohorteneffekt-Hörer gehen musste – wird reanimiert. Unverkennbar, dass sich hinter dieser Wildnis-Renaissance eine Art „Natur 2.0" als gezähmte und kommerzialisierte Form der Kulturkritik verbirgt. Ein näherer Blick auf die Motive und Praktiken vieler Zeitgenossen, die sich in der mehr oder weniger „wilden" Natur beispielsweise diverser Outdoor-Sportarten befleißigen, macht deutlich, dass Natur hier als Kulisse der Selbstinszenierung multibel gestresster moderner Subjekte dient (Kirchhoff/Vicenzotti/Voigt 2012). Das vom Lebensstilforscher Schulze (1992) konstatierte „Spannungsschema" – eine Neuerung gegenüber den beiden anderen, bereits etablierten alltagsästhetischen Schemata „Hochkultur" und „Trivialkultur" – erfährt hier gleichsam eine territoriale Weiterung: Spannung wird nicht mehr allein in den Thrills und Ablenkungsmanövern einer städtisch konnotierten Unterhaltungsindustrie geboten, Spannung kann auch in der Natur erlebt werden. Die Natur unterm Spannungsschema heißt dann Wildnis. Geht sie darin auf?

Um dies zu beantworten, muss zunächst zur Kenntnis genommen werden, dass Wildnis nicht nur durch kommerzielle Prozesse und kommerzialisierbare Bedürfnisse vorangetrieben wird, sondern auch vom Naturschutz seit einiger Zeit als Thema entdeckt wurde. Sie soll geschützt, ja gefördert werden. Wo sich einst nur Fuchs und Hase gute Nacht sagten, sollen sich nun Wolf und Bär am Morgen grüßen. Natur soll Natur sein und sich selbst überlassen werden – „Prozessschutz" heißt ein Fachterminus dazu. Wildnis klingt nach Ferne, Freiheit und Abenteuer und genau dieses Assoziationsfeld soll auch aufgerufen und genutzt werden, um die Bevölkerung mit dem faktisch häufig unpopulären Naturschutz zu versöhnen. Zugleich ruft Wildnis Fragen und Ängste hervor. Frisst der Wolf nicht die Großmutter? Und steht Wildnis nicht euphemistisch für das Chaotische und Ungepflegte, also den Mangel an menschlicher Arbeit, wie sie die allseits geschätzte Zivilisation heraufgeführt hat?

All dies zeigt, wie ambivalent der Wildnisbegriff zumindest in der breiten Bevölkerung tatsächlich ist. Das war er schon immer. Man kann mit einigem Recht behaupten, dass in „Wildnis" ein utopisches und ein dystopisches Element auszumachen sind. Je nachdem, wie der Gegenbegriff der Zivilisation gerade wahrgenommen und bewertet wird, kann Wildnis das Versprechen der Freiheit enthalten – und darin auch den positiven Gegenentwurf zur bestehenden Gesellschaft darstellen – oder aber die Drohung des Niedergangs in Chaos und Vernichtung, gegen die das Bestehende als die bessere Alternative profilierbar wird.

Berühmte Vorbilder aus der Geistesgeschichte belegen das. Als Tacitus im 1. Jahrhundert nach Christus seine „Germania“ schreibt, schildert er deren Ureinwohner als kräftiges und tapferes Urvolk, dessen einfacher und von Härten nicht freier Lebensstil in scharfem Kontrast zum dekadenten Luxus und der moralischen Verderbtheit seiner römischen Zeitgenossen steht. Rousseaus Naturzustand aus dem „Contract social“ von 1759 kennt den einsamen edlen Wilden, der gesellschaftliche Übereinkünfte wohlbedacht und aus Freiheit eingeht, und der ebenfalls eher durch Kargheit als durch Luxus besticht. Der Kontrast zu den politisch unfreien Subjekten des Spätabsolutismus seiner Gegenwart ist gewaltig. Noch Ralph Waldo Emerson beschreibt in seiner Essaysammlung „Natur“ (1836) die Wildnis als den Ort, an dem die zivilisatorischen Fesseln vom Individuum abfallen, wo es zur Besinnung und damit zu sich selbst kommt. Nur dem Einsamen fällt Natur wirklich zu – als Wildnis. So sehr die unter anderem von Thoreau begründete „Wilderness-Bewegung“ auch als typisch amerikanische Bewegung einer raumexpansiven Frontier-Gesellschaft interpretierbar ist, auch in Europa gibt es Äquivalente dazu.

In Deutschland etwa, wo es im 19. Jahrhundert schon keine „Siedlungsgrenze“ wie im Westen der USA gab, forderte der konservative Volkskundler Wilhelm Heinrich Riehl im Jahr 1854 ein „Recht auf Wildnis“, um die Verwandlung von relativ unberührten Naturstücken in Siedlungs- und Landwirtschaftsfläche zu verhindern. Für Riehl gehörten „Land und Leute“ (so der Titel eines seiner Bücher) eng zusammen und speziell der deutsche „Volkscharakter“, den er beschreiben wollte, sei durch den lebendigen Austausch mit der wilden Natur – vor allem mit dem deutschen Wald – geprägt. Schutz der Wildnis war also schon in den Anfängen des Naturschutzgedankens ein Ausdruck kultureller Werte und politischer Einstellungen.[9]

Die Renaissance der Wildnis im Naturschutz scheint paradox, hat sie doch seit Riehls Zeiten in Deutschland noch weiter abgenommen. Heute können deutlich weniger als ein Prozent der Landesfläche als „wild“ bezeichnet werden, das Ziel der Bundesregierung ist, diesen Anteil bis 2020 auf zwei Prozent zu erhöhen (BMU 2007). Dabei werden auch Gebiete eingerechnet, die sich wieder zur „Wildnis“ entwickeln sollen, auf denen aber der menschliche Einfluss bereits deutlich spürbar war, zum Beispiel auf ehemaligen Truppenübungsplätzen („Wildniserwartungsgebiete“).

9 Dass damit ideologische Debatten auch prägend für die Vorstellung von Wildnis und Natur waren, der Naturschutz mithin ein politisch aufgeladenes Terrain darstellt, zeigt Piechocki (2010).

In dieser Strategie nicht enthalten sind Stadtbrachen und andere noch genutzte, aber irgendwie marginalisierte Flächen, in denen sich im kleinen Maßstab Natur gegen die Zivilisation Bahn bricht. Wildnis liegt auf der mentalen Landkarte nicht nur entfernt von Zivilisation, sondern kann sich auch in ihr selbst wiederfinden (Stremlow/Sidler 2002), genauso wie Zivilisation Attribute der Wildnis annehmen kann (Vincenzotti 2011). Die konstatierte „Sehnsucht nach Wildnis" (Haß et al. 2012) kann in diesem Licht als postmoderner Wunsch nach Ursprünglichkeit und Unkontrollierbarem gewertet werden. Stadtbrachen sind fraktale Natur in der Zivilisation. Vielen Menschen gelten sie als hässlich – es fehlt die ordnende Hand, die in vielen Kleingärten so merklich spürbar wird. Von ihnen geht auch ein Bedrohungspotenzial aus. Andere Zeitgenossen dagegen können gerade ihnen besondere Reize abgewinnen. Die Abwesenheit von Pflege geht mit der Abwesenheit von Kontrolle einher, was unterschiedliche Aneignungs- und Nutzungsformen durch Individuen und Gruppen ermöglicht, die in der „durchgeplanten" und vollständig in Wert gesetzten Stadt sonst einen schweren Stand haben. Hier gibt es wilde Spielplätze, Urban Gardening, Treffpunkte Jugendlicher, Rückzugsorte Obdachloser, wilde Parks, nicht kommerzielles Verweilen, aber natürlich auch Drogenhandel oder Kleinkriminalität. Die steigende Aktualität der Frage „Wem gehört die Stadt?" zeigt, dass solche Orte auch umkämpfte Freiräume bezeichnen, die als öffentliches Gut einer Gesellschaft lesbar sind. Ähnliches gilt natürlich auch für die „wilden" Kernzonen des Naturschutzes, aus denen der Mensch weitgehend herausgehalten werden soll.

Umfragen zeigen (BMU/BfN 2014), dass die Bevölkerung die Ausweitung von Wildnis mehrheitlich begrüßen würde, auch wenn bei den traditionellen und sozial prekären Milieus, aber auch bei der bürgerlichen Mitte die Zustimmung dafür schwächer ausgeprägt ist. Man darf vermuten, dass ein ausgeprägter Ordnungssinn auf der einen Seite, die drohende oder befürchtete Gefahr des sozialen Abstiegs ins Chaos auf der anderen dabei die treibenden Motive sind.

Aber speziell die moderneren sozialen Milieus sowie die Jüngeren können einer als wild gerahmten Natur mehr abgewinnen als den klassischen Konzepten einfacher Schutzgebiete oder heimischer Arten. Selbstverständlich gibt das Raum für allerlei kommerzielle Schimären und es wird auch die Outdoor-Ketten freuen. Aber es zeigt zum einen, dass die Wildnis auch in uns ist, und zum anderen, dass das Nutzlose und Freie der Natur nicht ganz ohne Unterstützer dasteht. 53 Prozent stimmen der Aussage „voll und ganz" zu, wonach Wildnisgebiete „Freiräume in unserer technisierten Welt" darstellen, weitere 36 Prozent „eher" (BMU/BfN 2014: 30).

Je geringer das Bildungsniveau, desto weniger wird allerdings Wildnis geschätzt und desto weniger wird in ihr auch ein Freiheitsversprechen gesehen.

Wer hier nach Freiheit fragt, dürfte weniger auf Luchs oder Lerchensporn stoßen, sondern eher dem Flachbildschirm oder dem Motorcross begegnen.

5 Für eine kritische Soziologie der gesellschaftlichen Naturverhältnisse

Bis hierher wurde argumentiert, dass gerade auch eine im Möglichkeitshorizont befindliche positive Entwicklung der gesellschaftlichen Naturverhältnisse die kritische Beobachtung durch Soziologie braucht. Aber ist diese auch in der Lage dazu? Erfreulicherweise muss die Antwort heute lauten: „ja“. Bis vor kurzem war das aber nicht so sicher. Nachdem sich die Soziologie lange Zeit von Gesellschaftskritik ferngehalten hat und sich stattdessen mit reiner „Beobachtung zweiter Ordnung“ (Luhmann) beschied – gewürzt mit allerlei oberlehrerhafter und ironiereicher Attitüde gegenüber den verschiedenen Spielarten von Marxismus und Kritischer Theorie als ebenso unbegründeter wie sozial ortlos gewordener „Besserwisserei“ – ist das Projekt einer kritischen Soziologie in den letzten Jahren wieder in Mode gekommen. Selbst den „toten Hund“ Karl Marx hört man wieder bellen.

Inzwischen ist eine lebhafte Fachdiskussion darüber entbrannt, ob und, wenn ja, wie die Fachdisziplin Soziologie als kritische Wissenschaft oder gar Praxis verstanden werden kann (Boltanski 2010; Lessenich 2014; Latour 2007; PROKLA 2012; Vobruba 2009, 2013; Wehling 2014). Man kann dabei – grob gesprochen – zwei Spielarten unterscheiden: Die Soziologie der Kritik einerseits, die kritische Soziologie andererseits. Beiden ist gemeinsam, dass sie sich nicht als bloße Renaissance eines irgendwie „linken“ Projekts im Sinne der älteren Kritischen Theorie und ihrer soziologischen Nachfahren der 1960er und 1970er Jahre verstehen, sondern die Metakritik daran durch systemtheoretische oder (neo-)liberal inspirierte Ansätze durchaus aufgreifen und im Lichte neuerer Entwicklungen moderner Gesellschaften fortführen wollen.

Zweifellos gehören die weltweite Finanzkrise und die sich daran anschließende Krise im Euroraum zu diesen Entwicklungen. Sie haben eine Kritik am Kapitalismus zumindest in der Gestalt des Shareholder- und Finanzmarkt-Kapitalismus wieder hoffähig – wenn nicht gar notwendig – gemacht. Hinzu kommt, dass sich – durch diese Krisen teilweise verschärft, aber auch ursächlich mit ihnen verknüpft – nunmehr auch im modernen Europa die sozialen Schieflagen und Verwerfungen verschärfen, zum Beispiel ablesbar an den erschreckend hohen Arbeitslosenquoten (besonders Jugendlicher) in Teilen der EU, aber auch an den immer ungleicher verteilten Einkommens- und Vermögensverhältnissen. Letzteres gilt auch für Länder, die die Krise im Euroraum relativ gut überstanden haben – Deutschland zum Beispiel. Daran wird deutlich, dass auch der staatlich regulierte kapitalistische „Normalbetrieb" (Lessenich 2014: 14) zu kritischen Entwicklungen führt.

Es sind allerdings nicht nur die sozialen Verwerfungen, die Anlass zur Kritik geben. Die ökologischen gehören gleich ursprünglich dazu und dürfen nicht vernachlässigt werden. Die Erkenntnis, dass eine auf unbegrenztes quantitatives Wachstum bauende kapitalistische Produktions- und Konsumordnung in einer begrenzten Umwelt, wie dem „Raumschiff Erde", nicht dauerhaft reproduzierbar – also nicht nachhaltig – sein kann, wird nicht dadurch falsch, dass seit ihrer „Entdeckung" in den 1970er Jahren kontinuierlich versucht wird, sie zu ignorieren.[10] Dass in diesem „Raumschiff" und seiner energetischen „Basisstation" Sonne Prozesse ablaufen, die sich auch eher als „unendlich" charakterisieren lassen – darauf basieren ja die Metaphorik der erneuerbaren Energien ebenso wie die Vorstellung von Stoffkreisläufen –, ändert dabei nichts am Spannungsverhältnis von Kapitalismus und Natur. Denn eine kluge Nutzung der spezifischen „unendlichen" Potenziale des Planeten setzt allemal den Abschied vom naturblinden Prinzip von quantitativem Wachstum und Profitlogik voraus, verlangt vielmehr deren generelle Aussetzung, um sowohl die technischen wie die sozial-organisatorischen Formen einer ökologisch angepassten Ökonomie erst entwickeln zu können. Ob sich diese ökologische Ökonomie dann auch kapitalistisch betreiben lässt, muss man sehen. Aber man kann es nicht sehen, wenn man an deren naturblinden Entwicklungs- und Bewertungsprinzipien unbeirrt festhält.[11]

Zum heutigen Zeitpunkt jedenfalls deuten die meisten Indikatoren für eine nachhaltige Entwicklung der globalen Ökonomie auf einen möglicherweise katastrophalen Ausgang hin – etwa die Treibhausgasemissionen, die Stickstoffbilanz oder die Indices der biologischen Vielfalt. Hier ist der „Overshoot" bereits erreicht, in anderen Bereichen liegt er im Ereigniskegel des Business as usual (Rockström et al. 2009).

---

10 In Wirklichkeit handelt es sich bei dieser „Entdeckung" der „Grenzen des Wachstums" natürlich um einen längeren und argumentativ hin- und hergewendeten Such- und Lernprozess, für den man schon im 19. Jahrhundert Anhaltspunkte findet. Auch in der Soziologie, wie die Arbeiten von Groß (2001, 2006) zeigen. Eine soziologisch informierte neuere Kritik am Wachstumskonzept findet sich zum Beispiel bei Jackson (2011).

11 Wenn es auch unter kapitalistischen Prinzipien möglich sein sollte, ein nachhaltiges Gesellschaftsmodell zu betreiben, dann wird man sich analytisch auf eine konkretere Ebene begeben müssen, analog etwa zu dem, was in der sozialpolitischen Diskussion als „Varianten des Kapitalismus" beschrieben wird (Hall/Soskice 2001; Streeck 2010).

Eine nähere Betrachtung der Mechanismen, die sowohl hinter den verschiedenen Bereichen und Facetten der „Umweltkrise“ als auch der vergangenen Finanzkrise liegen, zeigt, dass in beiden Fällen die aktuellen Kapitalerträge durch die Übernutzung der Gemeingüter erhöht werden, obwohl der Spielraum dafür schwindet (Scherhorn/Ott 2009). Ein anderes Wohlstandsmodell, also andere Produktions-, Konsum- und Steuerungsmuster, sind erforderlich, und es fehlt nicht an Überlegungen zu diesem „Wohlstand ohne Wachstum“ (Jackson 2011).

Das bedeutet unter anderem, dass die jüngste Debatte um die kritische Funktion der Soziologie insofern und dann eine halbierte ist, als sie allein auf die sozialen Verwerfungen des modernen Kapitalismus und seiner Varianten abstellt. Nur unter Einbeziehung der verschiedenen Facetten der ökologischen Krise ist eine vollständige, unverkürzte kritische Soziologie zu haben. Sie muss die gesellschaftlichen Naturverhältnisse thematisieren, um nicht auf einem Auge blind zu sein.[12]

Wie sich bei der aktuellen Debatte um die neue kritische Rolle der Soziologie in der Krise zeigt, sind dabei mindestens zwei Grundformen möglich. Einerseits wird dafür plädiert, dass sich Soziologinnen und Soziologen vermehrt um die Beobachtung der (Gesellschafts-) Kritik „der Leute“ kümmern und deren Semantiken und Praktiken beschreiben sollen (Vobruba 2009, 2013). Diese Forderung reagiert auf die anschwellende Kritik im gesellschaftlichen Objektraum – ist also zeitgemäß –, hält aber an der klassischen soziologischen Beobachterrolle fest. Damit wird nicht nur ein konservatives und implizit hierarchisches Verhältnis von Theorie und Praxis festgeschrieben (Wehling 2014), es wird vor allen Dingen Kritik als theoretische und soziale Praxis nicht ernst genug genommen. Wie soll man sich zur Kritik „der Leute“ stellen, wenn diese problematische Forderungen stellen? Flüchtlinge raus, weniger Umwelt- und Naturschutz, noch mehr Privatisierung öffentlicher Güter, weniger Rechte für Randgruppen – die Liste der bedenklichen Forderungen, die die „Leute“ faktisch so erheben, ließe sich beliebig verlängern. Wie kann Soziologie Kritik an ihnen üben, wenn sie selbst sich nur als wertfreie Beobachtungsinstanz für Kritikvorgänge im Objektbereich versteht?

Vobruba (2009, 2013) glaubt, durch diese Selbstbescheidung der Soziologie dem Dilemma entgehen zu können, in das einen die Anmaßung zu stürzen scheint, selbst die normativen Maßstäbe der Kritik mitzubringen. Warum sollte

12 Das Konzept der gesellschaftlichen Naturverhältnisse wurde vom Frankfurter Institut für sozial-ökologische Forschung entwickelt (Becker/Jahn 2006; Becker/Hummel/Jahn 2011).

die Soziologie es besser wissen? Woher nimmt sie die Normen und Wertmaßstäbe ihrer Kritik? Das berührt natürlich die alten Fragen der Objektivität sozialwissenschaftlicher Erkenntnis und das Problem der Werturteilsfreiheit, die seit Max Weber die Zunft bewegen. Man darf allerdings heute konstatieren, dass der Fakten-Wert-Dualismus, wie er von Weber nicht sowohl vorausgesetzt als zementiert wurde, sehr „wackelig" geworden ist. Dass die Wissenschaften – nicht zuletzt auch die scheinbar „harten" Naturwissenschaften – keineswegs voraussetzungsfreie Beobachtungsinstanzen für objektiv herumliegende „Fakten" sind, hat sich mittlerweile herumgesprochen (Fuller 2002; Putnam 2002). Soziologie, die diesen Befunden der Wissenschaftsforschung und der Philosophie der Wissenschaft widersprechend daran festhält, Wissenschaft sei nun einmal wertneutral und objektiv, ist schlicht und einfach ignorant und überholt.

Umgekehrt kann auch die von Weber übernommene Konzeption von „Werten" und ihres unaufhebbaren „Kampfes" einer näheren Überprüfung nicht standhalten. Die normative Dimension der Kritik ist keineswegs so „blind" und argumentativ verschlossen, wie Vobruba mit Weber zu glauben scheint. Trotz aller neokantianischen Einflüsse auf seine Epistemologie: Was seine Theorie der Werte und der „Entscheidung" zu ihnen anlangt, war Weber von Kants praktischer Philosophie weit weniger beeinflusst als von Nietzsches tragischer Weltanschauung. Auch wer sich dem Konzept einer philosophischen Letztbegründung unserer Werte (Apel) nicht überantworten will, kann doch mit der sprachphilosophisch „verflüssigten" Variante einer diskursiven Moralbegründung (Habermas) sehen, dass eine blinde „Entscheidung" keineswegs das letzte Wort der Rechtfertigung praktischer Kritikmaßstäbe sein muss. Das Geben und Nehmen von Gründen, das Explizitmachen normativer Maßstäbe – einschließlich der Offenlegung der darin notwendig „eingelagerten" Annahmen über „Fakten" – gehören zum normalen Geschäft der praktischen Vernunft (Brandom 2004), genauso wie das Ändern moralischer Haltungen und Bewertungen zur empirischen Normalität gesellschaftlicher Diskurse rechnet.

Das alles soll nur andeuten: Eine kritische Soziologie, die sich sowohl das Recht herausnimmt, „die Leute" zu kritisieren als auch ihre eigene Kritik als Teil sozialer Praxis versteht, ist möglich – und heute sogar geboten. Und sie muss sich der gesellschaftlichen Naturverhältnisse annehmen. Damit ist sie kein Spezialthema der Umweltsoziologie, sondern eine Aufgabe der Soziologie insgesamt – sonst repräsentiert sie nur die halbierte, nicht die ganze soziologische Vernunft. Kritische Umweltsoziologie bleibt dennoch sinnvoll und gefordert, aber sie bettet sich ein in das übergreifende Projekt einer kritischen Soziologie der gesellschaftlichen Naturverhältnisse, die auch, sagen wir, in der Wirtschaftssoziologie (z. B. Finanzmärkte und Umweltnutzung), der Stadt- und Regionalsoziologie (z. B. nachhaltige Stadtentwicklung, kommunaler Klimaschutz) oder der theoretischen Soziologie (Gesellschafts-Natur-Dichotomien, Wandel des Naturverständnisses der Moderne) zu verfolgen ist.

Zu dieser „Ganzheit“ gehört, dass eine kritische Umweltsoziologie nicht nur Beobachtungsinstanz bestehender Kritik- und Protestbewegungen ist, sondern sich selbst als Teil solcher Bewegungen und der von ihnen beeinflussten Randbedingungen begreift. Damit soll nicht einer schlichten Wiederbelebung der „Bewegungsforschung“ der 1970er/1980er Jahre das Wort geredet werden. Dagegen spricht nicht nur die Tatsache, dass sich die umweltpolitische Landschaft seitdem deutlich gewandelt hat und der Bewegungsbegriff mehr verdeckt als erhellt. Eine Umweltsoziologie als „fünfte Kolonne“ der Umweltbewegung würde dieser und sich selbst zudem auch einen Bärendienst erweisen, verzichtete sie doch auf die oben angemahnte Mobilisierung der Beobachtungs- und Bewertungskompetenzen, die aus ihrer spezifischen sozialen Position resultieren. Auch wenn es nicht viele „Leute“ gäbe, die ökologische „Dinge von Belang“ (Latour 2007) kritisch thematisieren würden, müsste die kritische Umweltsoziologie für sie eintreten. Die spannende Frage ist weniger, ob, sondern eher, wie sie das tun soll.

Anders als es Vobruba nahelegt, wird hier dafür plädiert, soziologische Kritik auch als praktisches Einmischen in die Gestaltung der gesellschaftlichen Naturverhältnisse zu verstehen und zu betreiben. Beobachtung reicht nicht. Auch nicht als kritische, so wichtig sie bleibt. Ob Wildnis, ob Stadt – an der Umgestaltung der Naturverhältnisse wird fleißig gearbeitet. Und es bringen sich nicht nur die gesellschaftlichen Interessengruppen ein, sondern auch die Forscher, Berater und Planer. Gern gesehene forschende Berater sind etwa die Wirtschaftswissenschaften – Politik und Öffentlichkeit leiden nun einmal am Zahlenfetischismus, ob er sich nun in Tonnen Kohlendioxid oder in Euro austobt. Ökonomen waren maßgeblich am Projekt der neoliberalen Umgestaltung der Welt beteiligt, sie wollen auch bei ihrer ökologischen Rettung nicht abseitsstehen. Ingenieure, Architekten und Planer bauen uns die Stadt der Zukunft. Sie bringen ihre Weltdeutungen und Narrative zwangsläufig mit. Ob sie diese auch reflektieren, offenlegen und öffentlich diskutieren, darf offenbleiben. Fachverwaltungen und ihre biologischen Berater zielen auf die Verdopplung der Wildnisfläche in Deutschland. Ob sie dabei dem vieldeutigen kulturellen Konstrukt der Wildnis und den Bedürfnissen verschiedener Bevölkerungsgruppen auch Rechnung tragen, ist ungewiss. Und so weiter.

Soll sagen: Eine kritisch intervenierende Soziologie kommt nicht in ein theorienfreies „Praxisfeld“, sondern muss sich Platz verschaffen in der bunten und schwirrenden Praxis der wissenschaftlichen Politikberatung. Dass deren

Modell das ‚speaking truth to power' nicht sein kann, dürfte sich herumgesprochen haben (Jasanoff 1990) – so verlockend es mit Blick auf die Steigerung des eigenen Einflusses auch sein mag. Ob man nun Soziologie als „Wirklichkeitswissenschaft" im Sinne Max Webers oder als „öffentliche Wissenschaft" im Sinne der kritischen Theorie (Burawoy 2005) versteht: Die Soziologie hat „eine Mitverantwortung für die Gesellschaft, in der sie steht" (Soeffner 2009: 67). Sie ist daher aufgefordert, die Gesellschaft angesichts der langfristig selbstgefährdenden ökologischen Nebenfolgen ihres aktuellen Prozedierens zu warnen (Latour 2007) und auf ihrem möglichen und wünschenswerten Weg in eine nachhaltige Gesellschaft ebenso engagiert wie kritisch zu begleiten. Kritik ist insbesondere deshalb gefordert, weil eine „nachhaltige" Gesellschaft offen für ganz verschiedene soziale Modelle ist, über die auch fachkundig gestritten werden muss.

Was heißt das konkret? Hier ist es sinnvoll, auf den aktuellen Stand der gesellschaftlichen Naturverhältnisse und, darin eingeschlossen, auf den Stand der Suche nach Lösungen für deren krisenhafte Verfassung einzugehen, um die Aufgabenfelder und Bearbeitungsmodi einer kritischen Soziologie näher zu beleuchten. Ohne Anspruch auf Vollständigkeit und Systematik hier nur einige Vorschläge:

- Jahrelang war die Regulation des Ausbaus der Erneuerbaren Energien in Deutschland eine weltweite Erfolgsgeschichte, deren institutionelles Rückgrat das Erneuerbare-Energie-Gesetz (EEG) mit seiner garantierten Einspeisevergütung war. Aufgrund seines Erfolgs befindet sich das deutsche Stromsystem mittlerweile aber in einem Zustand, in dem es mit den erzeugten größeren Mengen „grünen Stroms" weder technisch noch organisatorisch umgehen kann. Eine Reform muss her und sie muss Effizienz- und Gerechtigkeitsfragen klug berücksichtigen. Momentan wird die politische Debatte dazu von verkürzten, teilweise auch ideologisch aufgebauschten Befunden sowie von bisweilen tendenziösen wirtschaftswissenschaftlichen Gutachten dominiert. Eine energiepolitisch und ökologisch aufgeklärte soziologische Stimme fehlt hier (noch) völlig.[13]

13 Im Jahr 2013 hat das Bundesministerium für Bildung und Forschung (BMBF) im Rahmen seiner Förderung der sozial-ökologischen Forschung den Programmschwerpunkt „Umwelt- und gesellschaftsverträgliche Transformation des Energiesystems" aufgelegt, in dessen Rahmen auch zahlreiche Projekte mit sozialwissenschaftlichem Hintergrund sich mit verschiedenen Facetten der deutschen Energiewende befassen (http://www.fona.de/de/15980).

- Der Ausbau erneuerbarer Energien ist lokal mit vielen Konflikten verbunden – Bürgerinitiativen wehren sich gegen Windparks, Netzausbau, Flächenfotovoltaikanlagen, Maisanbau oder Offshore-Windanlagen. Die gängige Beschreibung als NIMBY-Syndrom (not in my backyard) greift zu kurz. Was sind die Motive und Gründe der Gegner, welche sozialen Netzwerke mobilisieren sie, unter welchen Umständen wären sie bereit, Gegnerschaft in Unterstützung oder gar Duldung umzuwandeln, oder ist ihr Protest gar Ausdruck eines sensibleren Risikobewusstseins gegenüber den Nebenfolgen von „grünen Lösungen“? Dokumentenanalyse, Befragungen, qualitative Interviews, teilnehmende Beobachtung, Planspiele, Simulation von Bürgerentscheiden – es gäbe viele Möglichkeiten, hier soziologisch aktiv zu werden.
- Viele Kommunen und Regionen wollen ihren CO2-Fußabdruck reduzieren, manche davon bis hin zur Klimaneutralität in den nächsten 10 bis 35 Jahren. Wie können der städtische Metabolismus und seine gesellschaftlich-politische Regulierung so umstrukturiert werden, dass dieses Ziel erreicht wird? Welche sozialen Verwerfungen ergeben sich dabei (Stichwort energetische Sanierung als möglicher Gentrifizierungs-Treiber), welche Gewinner und Verlierer könnte es geben, welche Ausgleichsmechanismen sind denkbar, welche neuen energetisch-stofflichen und wirtschaftlichen Potenziale und Risiken bieten sich? Hier ist neben der Umweltsoziologie unter anderem auch die Stadt- und Regionalsoziologie gefragt.
- Wie verändert diese Entwicklung die nationalen und internationalen Klimaregime? Wie können Letztere sich öffnen, um aus der festgefahrenen Situation des Konsensprinzips auf internationaler Ebene herauszukommen? Was heißt Multi-Level-Governance soziologisch gewendet?
- Der weltweite Verlust der Biodiversität ist ungebrochen und mehr und mehr Deutsche erkennen das als Problem. Aber es bleibt unklar, was ihr eigener Beitrag zum Aufhalten dieses Trends sein könnte. Ein anderer Konsum? Proteste gegen Massentierhaltung und konventionelle Landwirtschaft? Bürgerschaftliches und politisches Engagement? Und wie kann die Motivation dafür geschaffen werden, wenn ein Schlüsselpolitikfeld, wie die Landwirtschaftspolitik, dabei nicht richtig mitspielt?
- Die Veränderung des globalen, aber auch nationalen Kapitalismusregimes haben die Finanzmärkte auf Kosten der Realwirtschaft massiv gestärkt. Die Soziologie hat geholfen, diesen Vorgang in den letzten Jahren durch gute eigene Beiträge besser zu verstehen. Was bedeutet er für die gesellschaftlichen Naturbeziehungen und welche Reformbedarfe an den Kapitalismus

und die Finanzmärkte lassen sich aus ökologischer Sicht formulieren – wenn sie reformierbar sind?

- Innerhalb der Umweltsoziologie konkurrieren mehr im- als explizit verschiedene Denkschulen um die angemessene Deutung dessen, was Modernisierung ökologisch heißt und wie eine ökologische Modernisierung aussehen kann – wenn sie für möglich gehalten wird. Sind diese Denkschulen noch zeitgemäß, wenn wir an den sozial-ökologischen Transformationsprozess denken, den das Leitbild der Nachhaltigkeit uns abverlangt? Wie können diese Paradigmen überhaupt ein gemeinsames Sprachspiel entwickeln?

Dies sind, wie gesagt, nur einige ausgewählte Fragekomplexe, denen sich eine kritische Soziologie der gesellschaftlichen Naturverhältnisse zuwenden müsste. Die Soziologie hat die Welt lange Zeit nur interpretiert. Es kommt darauf an, diese Interpretationen zu nutzen, um Veränderungen anzustoßen – und kritisch zu begleiten. Denn dass die nachhaltige Gesellschaft eine konfliktfreie und sozial einfache grüne Utopie sein wird, steht nicht zu erwarten.

Literaturverzeichnis

Becker, E.; Hummel, D.; Jahn, T. (2011): Gesellschaftliche Naturverhältnisse als Rahmenkonzept. In: Groß, M. (Hrsg.), Handbuch Umweltsoziologie. Wiesbaden: VS Verlag, S. 75-96.

Becker, E.; Jahn, T. (2006): Soziale Ökologie. Grundzüge einer Wissenschaft von den gesellschaftlichen Naturverhältnissen. Frankfurt/Main: Campus.

BMU (Bundesministerium für Umwelt, Naturschutz und Reaktorsicherheit) (2007): Nationale Strategie zur biologischen Vielfalt. Berlin: BMU.

BMU (Bundesministerium für Umwelt, Naturschutz, Bau und Reaktorsicherheit)/BfN (Bundesamt für Naturschutz) (2014): Naturbewusstsein 2013. Ergebnisse einer repräsentativen Bevölkerungsbefragung. Berlin/Bonn.

Böhme, H. (1991): Aussichten einer ästhetischen Theorie der Natur. In: Haberl, H.G. et al. (Hrsg.): Entdecken – Verdecken. Eine Nomadologie der Neunziger. Herbstbuch 2 des Steirischen Herbstes. Graz: 15-36.

Boltanski, L. (2010): Soziologie und Sozialkritik. Frankfurter Adorno-Vorlesungen 2008. Berlin: Suhrkamp.

Brandom, R. B. (2004): Making It Explicit: Reasoning, Representing, and Discursive Commitment. Cambridge, MA: Harvard University Press.

Burawoy, M. (2005): The Critical Turn to Public Sociology, In: Critical Sociology 31(3): 313-326.

Catton, W. R.; Dunlap, R. E. (1978): Environmental Sociology: A New Paradigm. In: American Sociologist 13: 41-49.

Emerson, R. W. (1982): Die Natur: ausgewählte Essays. Stuttgart: Reclam.

Engels, F. (1962): Dialektik der Natur. In: Marx/Engels, Werke, Bd. 20. Berlin: Dietz-Verlag, S. 305-570.

Fuller, S. (2002): Social Epistemology. Bloomington: Indiana University Press.

Giddens, A. (1988): Die Konstitution der Gesellschaft. Grundzüge einer Theorie der Strukturierung. Frankfurt/New York: Campus.

Gross, M. (2001): Die Natur der Gesellschaft. Eine Geschichte der Umweltsoziologie. Weinheim: Juventa Verlag.

Gross, M. (2006): Natur. Bielefeld: transcript Verlag.

Hall, P. A.; Soskice, D. (Hrsg.) (2001): Varieties of Capitalism: The Institutional Foundations of Comparative Advantage. Oxford: Oxford University Press.

Haß, A. et al. (2012): Sehnsucht nach Wildnis. Aktuelle Bedeutungen der Wildnistypen Berg, Dschungel, Wildfluss und Stadtbrache vor dem Hintergrund einer Ideengeschichte von Wildnis. In: Kirchhoff, T.; Vicenzotti, V.; Voigt, A. (Hrsg.): Sehnsucht nach Natur. Über den Drang nach draußen in der heutigen Freizeitkultur. Bielefeld: transcript. S. 107-143.

Hegel, G. W. F. (1970): Enzyklopädie der philosophischen Wissenschaften, Teil 2: Die Naturphilosophie. Suhrkamp Theorie Werkausgabe, Band 9. Frankfurt am Main; Suhrkamp.

Heinimann, F. (1987): Nomos und Physis. Herkunft und Bedeutung einer Antithese im griechischen Denken des 5. Jahrhunderts. Darmstadt: Wissenschaftliche Buchgesellschaft.

Heinonen, J. et al. (2013): Situated lifestyles: I. How lifestyles change along with the level of urbanization and what the greenhouse gas implications are—a study of Finland. Environmental Research Letters 8(2013): 025003.

Jackson, T. (2011): Wohlstand ohne Wachstum. München.

Jasanoff, S. (1990): The Fifth Branch: Science Advisors as Policymakers. Cambridge, Mass.: Harvard University Press.

Kant, I. (1976): Kritik der reinen Vernunft. Werkausgabe Band III und IV, Hrsg. Von Wilhelm Weischedel. Frankfurt am Main: Suhrkamp.

Kennedy, C. et al. (2007): The Changing Metabolism of Cities. In: Journal of Industrial Ecology 11(2): 43-59.

Kirchhoff, T.; Vicenzotti, V.; Voigt, A. (Hg.) (2012): Sehnsucht nach Natur. Über den Drang nach draußen in der heutigen Freizeitkultur. Bielefeld.

Kirchhoff, T.; Trepl, L. (2009): Vieldeutige Natur: Landschaft, Wildnis und Ökosystem als kulturgeschichtliche Phänomene. Bielefeld. S. 13-69.

Latour, B. (1998): Wir sind nie modern gewesen. Versuch einer symmetrischen Anthropologie. Frankfurt a. M.: Fischer.

Latour, B. (2001): Das Parlament der Dinge. Für eine politische Ökologie. Frankfurt a. M.: Suhrkamp.

Latour, B. (2007): Elend der Kritik. Vom Krieg um Fakten zu Dingen von Belang. Zürich/Berlin: diaphanes.

Lessenich, S. (2014): Soziologie – Krise – Kritik. Zu einer kritischen Soziologie der Kritik. In: Soziologie 43(1): 7-24.

Piechocki, R. (2010): Landschaft, Heimat, Wildnis. Schutz der Natur – aber welcher und warum? München: Beck.

Plessner, H. (1975): Die Stufen des Organischen und der Mensch. Einleitung in die philosophische Anthropologie. Berlin: de Gruyter.

PROKLA – Zeitschrift für kritische Sozialwissenschaft (2012): Perspektiven der Gesellschaftskritik heute. 42. Jg., Heft 167.

Putnam, H. (2002): The Collapse of the Fact /Value Dichotomy and Other Essays. Cambridge, MA: Harvard University Press.

Reusswig, F. (2013): Hegel und der Klimawandel. Zur gesellschaftlichen Relevanz einer dialektischen Naturphilosophie heute. In: Müller, S. (Hrsg.): Jenseits der Dichotomie Elemente einer sozialwissenschaftlichen Theorie des Widerspruchs. Berlin etc.: Springer VS Verlag, 71-112.

Reusswig, F. et al. (2014): Machbarkeitsstudie ‚Klimaneutrales Berlin 2050'. Endbericht. Senatsverwaltung für Stadtentwicklung und Umwelt: Berlin.

Rockström, J. et al. (2009): A Safe Operating Space for Humanity. Nature 461. 472–475.

Schadewaldt, W. (1978): Die Anfänge der Philosophie bei den Griechen: Die Vorsokratiker und ihre Voraussetzungen. Frankfurt am Main: Suhrkamp.

Scherhorn, G.; Ott, H. E. (2009): Finanz- und Klimakrise: Wie die Lösung der einen zur Lösung der anderen beitragen kann. In: GAIA 18(2): 110 –114.

Sieferle, R. P. (1982): Der unterirdische Wald: Energiekrise und Industrielle Revolution, München: C.H. Beck.

Soeffner, H.-G. (2009): Die Kritik der soziologischen Vernunft, In: Soziologie 38(1): 60-71.

Stekeler-Weithofer, P. (2005): Philosophie des Selbstbewusstseins. Hegels System als Formanalyse von Wissen und Autonomie, Frankfurt am Main: Suhrkamp.

Streeck, W. (2010): E Pluribus Unum? Varieties and Commonalities of Capitalism. Köln: MPIfG Discussion Paper 10/ 12.

Stremlow, M.; Sidler, C. (2002): Schreibzüge durch die Wildnis : Wildnisvorstellungen in Literatur und Printmedien der Schweiz. Bern.

Tetens, H. (2009): Die Einheit der Wissenschaft und die Pluralität der Wissenschaften. In: Peter Rusterholz, Ruth Meyer Schweizer, Sarah M. Zwahlen (Hrsg.), Aktualität und Vergänglichkeit der Leitwissenschaften. Bern u.a.: Peter Lang 2009; S. 185-202.

Uexküll, J. J. von (1909): Umwelt und Innenwelt der Tiere. Berlin: J. Springer.

Vobruba, G. (2009): Die Gesellschaft der Leute. Kritik und Gestaltung der sozialen Verhältnisse. Wiesbaden: VS Verlag für Sozialwissenschaften.

Vobruba, G. (2013): Soziologie und Kritik. Moderne Sozialwissenschaft und Kritik der Gesellschaft. Soziologie 42(2): 147-168.

Wehling, P. (2014): Soziologische (Selbst-)Kritik und transformative gesellschaftliche Praxis. Kritische Anmerkungen zu Georg Vobruba, „Soziologie und Kritik“. In: Soziologie 43(1): 25-42.

Winch, P. (1978): Die Idee der Sozialwissenschaft und ihr Verhältnis zur Philosophie. Frankfurt am Main: Suhrkamp.

Zwischen kommuniziertem und routiniertem Sinn – Alternative Perspektiven auf die Rolle von Umwelt- und Naturbewusstsein für umweltrelevante soziale Praktiken

Melanie Jaeger-Erben

Einleitung: Argumente für ein differenziertes Konzept von Umwelt- und Naturbewusstsein

Seit Mitte der 1970er Jahre wird Umwelt- oder auch Naturbewusstsein als wichtige, personenspezifische Einflussvariable auf umweltrelevantes Handeln wissenschaftlich thematisiert. Dies steht oftmals im Zusammenhang mit der Hoffnung, umweltschonendes Verhalten über die Beeinflussung eher „weicher" kognitiver Aspekte beeinflussen zu können, ohne umfassende strukturelle Maßnahmen vornehmen zu müssen. Trotz Kritik an diesem Ansatz und breiter empirischer Evidenz für die geringe Erklärungs- oder Vorhersagekraft von Umwelt- und Naturbewusstsein für Umweltverhalten haben das wissenschaftliche und vor allem das politische Interesse daran kaum nachgelassen.

Komplementär zu bisher entwickelten kritischen Ansätzen und basierend auf einer praxistheoretischen Perspektive und empirischen Beobachtungen, werden im vorliegenden Beitrag zu bisher entwickelten, kritischen Sichtweisen alternative Betrachtungsweisen und Thematisierungsmöglichkeiten von Natur- beziehungsweise Umweltbewusstsein und dessen Rolle für soziales Handeln vorgestellt und diskutiert. Hierzu werden vier Thesen entwickelt:

Zunächst wird die grundlegende These aufgestellt, dass in der Natur- und Umweltbewusstseinsforschung häufig normative und idealtypische Annahmen zum Zusammenhang zwischen natur- und umweltbezogenen Wissensbeständen, Werteorientierungen und umweltschonenden Handlungsweisen zugrunde gelegt werden, die in der Praxis jedoch kaum in dieser Form anzutreffen sind. Die empirische Rekonstruktion alltäglicher, umweltrelevanter sozialer Praktiken zeigt jedoch, dass umweltschädliche Praktiken nicht zwingend auf die Abwesenheit von Naturbewusstsein hindeuten und umweltfreundliche Praktiken nicht zwangsläufig auf das Vorhandensein von Naturbewusstsein schließen lassen. In Anlehnung an praxistheoretische Überlegungen wird eine alternative beziehungsweise differenzierende Konzeptualisierung von Umwelt- und Naturbewusstsein vorgeschlagen.

Dabei wird als zweite These formuliert, dass klassische Studien zum Umwelt- und Naturbewusstsein, wie schriftliche oder mündliche Umfragen, einen kommunikativen Kontext und eine kommunikative Praxis darstellen. Diese kann praktisches Handeln im Alltag zwar thematisieren und Interpretationen von Handeln vornehmen, dringt aber nicht zwingend zu den tatsächlichen, im Alltag relevanten Handlungsbedingungen vor, sondern funktioniert nach eigenen Regeln. Bietet eine Person hierbei Interpretationen des eigenen Handelns an, bei denen Naturbewusstsein eine Rolle spielt, kann es sich lediglich um ein kommuniziertes Naturbewusstsein handeln, das vor allem den Dynamiken und Strukturen kommunikativer, sozialer Interaktion geschuldet ist und auf Motive der Selbstdarstellung und Demonstration sozialer Erwünschtheit zurückgeführt werden kann.

Im Zusammenhang mit der dritten These wird unter Rückgriff auf Giddens (1984) zwischen diskursivem und praktischem Bewusstsein unterschieden. Praktisches Bewusstsein ist im konkreten, routinierten Handeln relevant. Mithilfe praktischen Bewusstseins weiß eine Person implizit, welche Handlungen in welchem Kontext adäquat sind und wie diese Handlungen vollzogen werden. Das praktische Bewusstsein stellt darüber hinaus einen Sinnzusammenhang zwischen dem eigenen Handeln und der sozialen und natürlichen Umwelt her. Diskurses Bewusstsein hingegen fragt nach den Handlungsgründen und ist in der Lage, die Adäquatheit einer Handlung infrage zu stellen. Es öffnet Gelegenheitsfenster für Veränderungen im eigenen Handeln. Es wird angeregt, wenn gröbere Störungen im Handlungsverlauf auftreten und bisherige routinierte Handlungen nicht mehr angemessen erscheinen oder infrage gestellt werden. Die dritte These lautet nun, dass herkömmliche kommunikative Erhebungsmethoden, wie schriftliche oder mündliche Befragungen, diskursives Bewusstsein nicht unbedingt anregen, weil sie eine gewohnte kommunikative Praxis darstellen, in denen praktisches Bewusstsein ausreicht, um die Handlung zu vollziehen. Dahinter steht die Annahme, dass Menschen Diskurse um Natur- oder Umweltschutz sowie hiermit möglicherweise zusammenhängendem Bewusstsein und Handeln bereits derart gewohnt sind, dass diese nicht als Störung im Sinne der Anregung von diskursivem Bewusstsein bezeichnet werden können.

Dem kommunizierten Naturbewusstsein wird in der vierten These ein routiniertes Naturbewusstsein gegenübergestellt. Dieses ist im praktischen Handeln beziehungsweise in routinierten sozialen Praktiken der Alltagsbewältigung, des Konsums oder der sozialen Interaktion verankert. Es ist in der Regel kaum explizierbar und wird von eher impliziten Sozialisierungsprozessen und der sozialen Prästrukturiertheit von Praktiken geprägt. Um nicht kommuniziertes, sondern routiniertes Naturbewusstsein und dessen Rolle innerhalb nachhaltiger Praktiken zu untersuchen, müssen vor allem „nicht obstrusive" Erhebungsmethoden, wie teilnehmende oder nicht teilnehmende Beobachtung, alltagsnahe Methoden, wie Hausbesuche und Go-Along, sowie handlungsfokussierte, rekonstruktive Analysemethoden angewendet werden.

Die genannten Thesen werden zunächst mit einer Betrachtung der Natur- und Umweltbewusstseinsforschung sowie unter Rückgriff auf praxistheoretische Überlegungen unterlegt. Anschließend werden empirische Beispiele für routiniertes und kommuniziertes Naturbewusstsein sowie Wege zu ihrer Untersuchung anhand einer Studie zu Alltagsveränderungen mit Personen nach Lebensereignissen (vgl. Schäfer/Jaeger-Erben 2012, Jaeger-Erben 2010) vorgestellt.

1 Die wissenschaftliche Thematisierung von Natur- und Umweltbewusstsein

In den letzten vier Jahrzehnten, vor allem seit den Arbeiten von Maloney und Ward (1973), hat sich die Untersuchung von Umweltbewusstsein zu einem wichtigen Forschungsthema in der sozialwissenschaftlichen Umweltforschung entwickelt. Neu war hierbei die Feststellung, dass die ökologische Krise nicht allein über technische Lösungen zu bewältigen ist, sondern durch die Veränderung von fehlangepasstem, das heißt umweltschädlichem Verhalten von Menschen, wofür die Schaffung und Stärkung von Umweltbewusstsein als ein wichtiger Ansatzpunkt identifiziert wurden. Die Euphorie der ersten Jahre, die mit dieser Entdeckung eines alternativen (oder auch komplementären) Ansatzes jenseits der Rebound-Problematik rein technischer Lösungen einherging, hat sich spätestens nach der Entdeckung der „Kluft" zwischen Umweltbewusstsein und Umweltverhalten (vgl. beispielsweise Diekmann/Preisendörfer 1992; Blake 1999; Burgess et al. 1998) gemäßigt. Neben grundsätzlicher Kritik an den theoretischen und methodologischen Grundlagen der Erforschung des Umweltbewusstseins (vgl. Fuhrer 1995; Lange 2000; Neugebauer 2004) ist auch empirisch umfassend belegt, dass ökologisch relevante Alltagshandlungen mit einer Vielzahl von Motiven zusammenhängen können und häufig in Routinen eingebettet sind (Steg et al. 2012; Schahn/Matthies 2008), sodass Umweltbewusstsein oder persönliche Normen nicht besonders einflussreich sind (vgl. Steg et al. 2005). Strukturelle Barrieren und Verhaltenskosten (Stern et al. 1983), Automatisierungen in Entscheidungsprozessen (Klöckner/Verplanken 2012) oder auch konkurrierende soziale Normen (z. B. Schultz/Nolan/Cialdini 2007) werden in diesem Zusammenhang als wichtigere Einflussfaktoren auf das Handeln gesehen. Umwelt- oder Naturbewusstsein wird meist als ein Teilaspekt betrachtet, dem eher nur geringe Bedeutung zukommt.

Dennoch erfreuen sich Umwelt- und Naturbewusstseinsstudien großer Beliebtheit (Neugebauer 2004) und werden – wie im Fall der Umweltbewusstseinsstudie des Umweltbundesamts und seit 2009 der Naturbewusstseinsstudie des Bundesamts für Naturschutz – regelmäßig wiederholt. Es bleibt anscheinend – insbesondere unter politischen Akteuren – die Hoffnung, über das Ansteuern von Bewusstseinsinhalten ein erwünschtes Handeln erzeugen zu können.

Ohne die Legitimität oder Relevanz dieser Herangehensweise grundsätzlich anzweifeln zu wollen, möchte ich in diesem Beitrag mit der Unterscheidung verschiedener Arten von Bewusstsein und Formen der Sinnverwendung sowie dem Blick auf die im jeweiligen Untersuchungskontext relevante soziale Praxis eine alternative Perspektive auf die Rolle von Umwelt- oder Naturbewusstsein für umweltbezogenes Handeln vorschlagen. Die vermeintliche Lücke zwischen Bewusstsein und Verhalten kann aus dieser Perspektive vor allem mit einer zu idealtypisch agierenden theoretischen und methodischen Annäherung an den Forschungsgegenstand erklärt werden. Um diese alternative Perspektive zu entwickeln, sind zwei Fragen zentral:

Erstens: Wie wird der Zusammenhang zwischen Wissen beziehungsweise Bewusstsein und Handeln theoretisch und methodisch gefasst? Um dieser Frage nachzugehen, werden im Folgenden zunächst kognitions- beziehungsweise motivations- und praxistheoretische Perspektiven dargestellt.

Zweitens: Welche soziale Praxis und welche sozialen Praktiken konstituieren den ausgewählten Forschungsgegenstand und die erhobenen Daten? Handelt es sich um eine durch kommunikative Settings hergestellte kommunikative Praxis oder treten konkretes Handeln und die hierbei relevanten praktischen Bewusstseinsinhalte zutage? Im Abschnitt drei wird hierzu anhand empirischer Beispiele demonstriert, welche Rolle routiniertes und kommuniziertes Umwelt- und Naturbewusstsein im Handeln spielen kann.

Im Folgenden werden Natur- und Umweltbewusstsein und jeweils damit befasste Studien häufig in einem Zusammenhang genannt. Dabei wird grundsätzlich nicht davon ausgegangen, dass beide Konstrukte synonym sind. Umwelt impliziert als Begriff bereits eine Perspektivität, er bezieht sich auf das Umfeld von etwas oder jemandem, in den meisten Fällen geht es dabei um den Menschen und seine Umgebung. Gemeint sein kann damit auch die gebaute oder soziale Umwelt, wobei Studien zum Umweltbewusstsein sich vor allem auf die natürliche Umwelt beziehungsweise die natürlichen Lebensgrundlagen des Menschen beziehen (vgl. beispielsweise BMUB/UBA 2013). Natur setzt als Begriff nicht unbedingt eine bestimmte Perspektive voraus, wobei er häufig im Kontext des Gegensatzpaares Natur und Kultur verwendet wird. In wissenschaftlichen Studien zu den Bedingungen von Umweltverhalten wird Naturbewusstsein oft als Aspekt der Werteorientierungen erhoben (vgl. z. B. Bamberg/Möser 2007; Pawelka 1987), bei dem moralische Grundorientierungen gegenüber der Natur im Vordergrund stehen. Umweltbewusstsein hingegen wird meist als mehrdimensionales Konstrukt gefasst, bei dem zwischen Umweltwissen, Umwelteinstellungen und Umweltverhalten unterschieden wird (vgl. Kruse 2002; Matthies/Homburg 1998). Die Definition von Naturbewusstsein in der aktuellen Naturbewusstseinsstudie, die die „Gesamtheit der Erinnerungen, Wahrnehmungen, Emotionen, Vorstellungen, Überlegungen, Einschätzungen und Bewertungen im Zusammenhang mit Natur, einschließlich der Frage, was vom Einzelnen überhaupt als Natur aufgefasst wird“ (BMU/BfN 2012: 6) umfasst, weist jedoch darauf hin, dass selbiges durchaus auch als mehrdimensional verstanden wird. Unabhängig von der berechtigten Frage, ob Teilnehmerinnen und Teilnehmern an entsprechenden Befragungen generell sowie speziell bei der Beantwortung von Fragebogenfragen einen Unterschied zwischen Natur und Umwelt machen, sind Natur- und Umweltbewusstsein wissenschaftlich in Theorie und Praxis nicht scharf voneinander abgegrenzt und weisen überlappende, wenn auch nicht deckungsgleiche Gegenstandsbereiche auf. Daher erscheint eine gemeinsame Thematisierung legitim.

1.1 Theoretische Perspektiven zum Verhältnis von Denken und Handeln

Studien zur Rolle und zum Einfluss von Natur- und Umweltbewusstsein auf das Handeln gehen in den meisten Fällen von einer kognitions- und motivationstheoretischen Perspektive aus. Hierbei stehen das mentale Bewusstsein und die Wissens- sowie Motivstrukturen des Individuums im Fokus (vgl. u. a. Neuweg 2001). Beides sind mentale Repräsentationen, auf die das Individuum einen reflexiven Zugriff hat und die es demzufolge auch explizieren kann. Befragungen zum Natur- und Umweltbewusstsein und Umwelthandeln basieren daher wie selbstverständlich auf der Annahme, dass den Befragten die Ursachen und Bedingungen ihrer Handlungsweisen bewusst sind und sie diese benennen beziehungsweise mit im Fragebogen vorgegebenen Motiven abgleichen können. Handeln ist in dieser Perspektive eine durch Orientierungen und Normen motivierte und mehr oder weniger geplante Anwendung von Wissen. Unterschiedliche soziale oder räumlich-materielle Kontexte spielen nur insofern eine Rolle, dass sie den Transfer von Wissensbeständen über Kontexte hinweg beziehungsweise ihre Anpassung auf einen spezifischen Kontext erfordern (ebd.).

Eine praxistheoretische Perspektive hingegen fokussiert stärker den Kontext beziehungsweise das soziale (auch sozial-räumliche und sozio-technische) Setting der Handlung. Wissen spielt hierbei eher eine Rolle als Können oder Know-how. Handlungsrelevant ist dabei vor allem der praktische Sinn, der im handelnden Subjekt durch die Situation angeregt wird und durch den es (vor allem implizit) weiß, wie es zu handeln hat (vgl. auch den Begriff des „tacit knowledge" bei Turner 2001).

Hörning (2001: 161 f.) zufolge gehen Praxistheorien davon aus, „dass das meiste, was Menschen tun, Teil bestimmter sozialer Praktiken ist und nicht jeweils intentionalem Handeln entspringt". Außerdem wird angenommen, dass „soziale Praktiken ontologisch grundlegender sind als die einzelnen Handlungen der Individuen", das heißt, einzelne Handlungsakte werden immer im Zusammenhang umfassender Tätigkeiten beziehungsweise sozialer Praktiken gesehen, die Bündel aus Tätigkeiten („doings" oder „sayings") und damit zusammenhängenden Kompetenzen, motivationalen Strukturen oder auch sozialen Bedeutungen des Handelns und materiellen Arrangements und sozialen Settings sind (vgl. Schatzki 2002; Brand 2010; Shove et al. 2012).

Auch Motivstrukturen sind der sozialen Praktik inhärent, das heißt, es gibt keine vom jeweiligen Handlungskontext und der hierin wirksamen sozialen Ordnung unabhängige individuelle Motivation. Individuen können „nur insoweit über die Wirklichkeit der Welt wissen, sprechen und sie deuten, wie wir uns an ihr beteiligen, uns für sie interessieren, uns über sie aufregen, insofern wir in ihre Verhältnisse eingebunden, in sie verwickelt sind. Viele unserer Motive sind demnach Ergebnisse unserer Handlungsweisen und nicht umgekehrt. Wir sprechen über Motive, weil wir handeln, wir handeln nicht, weil wir Motive haben" (Hörning 2001: 164).

Das Individuum ist jedoch nicht bloßer Vollzieher prästrukturierter sozialer Praktiken. Nach Schatzki (2002) sind soziale Praktiken als sozial organisierte Tätigkeitsbündel zwar gleichzeitig Teil und Garant sozialer Ordnung, soziale Praktiken haben aber natürlich auch eine Funktion für den einzelnen Akteur. Sie halten als Routinen konsistent eine Form von Alltag aufrecht und verleihen dem Individuum einen verhältnismäßig stabilen Platz und eine Orientierung in der sozialen Welt. Soziale Praktiken werden je nach den individuellen Lernvoraussetzungen angeeignet und je nach den individuellen Möglichkeiten und Alltagskontexten ausgeführt, kombiniert und abgewandelt. Dabei werden die innerhalb sozialer Praktiken bestehenden Spielräume und Freiheitsgrade genutzt (ebd.).

Die hier interessierende Andersartigkeit der praxistheoretischen Perspektive liegt vor allem in der Herangehensweise an den Untersuchungsgegenstand beziehungsweise dessen Konstruktion. In Natur- und Umweltbewusstseinsstudien und hieran oft anknüpfenden Interventionsstudien zur Stärkung von Bewusstsein und Handeln werden gewissermaßen „idealtypische Praktiken“ konstruiert. Überspitzt gesagt, werden normativ hinterlegte Annahmen zu – im Sinne von Natur- und Umweltschutz – zielführenden Verbindungen von Werteorientierungen, Wissensbeständen und Handlungen konstruiert, zu einer umweltbewussten Praktik geformt, und es wird untersucht, inwieweit Personen dieser idealtypischen Konstruktion entsprechen. Dabei wird unter anderem davon ausgegangen, dass ökologisches Handeln auf ökologisches Wissen zurückzuführen ist und ökologische Effekte zu den intendierten Folgen der Handlung gehören, und gleichzeitig wird die soziale Einbettung der Handlung ausgeblendet (vgl. auch die frühe Kritik an solchen Konstruktionen von Hirsch 1993). Solange die Normativität dieser Perspektive reflektiert wird, ist an einer solchen Herangehensweise nichts auszusetzen. Problematisch wird sie dann, wenn davon ausgegangen wird, diese idealtypischen Praktiken lägen tatsächlich vor und wären als Fokussierung und Orientierungspunkt in der sozialwissenschaftlichen Nachhaltigkeitsforschung alternativlos.

Die praxistheoretische Herangehensweise startet beim Versuch der Rekonstruktion der sozialen Praxis und den empirisch wirksamen Verbindungen zwischen sozialen Bedeutungen und Handlungsweisen mit einem besonderen Fokus auf deren struktureller und materieller Einbettung. Dabei wird durchaus auch eine normative Folie genutzt und es werden nachhaltige von nicht-nachhaltigen Praktiken unterschieden. Der Unterschied ist jedoch, dass Nachhaltigkeit nicht a priori als Element der betrachteten Praktiken angenommen wird, sondern zunächst empirisch rekonstruiert wird, welche sozialen Bedeutungen als motivationales Element wirksam werden. Erst dann wird betrachtet, unter welchen Umständen und Konstellationen Natur- oder Umweltbewusstsein handlungswirksam wird.

Ein weiterer wichtiger Aspekt, der unter Annahme einer praxistheoretischen Perspektive in den Vordergrund treten kann und im Folgenden genauer ausgeführt werden soll, ist das Verhältnis von Reflexivität und Routine in alltäglichen sozialen Praktiken.

1.2 Das Verhältnis von Routine und Reflexivität: Praktisches versus diskursives Bewusstsein

Alltagsroutinen werden als regelmäßige Wiederholungen sozialer Praktiken verstanden, die sich in Wechselwirkung mit bestehenden Anforderungen und Möglichkeiten langfristig entwickelt und etabliert haben und im Normalfall nicht problematisiert werden. Nach Giddens (1995) sind Alltagsroutinen Teil des praktischen Bewusstseins, durch das soziale Akteure stillschweigend wissen, was in alltäglichen Situationen zu tun ist. Dieses Bewusstsein hat soziale Strukturen gewissermaßen inkorporiert, sie sind in Form körperlich-mentaler Erinnerungsspuren präsent und prägen die Wahrnehmung dahin gehend, welche Handlungen in einer gegebenen Situation denkbar, angemessen und vollziehbar erscheinen. Bei jeder Störung des Ablaufs, wie zum Beispiel beim Wegfall bestimmter materieller oder sozialer Voraussetzungen, werden routinierte Handlungen aber auch für das diskursive Bewusstsein zugänglich. In einem diskursiven Bewusstseinsmodus ist der einzelne Akteur fähig, das eigene Handeln zu reflektieren, neues Wissen zu integrieren und die Routinen anzupassen. Die Störung kann allerdings unterschiedlicher Natur sein und das diskursive Bewusstsein in stärkerem oder schwächerem Maße anregen (vgl. Jaeger-Erben 2010: 82 ff.). Sind beispielsweise materielle Settings anders geordnet als gewohnt (ist beispielsweise das normalerweise gewählte Produkt nicht im Regal auffindbar), bedarf es meist nur einer kurzen Reflektion von Bedürfnissen (was brauche ich eigentlich?) und gegebenenfalls Wissen (welches Produkt hat wahrscheinlich ähnliche Eigenschaften?), um die gewohnte Ordnung wiederherzustellen. Auch die Frage nach den Gründen für eine bestimmte Handlung oder Entscheidung provoziert unter Umständen nur eine kurze Introspektion, die jedoch, wie im Folgenden ausgeführt wird, nicht unbedingt zu den in der jeweiligen Situation tatsächlich wirksamen Handlungsbedingungen führen muss. Diskursives Bewusstsein ist also nur ein sehr kurzzeitiger Zustand zwischen einer Irritation und dem Praktizieren einer adäquaten alternativen Handlung. Finden sich jedoch umfassendere Veränderungen innerhalb einiger oder mehrere Praxiselemente (materielle Settings: Der gewohnte Supermarkt ist nicht mehr zugänglich, neue Bedeutungen: Aus Gesundheitsgründen soll auf Cholesterin geachtet werden), öffnet diskursives Bewusstsein ein Fenster zu umfassenderen Veränderungen und möglicherweise auch der Aneignung neuer Praktiken. In diesem Zusammenhang ist dann eine weitergehende Introspektion möglich, durch die die Akteure zu den im Alltag relevanten Bedingungen ihres Handelns vordringen.

Werden in einem Fragebogen, einem Interview oder einem anderen kommunikativen Setting die Gründe für das eigene Entscheiden und Handeln thematisiert, schwebt die Hoffnung mit, diskursives Bewusstsein und eine solche tiefergehende Introspektion anzuregen. Es ist jedoch fraglich, ob der befragten Person in diesem Moment sämtliche Handlungsbedingungen, die im Handeln relevant werdenden Elemente sozialer Praktiken sowie deren Zusammenhänge und Aneignungsgeschichte gegenwärtig sind. Es kann vielmehr angenommen werden, dass die Person dabei sozialen Konventionen folgt, die in sozialen Diskursen thematisiert und konstruiert werden. Dabei können Aspekte, wie soziale Erwünschtheit, Konformitätsdruck oder auch begrenzte Reflexivität, eine Rolle spielen. Begriffe, wie „Umwelt" und „Natur", und deren Schutz sind spätestens seit den 1980er Jahren beständiger Teil sozialer Diskurse um Mensch-Umwelt-Interaktionen und Umweltprobleme sind zu einem „Allerweltsthema" (Brand et al. 1986: 247) geworden. Umweltbewusstsein genießt dabei hohes Ansehen als eine soziale Norm. Hierbei handelt es sich aber zunächst um in der Kommunikation verhandelte soziale Normen, zu denen man sich auch erst mal „nur" im konkreten Moment verhalten muss.

Kommunikative Settings lassen sich daher als eine spezifische soziale Praxis beschreiben, in der vermutlich andere soziale Bedeutungen und motivationale Strukturen zum Tragen kommen als in der Handlungspraxis, über die im Interview gesprochen wird. In Abgrenzung zum konkret handlungsrelevanten routinierten Naturbewusstsein im Alltag wird diese Form des Bewusstseins beziehungsweise der Sinnverwendung vor allem im kommunikativen Handeln und in der Art und Weise, sich hierbei in Relation zu angesprochenen sozialen Normen darzustellen, wirksam.

Menschen bewegen sich ständig in kommunikativen Settings, in denen auch implizit oder explizit immer wieder soziale Normen und hiermit konforme Handlungsweisen verhandelt werden. Es ist daher nicht zwingend davon auszugehen, dass Fragen zum Umweltbewusstsein oder zur Relevanz von Umweltschutz im Denken und Handeln zu diskursivem Bewusstsein oder über eine eher oberflächliche Reflexion vermutlicher Handlungsgründe hinausführen.

Wie oben bereits ausgeführt, wird diskursives Bewusstsein eher durch Ungewohntes und Störendes angeregt, das routinierte Handlungsverläufe unterbricht. Je handlungsrelevanter und stärker oder umfassender die Störung, desto intensiver müssen auch die Suche nach Alternativen und damit die Reflexion der veränderten Handlungsbedingungen sowie der eigenen Positionierung darin erfolgen. Dies ist insbesondere bei Übergängen in eine neue Lebensphase beziehungsweise einer veränderten Lebenssituation anzunehmen. Lebensereignisse, wie ein Umzug oder die Geburt des ersten Kindes, bringen einen weitgehenden

Umbruch mit sich, der eine Vielzahl struktureller, räumlicher und zeitlicher Veränderungen bedeuten kann, die wiederum die von außen auferlegten Anforderungen, aber auch persönliche Motive, das eigene Wissen und Können sowie die gewohnte Umgebung betreffen können. Hörning (2001: 184) spricht von einer „kritische[n] Distanz zu Routinelösungen und Gepflogenheiten", die sich im Kontext biografischer Veränderungen aufbaut und die die Ausführung routinierter (oder automatisierter) Verknüpfungen von Tun, Denken, Fühlen und Sagen im neu zu etablierenden Alltag nicht nur einmal, sondern immer wieder unterbricht. Die von Hörning beschriebene kritische Distanz kann als eine starke Form diskursiven Bewusstseins beschrieben werden. Sie ermöglicht die Reflexion der eigenen Handlung wie auch den Einbezug neuer Informationen und sozialer Einflüsse und kann Alltagsroutinen verändern. Die empirische Untersuchung solcher Umbrüche ermöglicht es, sich die Phase der Reflexion bisheriger alltäglicher und die Aneignungen neuer sozialer Praktiken genauer anzusehen und dabei die Rolle unterschiedlicher sozialer Bedeutungen und motivationaler Praxiselemente, wie Umwelt- und Naturschutz. Ein Beispiel für eine solche empirische Untersuchung und die Perspektiven auf Handeln, die sich dadurch eröffnen, wird im Folgenden vorgestellt. Anschließend wird gezeigt, welche Nuancen der Rolle von Natur- und Umweltbewusstsein sich im kommunikativen Handeln zeigen können und wie schließlich zwischen kommuniziertem und routiniertem Natur- und Umweltbewusstsein unterschieden werden kann.

2 Soziale Praktiken und Natur-/Umweltbewusstsein: Empirische Schlaglichter

Die folgenden Ausführungen beziehen sich auf Ergebnisse und Erkenntnisse aus dem Projekt „Lebensereignisse als Gelegenheitsfenster für eine Umstellung auf nachhaltige Konsummuster", das im Zeitraum 2008 bis 2011 im Kontext der „Forschung für Nachhaltigkeit" des Bundesministeriums für Bildung und Forschung durchgeführt wurde. Ziel des Projekts war es zu untersuchen, wie und warum Menschen im Rahmen von kritischen Lebensereignissen (Geburt des ersten Kindes, Umzug in eine Großstadt) ihre alltäglichen Konsumpraktiken verändern, und Möglichkeiten der Förderung einer Umstellung auf nachhaltige Praktiken zu eruieren. Ein Teil des Projekts bestand in einer qualitativen Studie, in der unter anderem Hausbesuche und problemzentrierte Interviews (nach Witzel 2000) mit Eltern (mit insgesamt 23 Vätern und Müttern, die im vergangenen Jahr ihr erstes Kind bekommen haben) umgesetzt wurden. Auf die genauere Darstellung theoretischer und methodologischer Details der Studie wird im

Folgenden aus Platzgründen verzichtet (eine detaillierte Darstellung findet sich in Jaeger-Erben 2010). Im ersten Abschnitt wird zunächst kurz erläutert, wie es in der vor allem auf Interviews basierenden Studie möglich war, nicht nur ein kommuniziertes Natur- und Umweltbewusstsein anzuregen, sondern die Rolle des praktischen Natur- und Umweltbewusstseins für das konkrete alltägliche Konsumhandeln zu erfassen. Es werden zunächst einige Ergebnisse zur Rolle von routiniertem Bewusstsein für umweltrelevantes Alltagshandeln und dessen Veränderung dargestellt und anschließend Beispiele für die Erscheinungsformen von kommunikativem Bewusstsein im kommunikativen Handeln.

2.1 Zur Rolle des routinierten Umwelt-/Naturbewusstseins für umweltrelevante Konsumpraktiken: Die Rekonstruktion motivationaler Strukturen in sozialen Praktiken

Generell wurde in der qualitativen Studie ein verstehender, rekonstruktiv-induktiver Ansatz, orientiert an der Logik der Grounded Theory (Strauss/Corbin 1996), angewandt. Damit sollte eine möglichst handlungs- beziehungsweise alltagsnahe Darstellung von Veränderungsprozessen und hierin relevanten Aspekten ermöglicht werden. Eine große Herausforderung war dabei, auf Basis von Daten, die mit einer eher reflexiven, kommunikativen Erhebungsmethode gewonnen wurden, Aussagen über eher unreflektierte Alltagsroutinen zu treffen. Die Analysemethode musste daher ermöglichen, zwischen dem Bild, das die Befragten im Interview von sich darstellen wollten, und dem, was im Alltagshandeln tatsächlich relevant ist, zu unterscheiden. Diese Unterscheidung wurde nicht nur durch die pragmatisch geprägte und handlungsorientierte Perspektive der Grounded Theory (vgl. Strübing 2004) ermöglicht, mit der Interviewinhalte konsequent in Handlungszusammenhänge eingebettet werden. Sie wurde auch dadurch erleichtert, dass soziale Praktiken als zentrale analytische Kategorie im Vordergrund standen und die Identifikation unterschiedlicher Sorten von Praktiken, nämlich kommunikativer Praktiken innerhalb der Interviewsituation und alltäglicher Praktiken, von denen erzählt wurde, möglich machten. Diese im Rahmen der zitierten Studie eher analyserelevante Unterscheidung soll hier zur Unterstützung der These angebracht werden, dass zwischen mindestens zwei Arten von Natur- oder Umweltbewusstsein unterschieden werden muss: Dem kommunikativen in Diskurs-Praktiken und dem routinierten in der alltäglichen Handlungspraxis. Es folgt die Darstellung einiger empirischer Hinweise auf die Bedeutung dieser These, wobei zunächst auf das Vorgehen bei der Rekonstruktion von Praktiken und insbesondere den hierin wirksamen Motiven oder sozialen Bedeutungen eingegangen wird.

In der Logik der Grounded Theory werden beobachtbare Phänomene (in vorliegenden Fall Erzählungen und Schilderungen von Handlungen) in einen Handlungszusammenhang eingebettet, indem handlungsauslösende Bedingungen, relevante Kontexte und Interaktionszusammenhänge, angewandte Strategien und Handlungslogiken sowie Konsequenzen rekonstruiert werden. Die damit zusammenhängenden analytischen Fragen wurden in der beschriebenen Studie in ein praxistheoretisches Begriffssystem (angelehnt an die Definition sozialer Praktiken von Schatzki 1996) übersetzt (siehe folgende Tabelle).

Tabelle 1: Untersuchungsleitende Fragen zur Rekonstruktion sozialer Praktiken (in Anlehnung an Jaeger-Erben 2010: 111)

Grounded Theory	**Eigene untersuchungsleitende Fragen**
Was sind die handlungsauslösenden Bedingungen des Phänomens? Was ist der Kontext? Was sind die intervenierenden Bedingungen? Was sind die Handlungs- und interaktionalen Strategien? Was sind die Konsequenzen?	In welcher Situation beziehungsweise hinsichtlich welches Handlungsproblems ist das Phänomen/die Konsumhandlung zu beobachten? Welche Handlung initiiert die Person in dieser Situation (woraus sich schließen lässt, dass sie diese für die Situation für angebracht hält)? (praktisches Verständnis)? Mit welchen anderen Tätigkeiten (doings und sayings) ist das Phänomen/die konsumrelevante Tätigkeit verbunden? Wie sind diese untereinander über Regeln, praktisches Verstehen (Know-how) und motivationale Strukturen (Ziel-/Motivstruktur) verbunden? Welche Artefakte und Akteure sind über doings und sayings eingebunden? Wie werden durch das Phänomen Raum und Zeit gebunden? In welches soziale Feld lässt sich die Handlung einordnen beziehungsweise welchen sozialen Sinn hat die Praktik (soziale Ordnung innerhalb relevanter sozialer Felder, die über Handlung reproduziert wird?)

Die problemfokussierten Interviews waren so angelegt, dass sie starke Narrationsimpulse enthielten. Die Interviewten wurden angeregt, so detailliert wie möglich ihre Alltagsabläufe vor und nach der Geburt ihres Kindes zu erzählen. Da die Interviews im natürlichen Umfeld der Eltern stattfanden, konnten die Erzählungen zum Teil auch direkt räumlich verknüpft werden, sodass sehr alltagsnahe Rekonstruktionen ermöglicht wurden. Sie wurden gleichzeitig angeregt, Veränderungen im alltäglichen Konsum und die vermutlichen Gründe zu reflektieren. Die jeweils damit erzeugten Textsorten (Erzählungen, Beschreibungen, Argumentationen) (vgl. die Unterscheidung von Textsorten bei Rosenthal 1995) konnten hinsichtlich Überschneidungen und Unterschiede zwischen Selbstdarstellungen (d. h. den angegebenen Gründen für Handlungen und Handlungsveränderungen) und den motivationalen und Bedeutungsstrukturen sozialer Praktiken, die prägend für die alltägliche Handlungspraxis sind, kontrastiert werden. Hilfreich war dabei auch, dass alltägliche Praktiken nicht nur im Einzelnen, sondern vor allem auch als Teil einer alltäglichen Lebensführung (vgl. Voß 2000) rekonstruiert wurden. Konsumpraktiken wurden dabei nicht einzeln für die Bereiche Ernährung, Mobilität und Energie beschrieben, sondern insbesondere die Zusammenhänge zwischen den Praktiken – gemeinsam mit alltagsrelevanten Praktiken des Zeitmanagements, der Raumnutzung oder der sozialen Interaktion – als „alltägliche Praktikennetzwerke" rekonstruiert. Soziale Bedeutungen beziehungsweise motivationale Strukturen können dabei Knotenpunkte innerhalb der alltäglichen Praktikennetzwerke sein, durch die verschiedene Praktiken einen Sinnzusammenhang haben. Dadurch konnte herausgearbeitet werden, ob und wie Orientierungen im Zusammenhang mit Natur- oder Umweltbewusstsein eine Rolle spielen, die über die bewusste Nennung vermuteter Handlungsgründe hinausgehen und im Alltag reproduziert werden.

Abbildung 1 zeigt ein Beispiel für die Rekonstruktion alltäglicher Praktikennetzwerke von zwei Personen, die im Interview dieselbe Handlung als Veränderung in ihrem täglichen Konsumhandeln schilderten: „Bio-Lebensmittel (im Bioladen) für das Baby kaufen". Verbindet man diese Tätigkeit mit anderen alltäglichen Tätigkeiten und ihren relevanten weiteren Praktikenelementen (wie materiellen/sozio-technischen Arrangements, Bedeutungen/ motivationalen Strukturen) wird deutlich, dass diese Handlungen in ihren personenspezifischen Praktikennetzwerken auf unterschiedliche Art und Weise verknüpft sind, sodass bei der einen Person eher Umweltschutz als relevantes Motiv, das heißt, ein routiniertes Natur- und Umweltbewusstsein rekonstruiert werden kann, während Umweltschutz bei der anderen Person eher eine positive Nebenwirkung ist und andere Motive die Handlung anleiten.

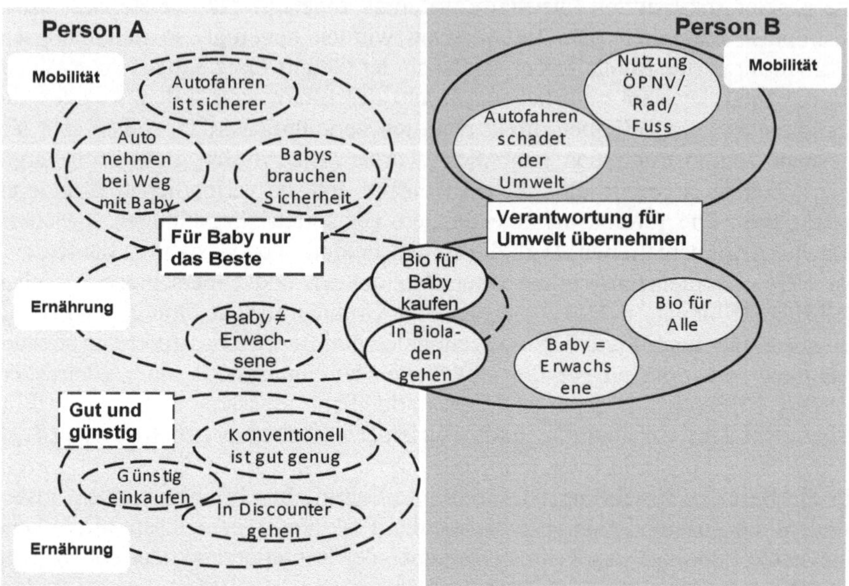

Abbildung 1: Beispiel für die Einbettung von Tätigkeiten in Praktikenbündel

Dass Nachhaltigkeit für Person B eine alltagsrelevante Bedeutung hat, wird unter anderem daran deutlich, dass sie im Bioladen auch Produkte für sich beziehungsweise. die ganze Familie kauft. Darüber hinaus ist die Handlung als Teil eines Praktikennetzwerks, in dem das Motiv „Verantwortung für die Umwelt übernehmen" den Bereich Ernährung mit dem Bereich Mobilität und hierin Handlungen rund um den Verzicht auf das Auto verbindet. Person A hingegen kauft für den weiteren Bedarf im Discounter und nutzt seit der Geburt ihres Kindes das Auto häufiger. Bei Person A ist die fokussierte Handlung eher Teil eines Praktikenbündels mit der Überschrift: „dem Baby einen guten Start in das Leben ermöglichen". Dazu gehört für sie eine möglichst naturbelassene Nahrung, die sie vor allem in Bioprodukten sieht. Hierzu gehören jedoch auch andere, möglicherweise nicht nachhaltige Handlungen, wie zum Beispiel tägliches Baden als Hygienemaßnahme oder die Bevorzugung des Autos gegenüber anderen Verkehrsmitteln, da dieses – vor allem im Sinne der Gesundheit – als das Sicherste für das Baby eingeschätzt wird. Andere Einkaufshandlungen gehören zu anderen Bündeln sozialer Praktiken, in denen das Motiv „gut und günstig" relevant ist.

Interviewerin:
„Gibt's denn so Sachen, wo Sie drauf achten, wenn Sie einkaufen?"

Interviewte:
„Hmmmm (2) auf die Preise und auf gute Qualität schon, aber es muss nicht alles Bio sein, außer für ihn. Also wir machen's schon Brei auch selber für ihn, da natürlich Bio. Aber sonst, gut und günstig."

Beide Einkaufsmuster können nebeneinander existieren, ohne dass dadurch Konflikte entstehen, weil keine Verknüpfung zwischen ihnen besteht. Der Einkauf von Biolebensmitteln in bestimmten Fällen und die damit verbundenen Motive müssen und können sich somit nicht mit dem Einkauf in anderen Fällen beziehungsweise mit anderen umweltrelevanten Praktiken verbinden. Von außen betrachtet, kann das zwar als widersprüchlich wahrgenommen werden, für die Person selbst ist das jedoch nicht der Fall.

Es ist daher aufschlussreich, Zusammenhänge zwischen verschiedenen Konsumbereichen und deren Verbindungen herzustellen, zum einen in organisatorischer Hinsicht (was folgt aufeinander beziehungsweise welche Mobilitäts- und Energienutzungspraktiken stehen im Zusammenhang mit Einkaufs- und Ernährungspraktiken?), zum anderen in Bezug auf den in ihnen wirksamen sozialen Bedeutungen. Neben motivationalen Strukturen kann die Betrachtungsweise aber auch Artefakte (Produkte, Geräte), soziale Situationen, Orte und räumliche Arrangements als Ausgangspunkte nehmen.

Ein wesentliches Ergebnis der Studie war, dass Eltern im Kontext der Geburt mehr Wert auf Bio-Ernährung legten. Welche tatsächlich relevanten Beweggründe dafür im Alltag vorlagen und ob Umwelt- oder Naturbewusstsein dabei zum Tragen kommt, konnte auf dem beschriebenen Weg genauer herausgearbeitet werden. Auf dieser Basis konnten schließlich zwei „Veränderungsmuster" identifiziert werden:

Generalisierung: Im Kontext des Lebensereignisses wird ein (meist bereits vorhandenes, jedoch nicht zwingend handlungsrelevantes) Bewusstsein für Umwelt beziehungsweise die Umweltrelevanz eigener Konsumhandlungen gestärkt. Der Umwelt- und der Naturschutz konnten in diesen Fällen innerhalb der motivationalen Strukturen unterschiedlicher alltäglicher Praktiken identifiziert werden.

Differenzierung/Selektivität: Die Ernährung mit Biolebensmitteln wird vor allem als wichtig und gesund für das Baby erachtet. Personen in dieser Gruppe sind sehr darauf bedacht, „nichts falsch zu machen" in der Ernährung ihres Babys und fühlen sich mit Biolebensmitteln auf der sicheren Seite. Sicherheit ist dabei ein handlungsrelevantes Motiv, das in anderen Handlungsfeldern, wie Mobilität, aber unter Umständen nicht-nachhaltige Konsequenzen zur Folge hat.

Diese Unterscheidung macht deutlich, dass es nicht völlig egal ist, ob praktisches Natur- und Umweltbewusstsein Teil einer als nachhaltig geltenden Praktik ist oder andere Motivkonstellationen. Das Ergebnis ist zwar dasselbe, wenn man den Konsumakt isoliert betrachtet, gleichzeitig wäre eine Generalisierung zu bevorzugen, um beispielsweise mögliche Rebound-Effekte zu verringern. Praktisches Natur- und Umweltbewusstsein spielte jedoch bei den wenigsten Eltern im Veränderungsprozess eine Rolle, das heißt, die in These 1 angesprochenen, im Sinne von Umwelt- und Naturschutz „idealtypischen" Praktiken sind zwar vorzufinden, aber selbst in dem hier untersuchten, eher selektivem Sample (die Eltern meldeten sich freiwillig zum Interview und wussten auch, dass es um Umweltschutz geht) selten. In fast jedem Interview, sowohl bei den Eltern als auch den Personen, die nach dem Lebensereignis „Umzug in eine Großstadt" befragt wurden, konnte ein kommuniziertes Natur- und Umweltbewusstsein beobachtet werden. Der nächste Abschnitt stellt dazu Beispiele vor.

2.2 Nuancen der Rolle von Umwelt- und Naturbewusstsein in der kommunikativen Praxis

Im Folgenden sollen nun Beispiele für kommuniziertes Umwelt- und Naturbewusstsein aufgezeigt werden. Wie bereits angedeutet, wurde unterschieden, ob ein sich im Interview andeutendes Bewusstsein für Natur und Umwelt in den Motivstrukturen vorwiegend für das kommunikative Handeln rekonstruieren lässt oder aber auch im praktischen, alltäglichen Konsumhandeln relevant ist. Die Frage war also: Ist ein Umweltmotiv eher mit Kommunikations- und Selbstdarstellungspraktiken verbunden und wird es eher nur in Kontexten aktiviert, in denen es um Aussagen über sich selbst und Diskussionen mit anderen, um Umwelt, Natur oder Konsum geht oder ist es auch als Bedeutungselement oder motivationales Element mit konkreten Konsumtätigkeiten verknüpft, die als nachhaltig eingeschätzt werden können? Folgende Interviewzitate, die auf die Frage nach der persönlichen Relevanz von Umwelt- und Naturschutz folgten, zeigen eine Vielzahl von Verknüpfungen von Motiv und (kommunikativem oder alltäglichem) Handeln:

> C: „Jetz äh WWF hab ich irgendwann mal gehört, das fand ich sehr interessant, die machen da so Workshops so, für die Umwelt und das fand ich sehr interessant sowas mal mitzumachen, ähm, das hab ich dann schon freiwillig so – so geguckt, was die da so machen."

D: „Also äh Strom, die Entwicklung da, das interessiert mich, det – die Windräder die man jetz ja so haufenweise sieht, dat is schon bald zu viel find ick (3) was noch, Klima Strom, und Wasser."

E: „Es gibt höchstens mal so'n paar – paar Handlungen wo ich dann vielleicht meinen (2) sagen wir mal so mein grünes Gewissen beruhige indem ich mal irgendwie so'n – dann doch mal die Bioalternative kaufe oder so was."

F: „Strom haben wir ja Öko genommen [...] irgendwie ham wir dann auch nen gutes – warum auch immer, wer auch immer das einem suggeriert aber, man hat da schon ein bess – ein gutes Gefühl."

G: „Regionalität is in Bezug auf Umwelt für mich wichtich. aber auch was so die ähm Arbeitsplatzsituation anbelangt. Also ich würd immer denken die heimische Wirtschaft stärker fördern – unterstützen zu wollen als die ausländische.

Bei den Personen C und D werden Umweltmotive vor allem mit bestimmten Wissensinhalten verknüpft und sorgen im kommunikativen Handeln dafür, dass sie bestimmte Inhalte als relevant empfinden. Praktisches Handeln ist vor allem dahin gehend betroffen, dass sie sich „freiwillig" über etwas informieren oder entsprechende Veränderungen in ihrer Umwelt wahrnehmen. Das Wissen beschränkt sich vor allem auf die Nennung von aus ihrer Sicht signifikanten Akteuren und allgemeinen Oberbegriffen. Beide Personen geben im weiteren Verlauf an, dass sie aus Interesse am Thema Umwelt und Nachhaltigkeit an der Studie teilgenommen haben, das Interesse scheint aber eher als Aspekt der Selbstpräsentation wichtig zu sein.

Bei den Personen E und F werden Motive in Bezug auf den Kauf von Biolebensmitteln genannt, die in Richtung eines moralischen Anspruchs an sich selbst gehen („Gewissen beruhigen", „besseres Gefühl haben", „Gutes tun"). Das Motiv bleibt aber eine abstrakte Metapher („grünes Gewissen") und der Zusammenhang zwischen Bedeutung und Handlung wirkt wie unhinterfragt übernommen: Die jeweiligen Handlungen gelten als „grün" und es wird die gesellschaftliche Erwartung wahrgenommen, ein „grünes Gewissen" durch die Wahl bestimmter Produkte und Dienstleistungen zu demonstrieren. Durch die genannte nachhaltige Konsumhandlung können beide Personen ihre Konformität mit der wahrgenommenen Erwartung zeigen, ohne jedoch genau zu wissen, worin die Relevanz der Handlung für die Umwelt besteht. Liegt der Schwerpunkt der Betrachtung auf den ökologischen Effekten einer spezifischen Handlung, mag es keine Rolle spielen, ob diese der handelnden Person als faktisches Wissen vorliegen und ihr Handeln motivieren oder ob sie sich vor allem sozial konform verhalten möchte. Im Unterschied zur Person B im vorangegangenen Abschnitt konnte bei E und F jedoch eher ein inkonsistentes Handeln (und damit zusammenhängend auch entsprechende Reboundeffekte) festgestellt werden. Aus Nachhaltigkeitsperspektive kann es also durchaus problematisch sein, wenn vereinzelte Praktiken vor allem aus Konformitätsgründen angeeignet werden.

Die Person G stellt ihr Umweltbewusstsein in einen Zusammenhang mit dem Kauf regionaler Produkte, wobei Motivkombinationen aus Umweltmotiven und sozialen Motiven zur Sprache kommen. Ähnlich wie bei anderen in den Interviews oft vorgefundenen Kombinationen, wie „Umweltschutz und Sparen" (vor allem im Bereich Energie) oder „Umweltschutz und Gesundheit" (Ernährung, aber auch Mobilität), wird hier ein Normhybrid gebildet, durch den der Sinn der Handlung durch die Person gewissermaßen doppelt abgesichert wird. Aus Nachhaltigkeitsperspektive ist jedoch wiederum die Frage interessant, inwieweit die tatsächlichen ökologischen und sozialen Effekte der Handlung bekannt sind. Ein solches spezifisches Umweltwissen war jedoch in den seltensten Fällen vorhanden. Person G hat vor allem die Vermutung, dass regionale Produkte umweltschonender und besser für die heimische Wirtschaft sind als nicht regionale Produkte, kann aber auf Nachfrage hin nicht genau erklären, wie der Zusammenhang ist (außer, dass die Produkte dann nicht so weit transportiert werden müssen). Ähnlich unhinterfragt war die oft angetroffene Kombination, dass man aus finanziellen Gründen (und Umwelt als meist eher sekundäres Motiv) Strom spart: Nur einzelne Personen hatten in diesem Fall kontrolliert, ob sie durch bestimmte energiesparende Handlungen wirklich etwas sparen, genauso wenig, wie der Zusammenhang mit Umwelt- und Naturschutz klar benannt werden konnte. Diese Fälle weisen vor allem darauf hin, wie wirksam soziale Konventionen und Übereinkünfte zur Bedeutung bestimmter Praktiken für ihre Übernahme sind und welch geringe Rolle Wissen über nachhaltigkeitsrelevante Effekte des Handelns und das rationale Überprüfen der wissenschaftlichen Korrektheit der Übereinkünfte spielen können. Routiniertes wie auch kommuniziertes Umwelt- und Naturbewusstsein hängen also eng mit sozialem Wissen und dem Bewusstsein für soziale Konventionen zusammen. In den oben angesprochenen idealtypischen Konstruktionen umweltschonender oder nachhaltiger Praktiken wird jedoch vor allem auf das ‚wissenschaftliche Wissen' als Hintergrund von Umwelt- oder Naturbewusstsein Bezug genommen.

In den Zitaten werden soziale Praktiken im Kontext des Umweltschutzes deutlich, die unverständlich bleiben, wenn sie nur auf der Ebene isoliert handelnder Personen betrachtet werden. Mit der Analyse wurde herausgearbeitet, dass bei der Betrachtung der einzelnen Personen nicht deutlich wird, in welchem Zusammenhang die erwähnten Handlungen mit dem Ziel Umweltschutz stehen, wenn die Person selbst gar kein Wissen zu den Umwelteffekten vorliegen hat. Umweltschutzmotive wurden zwar vorgebracht, tatsächlich sind eher

Motive wie (ein relativ vages) Interesse, Misstrauen oder schlechtes Gewissen relevant. Die mehr oder weniger wissenschaftlich ‚gesicherten' Erkenntnisse zu den gesellschaftlichen oder Umweltwirkungen des Handelns sind den Personen nicht klar oder können in keinen klaren Zusammenhang mit dem Handeln gebracht werden.

Die Zusammenhänge zwischen bestimmten Tätigkeiten und Umweltschutzmotiven oder anderen Motiven werden erst dann sichtbar, wenn die Tätigkeiten als soziale Praktiken auf der kollektiven Ebene verstanden werden. Gewissensaspekte, aber auch Interessen oder Misstrauen werden auch von sozialen Diskursen oder Trends geformt, die Teil der gesellschaftlichen Bewältigung von Umweltproblemen sind. Dies lässt sich bei der isolierten Betrachtung einzelner Personen nicht rekonstruieren und auch den Personen selbst ist diese Form der sozialen Prästrukturierung des eigenen Handelns kaum bewusst. Wichtig ist vielmehr die Berücksichtigung kollektiver Prozesse der Konstruktion von Zusammenhängen zwischen Bedeutungen und Handlungen, in denen wissenschaftliche ‚Fakten' nicht zwingend eine ausschlaggebende Rolle spielen. Welche Tätigkeiten in das Feld Umweltschutz gehören, wird gesellschaftlich konstruiert und in bestimmte Handlungsfelder gelenkt. Die Beteiligung der hier zitierten Personen an den sozialen Praktiken der gesellschaftlichen Umweltproblembewältigung wird vor allem über allgemeine soziale Bedeutungen und die Möglichkeit der sozialen Positionierung verstanden: Wer sich nicht beteiligt, hat ein schlechtes Gewissen, wer sich beteiligt, gehört zu den Guten. Damit ist sowohl kommuniziertes als auch routiniertes Natur- und Umweltbewusstsein keine personenspezifische Eigenschaft, sondern Teil motivationaler Strukturen sozialer Praktiken, die die jeweilige Person sich aneignet.

Die Untersuchung von Praktiken kann an dieser Stelle zum einen genauer Aufschluss darüber geben, welche Bedeutung nachhaltiges oder nichtnachhaltiges Konsumhandeln und die soziale Kommunikation darüber für die gesellschaftliche Bewältigung von Umweltproblemen haben. Sie kann zum anderen aufzeigen, wie diese prästrukturiert, was einzelne Personen im Hinblick auf Umweltschutz tun oder glauben tun zu müssen. Eine qualitative Betrachtung allein von sozialen Normen und deren Einfluss auf das individuelle Handeln würde hier möglicherweise bei der Feststellung der Unschärfe des Motivs sowie seiner Verbindung zum Handeln stehen bleiben, bei einer quantitativen Betrachtung würde sie unter Umständen gar nicht erst auffallen.

3 Fazit und Implikationen für die Nachhaltigkeitsforschung und -praxis

Dieser Beitrag hatte zum Ziel, eine alternative, das heißt, differenziertere Konzeptualisierung und eine umfassendere Betrachtungsweise von Umwelt- und Naturbewusstsein und dessen Rolle für das Handeln anzubieten. Hiermit wird an Literatur angeknüpft, die zum einen eine Überbetonung der Rolle solcher Bewusstseinsformen und -inhalte für das praktische Handeln im Alltag kritisiert und zum anderen eine differenziertere Betrachtungsweise der Rolle verschiedener Formen des Wissens für das Handeln fordert. Drei grundlegende Differenzierungen lassen sich zusammenfassen:

1) Die Unterscheidung zwischen kommunikativen und alltäglich-routinierten sozialen Praktiken, die in der Forschung zum Umwelthandeln zum Vorschein kommen können und in denen Umwelt- und Naturschutz in unterschiedlicher Art und Weise einen Handlungssinn darstellt.
2) Hieran anknüpfend, wurde zwischen zwei Formen der Zuweisung von Handlungssinn unterschieden. Kommuniziertes Natur- und Umweltbewusstsein wird in kommunikativen Praktiken wirksam und ermöglicht eine soziale Positionierung und Selbstdarstellung. Routiniertes Natur- und Umweltbewusstsein wird im alltäglichen Handeln, beispielsweise in Praktiken des Konsums, wirksam und kann im Gegensatz zum kommunizierten Bewusstsein tatsächlich als handlungsauslösend betrachtet werden.
3) Die Unterscheidung zwischen praktischen und diskursiven „Bewusstseinsmodi“, die jeweils routiniertes oder (selbst-)reflektierendes Handeln anleiten und ermöglichen.

Vor dem Hintergrund dieser Unterscheidungen wurden vier Thesen aufgestellt und mit theoretischen und empirischen Beobachtungen unterlegt, die sich auf bisherige und alternative Betrachtungsweisen beziehen. Die erste These thematisiert, dass in vielen klassischen Untersuchungen zum Umwelt- und Naturbewusstsein eine idealtypische Konstruktion zwischen Bewusstsein/Wissen und Handeln vorgenommen wird. Problematisch ist daran zunächst, dass eher kognitiven Aspekten eine hohe Wirkungsmacht zugesprochen wird. Wie im ersten Abschnitt ausgeführt, entspricht dies oftmals nicht der sozialen Wirklichkeit und eine Vielzahl von Autorinnen und Autoren betrachtet Umwelt- und Naturbewusstsein eher als einen mehr oder weniger relevanten Aspekt von vielen. Was aus praxistheoretischer Perspektive aber auch an diesen Ansätzen als problematisch gesehen werden kann, ist die starke Präkonstruktion der interessierenden Handlungen. Es werden Zusammenhänge zwischen kognitiven, sozialen, situativen und strukturellen Aspekten und ihren Inhalten und dem Handeln angenommen, auf deren Basis dann zu prüfende Modelle und Erhebungsinstrumente entwickelt werden. Fragebögen und Interview-Leitfäden beziehen sich dann vor allem auf die in den Annahmen behandelten Inhalte und sind wenig offen für darüber hinausgehende, potenziell relevantere Aspekte und Zusammenhänge. Es ist daher davon auszugehen, dass solche präkonstruierenden Ansätze die tatsächlichen Bedingungen und Dynamiken der interessierten Handlungspraxis gar nicht umfassend entdecken (können).

Die zweite These schließt hieran an und fügt hinzu, dass je nach Erhebungsmethode möglicherweise auch eine ganz andere Praxis in den Fokus gerät als die eigentlich interessierende. Wie im empirischen Teil ausgeführt, werden in vielen konventionellen Untersuchungssituationen, wie mündlichen oder schriftlichen Befragungen, kommunikative Kontexte hergestellt und kommunikative Praktiken angeregt, die eher Selbstdarstellung als Introspektion motivieren.[1] Dieser Zusammenhang kann mithilfe der in der dritten These angesprochenen und in Abschnitt 1.2 dargelegten Unterscheidung zwischen diskursivem und praktischem Bewusstsein detaillierter verstanden werden: Bei der Entwicklung von Erhebungsinstrumenten wird von der Annahme ausgegangen, dass die Ansätze diskursives Bewusstsein anregen. Hier ist jedoch einzuwenden, dass Befragte auf bereits gewohnte kommunikative Praktiken der Diskussion von Umwelt als Problem oder Handlungssinn Bezug nehmen, in denen sie – gestützt von ihrem praktischen Bewusstsein und Wissen, wie man sich in solchen Situationen verhält – ein Umwelt- und Naturbewusstsein zunächst lediglich kommunizieren. Die empirisch begründete Annahme, Untersuchungssituationen und die hierin vorkommende Kommunikation zur Rolle von Umwelt sei eine Handlung, die im praktischen Bewusstseinsmodus vonstattengehen kann, sollte jedoch noch in weiteren Untersuchungssettings genauer untersucht werden.

Die sozialwissenschaftliche Umweltforschung ist jedoch vielmehr an dem in der vierten These postulierten routinierten Umwelt- und Naturbewusstsein interessiert, das tatsächlich umweltrelevante Handlungen anleitet. Wie im empi-

1 Das hier angelegte Verständnis von Selbstdarstellung geht über das hinaus, was in den meisten Fragebogenuntersuchungen als soziale Erwünschtheit erfasst wird. In der aktuellen Studie zum Naturbewusstsein wird soziale Erwünschtheit als Verzerrung des Antwortverhaltens verstanden, das auf den Wunsch nach sozialer Bestätigung durch erwünschte Antworten beziehungsweise auf die Furcht vor Ablehnung durch das Gegenüber aufgrund einer authentischen Antwort zurückzuführen ist (vgl. BMUB/BfN 2014: 21). Die hier gemeinte Selbstdarstellung ist hingegen Teil der sozialen Praxis in kommunikativen Settings, deren Wirksamkeit über die Interaktion oder wechselseitige Beeinflussung zwischen Person und Gegenüber hinausgeht. Die gezeigte Konformität mit sozialen Erwartungen ist dabei keine Eigenschaft der Person – wie soziale Erwünschtheit oft gesehen wird – sondern in die motivationalen Strukturen der sozialen Praktik eingeschrieben.

rischen Teil dargestellt, ist die Verwechslung von kommuniziertem und routiniertem Bewusstsein aber nicht nur ein Problem der Erhebungs-, sondern auch der Auswertungsmethode. Dass kommunikative Kontexte hergestellt werden und Selbstdarstellungspraktiken in Untersuchungssituationen angeregt werden, lässt sich in vielen Untersuchungen kaum vermeiden. Daher muss an die Auswertungsmethode der Anspruch gestellt werden, zwischen kommuniziertem und routiniertem Sinn zu unterscheiden und die jeweiligen Praktiken differenziert zu rekonstruieren. Im zweiten Abschnitt dieses Beitrags wurde hierfür ein Beispiel gegeben, wie durch eine induktiv-rekonstruktive Herangehensweise und eine praxistheoretische Perspektive zwischen beiden Bewusstseinsformen unterschieden werden kann.

Die praxistheoretische Perspektive kann, wenn der klassische Pfad der Betrachtung von Motiven beschritten wird, genauer aufzeigen, mit welchen Praktiken-Elementen (Kompetenzen, materiellen und sozialen Settings) Umweltmotive oder Naturbewusstseinsinhalte verknüpft sind und für welche Praktiken (kommunikative, alltägliche) die Verknüpfungen eine Relevanz haben. Wie oben bereits mehrfach angesprochen, wird bezweifelt, dass Umwelt- oder Naturbewusstsein in der sozialen Alltags- und Konsumpraxis eine zentrale Rolle als soziale Bedeutung oder motivationales Element spielt. Sicherlich lohnt sich die gezielte Untersuchung solcher Fälle, bei denen davon ausgegangen werden kann (wie Person B aus dem Beispiel oben), und eine Rekonstruktion der fördernden, erleichternden, aber auch hinderlichen Bedingungen. Für die große Mehrheit scheint es zumindest auf kurze Sicht jedoch Erfolg versprechender, nicht auf spezifische (für den aktuellen Alltag möglicherweise zu abstrakte oder artifizielle) Bewusstseins- oder Motivinhalte zu setzen, sondern am praktischen Handeln anzusetzen und Rebound-Effekten auf andere Art vorzubeugen, als auf eine Generalisierung von (sowieso nur vage vorhandenen) Umweltmotiven zu hoffen.

Die praxistheoretische Perspektive kann diese Herangehensweise unterstützen, da sie, von bestimmten Handlungen ausgehend, deren Verknüpfung mit Motiven und anderen Tätigkeiten, Affekten, Artefakten innerhalb einer oder mehrerer Praktiken sichtbar macht. Der Vorteil der praxistheoretischen Perspektive ist außerdem, dass damit auch solche Handlungen genauer analysiert werden können, für die die Person selbst nur vage oder ambivalent erscheinende Handlungsbedingungen angeben kann. Das gilt vor allem für solche (kommunikativen oder praktischen) Handlungen, die vor allem durch ein bestimmtes soziales, räumliches oder materielles Setting provoziert werden. An dieser Stelle ist es aufschlussreicher, die konkreten Handlungszusammenhänge beziehungsweise die Elemente und deren Kopplungen innerhalb sozialer Praktiken zu untersuchen. Hilfreich ist die Betrachtung sozialer Praktiken auch, wenn zwar ein subjektiver Sinn vorliegt, dieser aber zunächst diffus erscheint. Die oben aufgeführten Zitate in Bezug auf die heterogenen Bedeutungen von Umwelt oder Umweltschutz (Abschnitt 2.2) sind hierfür Beispiele.

Sowohl für die Nachhaltigkeitsforschung als auch die Praxis wird es als sinnvoll erachtet, ein differenziertes Bild von Praktiken zu entwickeln, in denen Umwelt und Natur als kommunizierter oder routinierter Handlungssinn eine Rolle spielen können. Auch wenn sie vielleicht nicht in erster Linie interessieren, sind die Kommunikation zum Umwelt- und Naturschutz und die dabei verhandelten sozialen Normen oder als relevant erachteten Handlungsweisen ein interessanter Forschungsinhalt, da sie als Abbild sozialer Diskurse und gesellschaftlicher Bewältigung von Umweltproblemen gesehen werden können. Es ist davon auszugehen, dass die meisten konkreten Handlungen, die Menschen als umweltschonend erachten und praktizieren, nicht auf ein detailliertes Wissen zu den wissenschaftlichen Fakten beruhen, sondern auf „sozialem" Wissen zu den gesellschaftlich konstruierten und sozial kommunizierten Verknüpfungen zwischen Bedeutungen und Handlungen. Nachhaltigkeitsforschung und -strategien sollten sich daher – auf Basis einer differenzierten Betrachtungsweise – intensiver mit den Prozessen der sozialen Konstruktion von Praktiken beschäftigen und soziale Praktiken zunächst eher auf Basis offener, rekonstruktiver Herangehensweisen betrachten (vgl. auch Halkier et al. 2011). Weitere Beispiele für eine solche Herangehensweise finden sich unter anderem bei Sahakian und Wilhite (2014), Shove et al. 2012, Shove (2012) und Hargreaves (2011) sowie den Arbeiten der Social Practices Research Group (Spurling et al. 2013).

Literaturverzeichnis

Bamberg, S.; Möser, G. (2007): Twenty years after Hines, Hungerford, and Tomera: A new meta-analysis of psycho-social determinants of pro-environmental behaviour. In: Journal of Environmental Psychology, 27, 14-25.

Blake, J. (1999): Overcoming the "value-action gap" in environmental policy: Tensions between national policy and local experience. In: Local Environment, 4, 257-278.

Brand, K.-W. (2010): Social Practices and Sustainable Consumption: Benefits and Limitations of a New Theoretical Approach. In: Gross, M.; Heinrich, H. (Hrsg.): Environmental Sociology: European Perspectives and Interdisciplinary Challenges. Springer Business and Media. 217-235.

Brand, K.-W.; Büsser, D.; Rucht, D. (1986): Aufbruch in eine andere Gesellschaft. Frankfurt: Campus.

BMU/BfN (Bundesministerium für Umwelt, Naturschutz und Reaktorsicherheit und Bundesamt für Naturschutz) (2012): Naturbewusstsein 2011. Berlin und Bonn: BMUB. Erhältlich unter http://www.bfn.de/fileadmin/MDB/documents/themen/gesellschaft/Naturbewusstsein_2011/Naturbewusstsein-2011_barrierefrei.pdf (13.6.2014)

BMUB/BfN (Bundesministerium für Umwelt, Naturschutz und Reaktorsicherheit und Bundesamt für Naturschutz) (2014): Naturbewusstsein 2013. Berlin und Bonn: BMUB. Erhältlich unter http://www.bfn.de/fileadmin/MDB/documents/themen/gesellschaft/Naturbewusstsein/Naturbewusstsein_2013.pdf (13.6.2014)

BMU/UBA (Bundesministerium für Umwelt, Naturschutz und Reaktorsicherheit und Umweltbundesamt) (Hrsg.) (2012): Umweltbewusstsein in Deutschland 2012. Berlin und Bonn: BMUB.Erhältlich unter http://www.umweltbundesamt.de/sites/default/files/medien/publikation/long/4396.pdf (13.6.2014)

Burgess, J.; Harrison, C.; Filius, P. (1998). Environmental communication and the cultural politics of environmental citizenship. In: Environment and Planning A, 30, 1445–1460.

Diekmann, A.; Preisendörfer, P. (1992): Persönliches Umweltverhalten - Diskrepanzen zwischen Anspruch und Wirklichkeit. In: Kölner Zeitschrift für Soziologie und Sozialpsychologie, 44, 226 – 251.

Fuhrer, U. (1995). Sozialpsychologisch fundierter Theorierahmen für eine Umweltbewusstseinsforschung. In: Psychologische Rundschau 46, 93-103.

Giddens, A. (1984).The constitution of society. Outline of the theory of structuration. Cambridge: Polity Press.

Halkier, B.; Katz-Gerro, T.; Martens, L. (2011): Applying practice theory to the study of consumption: Theoretical and methodological considerations. In: Journal of Consumer Culture, 11,1, 3-13.

Hargreaves, T. (2011): Practicing behaviour change: Applying social practice theory to pro-environmental behaviour change. In: Journal of Consumer Culture, 11, 79-99.

Hirsch, G. (1993): Wieso ist ökologisches Handeln mehr als eine Anwendung ökologischen Wissens? Überlegungen zur Umsetzung ökologischen Wissens in ökologisches Handeln. In: GAIA, 2(3), 141-150.

Hörning, K.-H. (2001): Experten des Alltags – Die Wiederentdeckung des praktischen Wissens. Weilerswist: Velbrück Wissenschaft.

Jaeger-Erben, M. (2010): Zwischen Routine, Reflektion und Transformation – die Veränderung von alltäglichem Konsum durch Lebensereignisse und die Rolle von Nachhaltigkeit. Dissertationsschrift, TU Berlin. Erhältlich unter: http://opus4.kobv.de/opus4-tuberlin/files/2661/jaegererben_melanie.pdf (13.6.2014)

Klöckner, C.; Verplanken, B. (2012): Yesterday's habits preventing change for tomorrow? The influence of automaticity on environmental behaviour. In: Steg, L.; van den Berg, A.; de Groot, J.I.M. (Hrsg.): Environmental Psychology - An introduction. BPS Blackwell. 197-209.

Kruse, L. (2002): Umweltverhalten – Handeln wider besseres Wissen? In: Hempel, G.; Schulz-Baldes, M. (Hrsg.): Nachhaltigkeit und globaler Wandel. Frankfurt: Lang. 175-192.

Lange, H. (2000): Eine Zwischenbilanz der Umweltbewußtseinsforschung. In: Lange, H. (Hrsg.): Ökologisches Handeln als sozialer Konflikt: Umwelt im Alltag. Opladen: Leske & Budrich. 13-34.

Maloney, M.P.; Ward, M.P. (1973): Ecology: Let's Hear from the People. In: American Psychologist, 28(7), 583-586.

Homburg, A.; Matthies, E. (1998): Umweltpsychologie: Umweltkrise, Gesellschaft und Individuum. Weinheim: Juventa.

Neugebauer, B. (2004). Die Erfassung von Umweltbewusstsein und Umweltverhalten. ZUMA-Methodenbericht Nr. 2004/07 Mannheim: ZUMA. Erhältlich: http://www.gesis.org/fileadmin/upload/forschung/publikationen/gesis_reihen/gesis_methodenberichte/2004/04 07_Neugebauer.pdf (13.6.2014)

Neuweg, G. H. (2001). Könnerschaft und implizites Wissen. Zur lehr-lerntheoretischen Bedeutung der Erkenntnis- und Wissenstheorie Michael Polanyis. Münster: Waxmann.

Pawelka, A. (1987). Ökologie und Alltag. Zur sinnhaften Verankerung umweltbewussten Handelns. In: Zeitschrift für Soziologie 16(3), 204-222.

Rosenthal, G. (1995). Erlebte und erzählte Lebensgeschichte. Gestalt und Struktur biographischer Selbstbeschreibungen. Frankfurt a. M.: Campus.

Sahakian, M.; Wilhite, H. (2014): Making practice theory practicable: Towards more sustainable forms of consumption. In: Journal of Consumer Culture, 14(1), 25-44.

Schäfer, M.; Jaeger-Erben, M. (2012): Life events as windows of opportunity for changing towards sustainable consumption pattern? The change in everyday routines in life course transitions. In: Defila, R., Di Giulio, A., Kaufmann-Hayoz, R. (Hrsg): The nature of sustainable consumption and how to achieve it. München: oekom. 195-210.

Schahn, J.; Matthies, E. (2008): Moral, Umweltbewusstsein und umweltbewusstes Handeln. In: Lantermann, E.D.; Linneweber, V. (Hrsg.): Enzyklopädie der Umweltpsychologie, Band 1: Grundlagen, Paradigmen und Methoden der Umweltpsychologie. Göttingen: Hogrefe. 663-689.

Schatzki, T. (2002): The Site of the Social: A Philosophical Account of the Constitution of Social Life and Change. Cambridge: University Press.

Schatzki, T. (1996): Social Practices – A Wttgensteinian Approach to Human Activity and the Social. Cambridge: University Press.

Schultz, P. W.; Nolan, J. M.; Cialdini, R. B.; Goldstein, N. J.; Griskevicius, V. (2007): The constructive, destructive, and reconstructive power of social norms. In: Psychological Science 18, 429-434.

Shove, E.; Pantzar, M.; Watson, M. (2012): The dynamics of social practice. London: Sage.

Shove, E. (2012): The shadowy side of innovation: unmaking and sustainability. Technology Analysis and Strategic Management, 24(4), 345-362.

Spurling, N.; McMeekin, A.; Shove, E.; Southerton, D.; Welch, D. (2013): Interventions in Practice: Reframing policy approaches to consumer behaviour. SPRG Report. Erhältlich unter: http://www.sprg.ac.uk/uploads/sprg-report-sept-2013.pdf (13.6.2014)

Steg, L.; van den Berg, A.E.; de Groot, J.I.M (2012): Environmental Psychology - An Introduction. West Sussex: John Wiley and Sons.

Stern, P. C.; Black, J. S.; Elworth, J. T. (1983): Responses to changing energy conditions among Massachusetts households. In: Energy: The International Journal, 8, 515-523.

Strauss, A.; Corbin, J. (1996): Grounded Theory - Grundlagen qualitativer Sozialforschung. Weinheim: Beltz.

Strübing, J. (2004): Grounded Theory. Zur sozialtheoretischen und epistemologischen Fundierung des Verfahrens der empirisch begründeten Theoriebildung. Qualitative Sozialforschung Band 15. Wiesbaden: VS-Verlag.

Turner, S. (2001): Throwing out the tacit rule book – Learning and practices. In: Schatzki, T.; Knorr-Cetina, K.; Von Savigny, E. (Hrsg.): The Practice Turn in Contemporary Theory. London: Routledge. 129-139.

Voß, G.G. (2000): Alltag. Annäherungen an eine diffuse Kategorie. In Voß, G.; Holly, W.; Boehnke, K. (Hrsg.): Neue Medien im Alltag. Begriffsbestimmungen eines interdisziplinären Forschungsfeldes. Opladen: Leske + Budrich. 31-77.

Witzel, A. (2000): Das problemzentrierte Interview. Forum Qualitative Sozialforschung / Forum: Qualitative Social Research, 1(1), Art. 22. Erhältlich unter: http://www.qualitative-research.net/index.php/fqs/article/viewArticle/1132/2519 (13.6.2014)

Das Naturbewusstsein der Naturwissenschaften

Birgit Peuker

1 Einleitung

Der Naturbegriff der Naturwissenschaften wurde von den Sozialwissenschaften, nicht nur von den seit den 1980er Jahren sich entwickelnden umweltsoziologischen Ansätzen, sondern auch von wissenschaftskritischen Ansätzen, kritisiert. Natur sei nicht passiv und unwandelbar, sie sei vielmehr durch den Menschen geprägt und besitze dadurch eine Geschichte. Gesellschaft könne nicht losgelöst von Natur betrachtet werden. Die sozialwissenschaftliche Kritik betrifft aber auch die disziplinäre Trennung zwischen den Natur- und Sozialwissenschaften. Diese habe die begriffliche Dichotomie zwischen Natur und Gesellschaft institutionalisiert. In einigen umweltsoziologischen Ansätzen wird diese Dichotomie direkt für die Umweltprobleme in der Moderne verantwortlich gemacht (vgl. etwa Latour 1998; van den Daele 1987: 403). Da die Folgen menschlichen Handelns auf die Natur wegen der begrifflichen Dichotomie nicht beachtet würden, käme es zu Naturverschmutzung, -ausnutzung und -übernutzung.

Jedoch ist die Dichotomie zwischen Natur und Gesellschaft in der Bevölkerung – will man den Befunden der Naturbewusstseinsstudie in Deutschland von 2009 Glauben schenken –, nicht sehr weit verbreitet. So halten 94 Prozent der Befragten die Aussage für zutreffend, dass der Mensch Teil der Natur sei und 88 Prozent stimmen der Aussage zu, dass der Mensch sich nicht über die Natur stellen dürfe (vgl. BMU 2010: 33). Wenn der Großteil der Bevölkerung demnach nicht der Dichotomie zwischen Natur und Gesellschaft folgt, wieso bestehen dann – der Logik der sozialwissenschaftlichen Kritik folgend – die Umweltprobleme fort? Nur weil einige Naturwissenschaftler einen anderen Naturbegriff haben?

In diesem Beitrag wird die Vermutung aufgestellt, dass die sozialwissenschaftliche Kritik sich weniger auf den Naturbegriff der Naturwissenschaften und der ihm zugeschriebenen Dichotomie bezieht. Vielmehr wird über die Kritik am vermeintlichen Naturbegriff der Naturwissenschaften die Konzeption des eigenen Grundbegriffs, des Begriffs der „Gesellschaft", infrage gestellt. Im Folgenden soll gezeigt werden, dass der Naturbegriff in den Naturwissenschaften von den Sozialwissenschaften zu pauschal dargestellt wird. Hierzu wird im Folgenden zweiten Abschnitt der Naturbegriff der Naturwissenschaften im Kontext der Entstehung der neuzeitlichen Wissenschaften betrachtet. Dabei wird ebenso deutlich gemacht, auf welche Aspekte naturwissenschaftlicher Naturbegriffe die sozialwissenschaftliche Kritik zielt und inwiefern in der natur- und sozialwissenschaftlichen Methodendiskussion eine Grenze zwischen wissenschaftlichem und nicht wissenschaftlichem Naturverständnis gezogen wird. Die spezifischen sozialwissenschaftlichen Kritikpunkte werden im dritten Abschnitt zusammenfassend dargestellt, um im vierten Abschnitt ein kurzes Fazit zu ziehen.

2 Natur und Naturwissenschaften

Der historische Beginn der modernen Wissenschaften kann auf die erste Hälfte des 17. Jahrhunderts datiert werden (vgl. Zilsel 1985: 14). In seinem Buch „Die sozialen Ursprünge der neuzeitlichen Wissenschaften" beschreibt Zilsel (1985), wie in Westeuropa bereits im 16. Jahrhundert der Keim für die neuzeitlichen Naturwissenschaften, insbesondere durch den Aufstieg der Städte und des Handwerks, gelegt wurde. Drei intellektuelle Gruppen haben nach Zilsel zu dem neuen Wissenschaftsbewusstsein beigetragen: Die Gruppe der Ingenieure, Künstler und Ärzte, die Humanisten und die scholastischen Gelehrten. Diese Gruppen verschmolzen in den Städten miteinander und trugen zur Herausbildung des modernen Wissenschafts- und Naturbegriffs bei (vgl. Zilsel 1985: 23 ff.).

Die Zeit der Renaissance war durch eine Krise in Politik, Gesellschaft und Kultur in Europa geprägt. Kennzeichnend hierfür waren der Zusammenbruch der Feudalordnung und die beginnende Aufklärung, welche die herkömmliche Weltanschauung infrage stellten. Ausdruck des gesellschaftlichen Wandels war ebenso die Entdeckung der Neuen Welt, die Erfindung des Buchdrucks und die Glaubensspaltung (vgl. ebenso Shapin 1998: 144 f.). Von Bedeutung für die Entstehung der neuzeitlichen Wissenschaften waren insbesondere technologische Erfindungen, welche die bislang vorherrschende ablehnende Haltung gegenüber dem Handwerk minderten, magisches Denken schwächten und rationales Denken stärkten. Insbesondere durch die Entwicklung von mechanischen Apparaturen wurde eine Weltanschauung geprägt, welche die Vorstellung von

Natur und ihr Verhältnis zu Mensch, Gesellschaft und Technik stark beeinflusste – gemeint ist die mechanistische Weltanschauung.

Es entstand eine Naturphilosophie, die sich explizit gegen die vorherrschende Lehrmeinung der Scholastik wandte und nicht nur einen neuen Naturbegriff, sondern auch eine neue Methode der Wissensgewinnung, die Beobachtung, einführte. Die Scholastik hatte die Philosophie des Altertums mit der Theologie verbunden. Die Verquickung heidnischer Philosophen, wie Aristoteles und Ptolemäus, mit der Theologie machte jeden Angriff auf diese zu einem Angriff auf die Kirche (vgl. Shapin 1998: 158). Die neuzeitlichen Wissenschaften entstanden darum weniger an den Universitäten als vielmehr durch den fruchtbaren Austausch von Gelehrten mit Handwerkern (vgl. Zilsel 1985: 58; Rammert 1981: 109 f.; Thiessen 1990: 190; Shapin 1998: 147 f.).

In einem längeren Prozess der Auseinandersetzung unterschiedlicher Auffassungen hinsichtlich der neuen Wissenschaft kristallisierten sich die drei nach Zilsel wesentlichen Bestandteile der neuzeitlichen Wissenschaften heraus: Das Naturgesetz, das Experiment und der Fortschrittsgedanke (vgl. Zilsel 1985: 13). Diese drei Aspekte werden in den nächsten Abschnitten eingehender betrachtet. Zunächst soll aber das mechanistische Weltbild, das für den gewandelten Naturbegriff entscheidend war, skizziert werden.

2.1 Das mechanistische Weltbild

Im mechanistischen Weltbild wurde Natur als technische Apparatur aufgefasst. Als Sinnbild diente die Uhr, die als mechanischer Apparat seit dem 14. Jahrhundert immer weiter verbessert worden war und um 1500 schon minutengenaue Zeitangaben gewährleisten konnte (vgl. Heidelberger 1990: 117 ff.; Rammert 1981: 62 ff.). Die Uhr diente als Metapher für die scheinbare Zielgerichtetheit der Natur und als Beispiel für die Gleichförmigkeit und Regelmäßigkeit der Bewegung (vgl. Shapin 1998: 48). Sie verdeutlichte, dass Naturvorgänge wie die Einzelteile einer Maschine kausal verstanden werden können (ebd.: 48 f.). Die einzelnen Elemente dieses „Getriebes“ wurden als träge und passiv aufgefasst; keine unvorhergesehenen Ereignisse griffen in den Ablauf der Bewegungen ein. Die Determination wurde allein auf Druck und Stoß zurückgeführt. Diese Vorstellung von Natur als Mechanismus trug zu der Ansicht bei, dass Naturvorgänge in Einzelteile zerlegt und untersucht werden könnten, ohne die Funktion des gesamten „Weltgetriebes“ verstehen zu müssen. Dieser Naturbegriff war gegenüber der Scholastik und dem Altertum neu. Nach der herkömmlichen Auffassung trugen die Elemente der Natur ihre eigenen Entwicklungsgesetzlichkeiten in sich und besaßen selbst eine spezifische Aktivität.

Die mechanistischen Naturphilosophen wendeten sich nicht nur gegen die Tradition der Scholastik, sondern ebenso gegen die konkurrierende geistige Strömung des Naturalismus. Der Naturalismus setzte Gott mit der Natur gleich und glaubte an eine Weltseele (anima mundi) (vgl. Shapin 1998: 55 f.). Er war teilweise auch mit magischen Praktiken verbunden. Alles Okkulte aber war den mechanistischen Naturphilosophen suspekt: Die Wirkungen ließen sich zwar beobachten, nicht aber die Kräfte, die diese Wirkungen verursachten. Stephen Shapin (1998) beschreibt in seinem Buch „Die naturwissenschaftliche Revolution“, in dem er den Bruch untersucht, der sich im Denken der damaligen Zeit vollzog, die Methode der neuen Naturphilosophie folgendermaßen: „Was nicht Materie war und sich nicht in Wirkungen äußerte, galt als mysteriös und okkult, als nicht intelligibel und gehörte nicht zur Praxis der mechanistischen Naturphilosophie“ (Shapin 1998: 69).

Beispielhaft für das mechanistische Weltbild soll hier die Philosophie von René Descartes (1596-1650) kurz vorgestellt werden – auch weil er als Schlüsselfigur der Kritik an der abendländischen Rationalität gilt (vgl. Toulmin 1994: 29 f.). Die Grundthese von Descartes lautet, dass die Welt als eine große Maschine, bestehend aus physikalischen Körpern mit ausgedehnter Größe, aufgefasst werden kann. In seinem Buch „Von der Methode“, welches 1637 erschien, begründete Descartes die Vorgehensweise zur rationalen Untersuchung, die bald die europäische Philosophie (zum Beispiel Boyle, Huygens, Leibniz) bestimmen sollte. Seine Methode baute darauf auf, komplexe Probleme in kleinere zu zerlegen und aus deren Untersuchung Erkenntnisse zu gewinnen. Die wieder zusammengesetzten Erfahrungen wurden dabei auf die zwei erklärenden Prinzipien von Materie und Bewegung reduziert (vgl. Cohen 1994: 229 ff.).

Jedoch wendet Descartes die mechanistische Metapher nicht bis zur letzten Konsequenz auf alle Phänomene an. Insbesondere setzt er den Menschen nicht vollständig mit einer Maschine gleich. Neben dem Leib als ausgedehnter Materie eines physikalischen Körpers postulierte er die Existenz einer nicht ausgedehnten Materie des menschlichen Geistes beziehungsweise der Seele. Diese Trennung zwischen Leib und Seele wurde später von den Sozialwissenschaften als Subjekt-Objekt-Dichotomie stark kritisiert, da diese keine Vermittlung zwischen menschlichem Geist und Materie und damit auch nicht zwischen Natur und Gesellschaft zulasse.[1] Ebenso wurde damals wie heute der Anspruch, den Descartes mit seiner Methode verband, kritisiert: Er versprach, aufbauend auf der empirischen Beobachtung, mithilfe der Mathematik zur absoluten Gewissheit gelangen zu können (vgl. Toulmin 1994: 124 f.).[2] Dieser Anspruch schließt – so die Kritik – alternative Wissensformen aus.

Beispielhaft an Descartes wird erkennbar, dass die Idee Gottes eine wichtige Rolle für die Naturphilosophen gespielt hat. Aus dem Gedanken, dass man grundsätzlich alles anzweifeln könne, außer das Denken selbst (sein berühmter Ausspruch „Ich denke, also bin ich" – lateinisch cogito ergo sum), folgte für ihn, dass die Welt der ausgedehnten Körper dennoch existieren müsse, da Gott den Menschen nicht belüge und ihn mit Sinnen ausgestattet habe, die Welt so zu erkennen, wie sie sei (vgl. hierzu Heidelberger 1990: 167 ff.). Mit diesem Gedanken legitimierte er ebenso die besondere Methode der Naturphilosophen: Die Beobachtung. Seine Vorstellung, dass Gott in die Natur Gesetze gelegt und gleichzeitig dem menschlichen Geist eingeprägt habe, wurde zum Vorläufer des modernen Naturgesetz-Begriffs (vgl. Zilsel 1985: 85 ff.). Mit dem Bezug auf die „Natur" wollten die Naturphilosophen den ursprünglich christlichen Glauben wiederherstellen. In Zeiten gesellschaftlicher und religiöser Verwirrungen und weltanschaulicher Verunsicherung sollte eine feste Basis der Erkenntnis errichtet werden, die jenseits menschlicher Ränkespiele eine Zuflucht bot (vgl. Toulmin 1994: 44 f.).

Die in der Renaissance ebenso gegen die Scholastik gerichtete geistige Strömung des Humanismus wollte durch eine Bereinigung der ursprünglichen Quellen von späteren Zusätzen zur Reinheit der Erkenntnis und des Glaubens zurückkehren. Die humanistischen Gelehrten wollten durch den Rückbezug auf antike Philosophen, also vorwiegend über ein Literaturstudium, zu ihrem Ziel gelangen. Einen etwas anderen Weg gingen die Naturphilosophen. Sie wollten nicht aus den Büchern, sondern aus dem ‚Buch der Natur' lernen (vgl. Shapin 1998: 83 f.). Dabei war die Lehre von den zwei Büchern bedeutsam. Diese besagte, dass Gott sich nicht nur in der Heiligen Schrift offenbart habe, sondern ebenso im zweiten Buch der Natur. Die Reformation hatte gelehrt, dass jeder

1 Nach Zilsel (1985) war jedoch Descartes nicht allein für diese Dichotomie verantwortlich zu machen. Vielmehr sollte die strikte Anwendung des mechanistischen Empirismus im Allgemeinen zu philosophischen Scheinproblemen, wie dem der Subjekt-Objekt-Metaphysik, beitragen (vgl. Zilsel 1985: 198 f.).

2 Toulmin (1994) führt dies auf die gesellschaftliche Situation zurück: Descartes lebte zur Zeit der Glaubenskriege. Für ihn stellte seine Methode eine Möglichkeit dar, solche Streitigkeiten in Zukunft zu vermeiden (vgl. Toulmin 1994: 99 ff.).

seinen eigenen Zugang zur Bibel finden und nicht auf die Auslegung durch die Priester warten sollte; ähnlich war es bei der Empfehlung, im ‚Buch der Natur' selbst zu lesen (vgl. Shapin 1998: 94).

Die mechanistische Naturauffassung war – obwohl sie die Natur entzauberte – anschlussfähig an den religiösen Glauben. Die Vorstellung einer unbelebten Materie erhöhte die Allmacht Gottes.[3] Die zielgerichteten Bewegungen der Natur konnten nach der mechanistischen Metapher als göttlicher Plan interpretiert werden. Gott griff nicht mehr beständig ein wie in der Vorstellung des Deismus, sondern galt als letzter Beweger (vgl. Shapin 1998: 163 f.).

Zusammengefasst lässt sich festhalten, dass Natur als passiv und träge angesehen wird. Damit wird ihr sowohl jede Spontanität abgesprochen als auch die Vorstellung von einem Gott abgelehnt, der in der Lage ist, jederzeit in den Ablauf der Naturprozesse einzugreifen. Es stellt sich nun die Frage, ob die Sozialwissenschaften, wenn sie diesen spezifischen neuzeitlichen Naturbegriff ablehnen, eine Rückkehr zu Animismus und Deismus wünschen, ob sie also Materie als beseelt darstellen und/oder Gott als erklärende Variable für weltliche Phänomene wieder einführen wollen. Weiter unten im dritten Abschnitt werden wir sehen, dass dies größtenteils nicht der Fall ist. Im Folgenden sollen nun die nach Zilsel (1985) wesentlichen Elemente der neuzeitlichen Wissenschaften untersucht und Bezüge zur sozialwissenschaftlichen Kritik aufgezeigt werden.

2.2 Das Experiment

Nach Zilsel (1985) – aber auch anderen Autoren – war ein wesentliches Merkmal der neuzeitlichen Wissenschaften das Experiment (vgl. auch Varchmin 1990: 14). Das Experiment als Methode war Teil einer neuen Auffassung der Wissensgewinnung, die im Wesentlichen auf der empirischen Beobachtung beruhte, während in der Scholastik Wissen auf Grundlage von logischen Ableitungen unter Rückgriff auf die Aussagen anerkannter Philosophen gewonnen wurde (vgl. Zilsel 1985: 49; von den Daele 1987: 405; Cohen 1994: 130 ff.). Das bedeutete nicht, dass Erfahrungen in der Scholastik keine Rolle spielten, diese wurden aber eher beispielhaft angeführt und waren der Argumentations-

3 So hatte der Geistliche und Mathematiker Marin Mersenne ein Interesse daran, Materie als träge und passiv zu konzeptualisieren, da nur so die Unterscheidung zwischen Natürlichem und Übernatürlichem aufrechterhalten werden könne. Dieser Gedanke wurde von Descartes aufgegriffen und gewann in der mechanistischen Naturphilosophie eine zentrale Bedeutung (vgl. Shapin 1998: 56 f.).

struktur untergeordnet. Durch die kontrollierte Erfahrung sollte es möglich werden, Berichte von Erfahrungen in den allgemeinen Wissenskodex aufzunehmen (Shapin 1998: 98, 105 f.). Verantwortlich für diesen Wandel war nach Heidelberger (1990) das neue sinnliche Selbstbewusstsein in der Renaissance, das vor allem durch das handwerkliche Wissen beeinflusst war (vgl. Heidelberger 1990: 52 ff.; ebenso Rammert 1981: 89 ff.).

Nur durch einen tief greifenden Bewusstseinswandel, der die Vorstellungen über das Verhältnis von Natur und Technik veränderte, konnte sich das Experiment als Methode der Wissensgenerierung etablieren. Im Mittelalter war die Vorstellung verbreitet, dass Technik ein Handeln wider die Natur sei. In der Renaissance wurde Technik in zunehmendem Maße nicht mehr im Gegensatz zur Natur begriffen, sondern als Ausdruck der Natur (vgl. Blumenberg 1996; Varchmin 1990: 12; Shapin 1998: 114 f.).

Die Wandlung des Natur- und Technikbegriffs war eng verbunden mit einer gewandelten Auffassung über die Stellung des Menschen zur Natur. Im Mittelalter herrschte die Auffassung vor, dass der Mensch den Mächten der Natur ausgeliefert sei und sich nur mittels verbotener Praktiken zur Wehr setzen könne. In der Renaissance verlieren die „Erkenntnis und Beherrschung der überirdischen Mächte und Kräfte [...] ihren frevelhaften Charakter" (Heidelberger 1990: 98). Hierzu bedurfte es ebenso der Vorstellung von der menschlichen Schöpferkraft. Nach Blumenberg (1996) gab es diese Vorstellung bei Aristoteles nicht; nach dessen Philosophie konnte der Mensch durch die Technik die Natur entweder nur vollenden oder imitieren (vgl. Blumenberg 1996: 55). Erst mit dem Bezug auf den griechischen Philosophen Platon wird Schöpfung nicht nur als Fähigkeit Gottes dargestellt, sondern auch, da der Mensch gottgleich sei, als menschlicher Zug. Die Diskussion um die Schöpfung Gottes, wie sie seit dem Mittelalter geführt wurde, hatte nach Blumenberg Einfluss auf den Naturbegriff. Schuf Gott nur die wirkliche Welt oder schuf er mit der wirklichen Welt auch die Möglichkeiten, die in ihr lagen? In der Zusammenführung beider Gedankenlinien wurde Natur nicht mehr als Vorbild für Nachahmungen verstanden, sondern als Ressource für die schöpferischen Konstruktionen des Menschen (vgl. Blumenberg 1996: 77 ff.).

Damit war das Experiment als Erkenntnismethode mit einem Wandel der Auffassung von Technik und Mensch im Verhältnis zur Natur verbunden: Der Mensch schafft nach dieser Vorstellung mittels der Technik Natur. Das Experiment kann sowohl als eine gezielte Manipulation der Natur aufgefasst werden – als Kontrolle von Natur – als auch als Kontrolle des menschlichen Forschersubjekts. Die Wissenschaftsphilosophin Isabelle Stengers beschreibt in ihrem Buch „Die Erfindung der modernen Wissenschaften", wie mit dem Experiment eine spezifische Subjekt-Objekt-Konzeption verbunden ist. Das Subjekt wird als frei von Meinungen konzipiert, das Objekt hingegen in einer Umgebung, in der alle relevanten Variablen kontrolliert werden, auf die „Probe" gestellt. Durch die Veränderung der kontrollierten Variablen kann eine Bandbreite von Möglichkeiten ausprobiert und beobachtet werden, wie sich das Objekt verhält. Damit wurde mit dem Experiment eine Vorgehensweise für die systematische Abwandlung von stofflich-materiellen Arrangements erfunden (vgl. Stengers 1997: 201 ff.). Diese Vorgehensweise in der experimentellen Situation hat nicht nur die Kontrolle der materiellen Objekte zur Bedingung, sondern ebenso auch die Disziplinierung des beobachtenden Subjekts. Dessen Selbstdisziplinierung ist nur dadurch möglich, dass sich jeglicher subjektiver Meinung, also weltanschaulicher Wertungen, enthalten wird. Diese Subjektposition wird in den im 17. Jahrhundert gegründeten wissenschaftlichen Akademien, die einen politik- und religionsfreien Raum verkörpern sollten, institutionell abgesichert (vgl. van den Daele 1977: 139; Shapin 1998: 155 f.).

Da sich menschliche Aktivität im Experiment auf die Schöpfung der Experimentieranordnung beschränkt, ist mit dem Experiment auch eine andere Handlungsform verbunden. Im Experiment soll nur die reine Natur selbst zum experimentellen Phänomen beitragen. Natur ist in diesem Sinne nicht passiv und träge, sondern offenbart in der Versuchsanordnung das Gesetz, nach dem sie sich bewegt.

Damit ist das Forschersubjekt von dem Alltagssubjekt zu unterscheiden und damit auch die wissenschaftliche Erfahrung von der Alltagserfahrung. Während Alltagserfahrung als kontextgebunden gilt, werden wissenschaftlicher Erfahrung Objektivität und Unabhängigkeit gegenüber den zeitlichen und räumlichen Umständen zugeschrieben. Die Erkenntnissituation der neuen Wissenschaften bezieht sich auf eine besondere, nicht alltägliche Erkenntnis (vgl. Heidelberger 1990: 29 ff.).[4]

4 Nach Shapin (1998) ist die Trennung zwischen Alltagserfahrung und wissenschaftlicher Erfahrung schon in der mechanistischen Unterscheidung von primären und sekundären Qualitäten angelegt (vgl. Shapin 1998: 60 ff.). Primäre Qualitäten – wie Gestalt, Größe und Bewegung – sind den Dingen eigen. Die sekundären Qualitäten – wie Geruch, Farbe und Geräusche – existieren nur als sinnliche Erfahrungen. Zilsel (1985) verweist ebenso auf diese Unterscheidung, bringt aber die Bevorzugung der primären Qualitäten in der mechanistischen Weltanschauung mit der technologischen Entwicklung in Verbindung: Die damaligen Maschinen funktionierten nun einmal durch Druck und Stoß. Damit ist für Zilsel auch klar, dass mit den neuen technologischen Entwicklungen im 19. Jahrhundert das mechanistische Weltbild erschüttert wurde (vgl. Zilsel 1985: 167 ff., 196 ff.).

Die Kritik der Sozialwissenschaften hat jedoch gute Gründe, sich auf den naturwissenschaftlichen Naturbegriff zu stützen, da sie im naturwissenschaftlichen Experiment die Produktionsstätte der modernen Technik vermutet. Der mechanistische Naturbegriff brauchte jedoch von Beginn an ein Supplement, etwas, das die Bewegung in ihrem Ursprung erklärte.

2.3 Der Fortschrittsgedanke

Der Fortschrittsgedanke war nach Zilsel (1985) ein weiteres wesentliches Merkmal der neuzeitlichen Wissenschaften. Von den Naturphilosophen wurden das Neue und der Bruch mit der Tradition betont (vgl. Cohen 1994: 139; Shapin 1998: 13). Voll entfaltet ist der Fortschrittsgedanke in den Werken von Francis Bacon. Das Titelbild seines Buches „Novum Organon" (Neues Organon) von 1620 zeigt ein Schiff, dass durch die Säulen des Herakles fährt und damit herkömmlich gesetzte Grenzen überwindet und die Fahrt in das Ungewisse aufnimmt. In seiner Wissenschaftsutopie „Nova Atlantis" (Neues Atlantis) von 1627 entwickelt er die Idee der wissenschaftlichen Kooperation und fordert, dass nicht durch den Gebrauch des individuellen Verstandes, sondern durch organisierte kollektive Arbeit die Wissenschaft vorangetrieben werden könne. Das durch Bacon geprägte klassische Wissenschaftsideal beruhte auf drei Annahmen. Erstens, dass ein Wachstum der Erkenntnisse erreicht werden könne, wenn die Arbeiten der Forscher auf denen ihrer Vorgänger aufbauten, zweitens, dass dieser Prozess nie ein Ende finden würde, und drittens, dass nicht der persönliche Ruhm das Ziel des Wissenschaftlers sein sollte, sondern sein Wunsch, zu diesem Prozess beizutragen (vgl. Zilsel 1985: 128; alternativ Zilsel nach Rammert 1981: 100 ff.).

Damit waren für den Fortschritt in den Wissenschaften die Öffentlichkeit des Wissens und seine intersubjektive Überprüfbarkeit entscheidend. Der private Charakter einer Überzeugung musste in den Charakter öffentlichen Wissens überführt werden. Dies geschah durch die Wiederholbarkeit (beziehungsweise postulierte Wiederholbarkeit) des Experiments. Ebenso bedeutsam war die detaillierte Protokollführung, also die genaue Beschreibung des Experiments und der Fehlversuche. Mit der Erfahrung sollten auch alle Umstände angegeben werden, unter denen sie getätigt wurden, wie Ort, Beobachter, Zeit und Wetter (vgl. Shapin 1998: 126 f., 107 f.). Die richtige Methode, so die Auffassung Bacons, ermögliche die richtige Erkenntnis. Die wissenschaftliche Methode, für die das Experiment als Modell dient, sichert demnach die Objektivität des wissenschaftlichen Wissens und stellt damit einen Unterschied zur Alltagserfahrung dar.

Das Experiment war jedoch nicht nur Modell für eine besondere Erkenntnismethode, sondern stand ebenso als Symbol für die Nützlichkeit der Wissenschaften. So war mit dem Gedanken des Fortschritts in den Wissenschaften der Gedanke von deren Nützlichkeit fest verbunden. Nach Bacon war die praktische Anwendung ein Zeichen beziehungsweise ein Garant der Wahrheit der neuen Prinzipien: „Er [Bacon, d.V.] meinte damit, daß [sic!] die neue Wissenschaft, eben weil sie empirisch fundiert war, mitsamt ihren Prinzipien in realen Apparaturen und Geräten vergegenständlicht werden könnte. Funktionierende Maschinen, die auf neuen Prinzipien beruhten und diese verkörpern, liefern greifbares Tatsachenmaterial für die Wahrheit dieser Prinzipien" (Cohen 1994: 138).[5] Dieser Anspruch auf gesellschaftliche Nützlichkeit konnte jedoch zur damaligen Zeit – weil Produktion und Militär eher herkömmliche technische und organisatorische Mittel bevorzugten – kaum eingelöst werden (Zilsel 1985: 25).

Der Kooperationsgedanke war bei der Gründung der wissenschaftlichen Akademien – der ersten Institutionalisierung der neuen Wissenschaft – leitend. Bacons Ideen zur Organisation der Wissenschaften hatten hier großen Einfluss (Zilsel 1985: 62). Insbesondere die 1660 in England gegründete Royal Society orientierte sich an seinen Vorstellungen (Shapin 1998: 152 f.). Erst mit der Gründung der Akademien gewann die neue wissenschaftliche Idee gesellschaftliche Anerkennung und konnte sich unabhängig von Staat und Kirche institutionalisieren. Dies gelang ihr jedoch nur zu dem Preis, dass sie ihr Erkenntnisunternehmen begrenzte, nämlich durch eine Trennung der Wissenschaft von Politik und Religion (Zilsel 1985: 19 ff.). In den Statuten der neugegründeten Akademien wurde festgelegt, dass – wie auch im Ehrenkodex der Adeligen – vermieden werden sollte, über Themen, die zu Streit führen könnten, wie über Politik oder Religion, zu sprechen. Diese Themen galten als subjektiv und der

5 Descartes teilte mit Bacon wesentliche Grundgedanken hinsichtlich der Nützlichkeit der modernen Wissenschaften (vgl. Cohen 1994: 138). Die Verbindung zwischen der Erkenntnis und der Nützlichkeit dieser Erkenntnis wird allgemein als Grundgedanke der neuzeitlichen Wissenschaften gesehen (vgl. van den Daele 1977: 148 ff.). Nach Krohn (1995) gilt Bacon für manche Sozialwissenschaftler als Referenzfigur für die geistigen Grundlagen der Ausbeutung unseres Planeten. Insbesondere seine Auffassung, dass alles Nichtmenschliche den menschlichen Interessen unterworfen sein sollte, war Gegenstand der Kritik (vgl. Krohn 1995: 33 ff.).

rationalen Erwägung nicht zugänglich (Shapin 1998: 157; van den Daele 1977: 139 ff.).[6]

Die Trennung von „Sein“ und „Sollen“ ist nach Meinung vieler Sozialhistoriker und Soziologen das Hauptcharakteristikum der modernen Wissenschaften (Shapin 1998: 187; Latour 2000; Stengers 1998: 110 ff.; van den Daele 1977; Zilsel 1985: 20 f.). Insbesondere die Trennung von Fakten und Werten unterliegt der sozialwissenschaftlichen Kritik, da es dadurch möglich wurde, wissenschaftliche Fakten zur Legitimierung politischer Entscheidungen heranzuziehen und so der demokratischen Einflussnahme zu entziehen. Der Nachweis, dass die Naturwissenschaften nicht ganz so objektiv seien, wie es den Anschein habe, ist eine der Hauptaufgaben, insbesondere der wissenssoziologischen Wissenschaftsforschung seit den 1970er Jahren. Deren Ziel war es, die Legitimierung von politischen Entscheidungen durch die „freien“ Wissenschaften und Techniken infrage zu stellen und die Demokratie zu stärken. Hieran ist erkennbar, dass nicht der Naturbegriff als solcher von den Sozialwissenschaften kritisiert wird, sondern das spezifisch „wertfreie“ Erkenntnismodell der Naturwissenschaften.[7]

Für die Sozialwissenschaftler, die sich dem Fortschrittsbegriff kritisch nähern, ist vor allem der Gedanke einer einheitlichen Entwicklungslinie kritikwürdig. Kritisiert wird nicht der Gedanke, dass aus der Naturerkenntnis Verbesserungen für die menschliche Gesellschaft erlangt werden können, vielmehr wird die Vorstellung kritisiert, dass es nur einen möglichen Pfad gesellschaftlicher

6 Ebenso wurde 1666 in Frankreich die Academie de Science gegründet. Die ersten wissenschaftlichen Akademien bestanden in Italien, wie zum Beispiel die „Accademia dei Lincei“ (1600-1630), in der Galileo Galilei Mitglied gewesen war. Diese stellte ihre Tätigkeit nach dessen Anklage ein (Rammert 1981: 144 ff.). In Deutschland wurden unter Leibniz um 1700 wissenschaftliche Akademien gegründet, jedoch mit einer ganz anderen Ausrichtung. Sie wurden nicht als wertfreie Institutionen gegründet, sondern sollten den wirtschaftlichen und kulturpolitischen Interessen des Staates dienen (vgl. Koppetsch 2000: 39).

7 Van den Daele 1977 bezweifelt jedoch, dass die Trennung von Sein und Sollen in den wissenschaftlichen Akademien in der Naturphilosophie Bacons und seiner Schüler angelegt war. Erst mit der Restauration im 17. Jahrhundert nach einer Zeit der relativen Offenheit in der Renaissance wurde die Objektivität wissenschaftlicher Erkenntnisse herausgestellt, um politischer Verfolgung zu entgehen (vgl. van den Daele 1977: 142 ff.). Diese These stützt Toulmin (1994). Er vermutet, dass bei der Gründung der Royal Society das Programm Bacons – ein offener Renaissance-Humanist – nur als Propaganda benutzt wurde, letztlich aber ein Wissenschaftsprogramm etabliert wurde, welche die offene Toleranz der Renaissance einschränkte und den Dogmatismus der einen wahren Erkenntnis etablierte. Auch Toulmin führt diesen Wechsel von Offenheit zu Dogmatismus auf die gesellschaftliche Restauration im Nachgang der Religionskriege zurück.

Entwicklung geben soll. Insbesondere Ansätze, die sich mit Risiko- und Technikkonflikten beschäftigen, stellen die Forderung auf, dass über eine Partizipation der Bevölkerung beziehungsweise einen demokratischen Abstimmungsprozess der Technikentwicklungsprozess gesteuert werden sollte (vgl. als Beispiel Grove-White/Macnaghten/Wynne 2000; Latour 2001). Die sozialwissenschaftliche Kritik verweist darauf, dass nicht alles, was bislang als Fortschritt ausgegeben wurde, tatsächlich als solcher zu begreifen ist. So fordert zum Beispiel Stephen Toulmin in seinem Buch „Kosmopolis. Die unerkannten Aufgaben der Moderne“ von 1994 eine Re-Renaissance: Eine Rückkehr zur Offenheit und Vielfalt, für welche die Renaissance paradigmatisch steht.

2.4 Das Naturgesetz

Mit dem Begriff des Naturgesetzes wurden zwei unterschiedliche Strömungen in der neuzeitlichen Naturphilosophie miteinander verbunden. Nach Toulmin (1994) besitzt die Moderne zwei Wurzeln: Die Humanisten auf der einen Seite und die Rationalisten auf der anderen (Toulmin 1994: 79 f., 137 ff.). Während die vom Humanismus beeinflussten Naturphilosophen die Grenzen der menschlichen Erkenntnis betonten und keine Erklärungen zuließen, die nicht beobachtbar waren, gingen die Rationalisten davon aus, dass sich Naturvorgänge durch mathematische Konstrukte darstellen ließen, da das zweite Buch der Natur in der Sprache der Mathematik verfasst worden sei (Shapin 1998; Toulmin 1994). Die humanistisch gesinnten Naturphilosophen stellten jedoch infrage, ob mathematische Idealisierungen auf komplexe Naturvorgänge als Erklärung angewendet werden könnten. Die Mathematik versprach eine theoretische Gewissheit, welche für die eher induktiv arbeitenden Naturphilosophen in der Tradition Bacons an Dogmatismus grenzte (Shapin 1998: 132 ff.). Sie ließen eher Vorsicht walten gegenüber voreiligen Schlüssen. Aus diesem Grund wurde auch die von Newton postulierte universelle Gravitationskraft abgelehnt (Cohen 1994: 232 f.). Der Begriff des Naturgesetzes sollte jedoch beide Strömungen miteinander verbinden, indem er eine Brücke zwischen empirischer Beobachtung und idealisierender Verallgemeinerung baute.

Wesentliche Bedeutung für die Ausbildung des Naturgesetz-Begriffs Ende des 17. Jahrhunderts hatte – neben Descartes – Isaak Newton (1643-1727). Er schloss mit seinem Werk „Philosophiae Naturalis Principia Mathematica“ (Mathematische Prinzipien der Naturphilosophie) von 1687 die Mathematisierung des Naturgesetzes, die schon unter anderem mit Galilei begonnen wurde, ab (Zilsel 1985: 91 f.; Cohen 1994: 242; Shapin 1998: 75 ff.). Die zuvor nur sprachlich umschriebenen Regelmäßigkeiten, die in der Natur beobachtet wurden, ließen sich nun mathematisch-formalisiert darstellen.[8]

Der Begriff des Naturgesetzes fand eine Allegorie in der Gesetzgebung des Staates, wobei beim Naturgesetz Gott als Gesetzgeber fungierte. Ähnlich wie in einem allmächtigen Staat die Bürger dazu gebracht werden, dessen Regeln einzuhalten, muss sich die Natur nach den von Gott gegebenen Geboten richten (Zilsel 1985: 66 ff., 82 f.).[9] Mit dem Begriff des Naturgesetzes wird Natur nicht mehr nur als passive Materie aufgefasst, Natur umfasst nun auch das „unsichtbare" Gesetz ihrer Bewegung. Die Kritik der Sozialwissenschaften pauschalisiert die Differenzen innerhalb der naturwissenschaftlichen Naturbegriffe, wenn sie sich nur auf die mechanistische Vorstellung von Natur bezieht. Damit werden ebenso die vielfältigen Vermittlungspraktiken zwischen Empirie und Theorie innerhalb der (Natur-)Wissenschaften ausgeblendet.

Anhand der Methode von Newton kann die Verbindung der beiden wissenschaftlichen Strömungen als Verbindung von Empirie und Theorie dargestellt werden. Die Methode von Newton bestand darin, die durch die mathematische Beweisführung erhaltenen ideellen Konstrukte mit der realen Welt zu vergleichen und bei Diskrepanzen Modifizierungen des Systems vorzunehmen. Dadurch gelangte Newton auch zu der Konzeptualisierung der nicht beobachtbaren Gravitationskraft, obwohl sie der herrschenden mechanistischen Philosophie, die nur Beobachtbares gelten ließ, widersprach (Cohen 1994: 248).

Eine ähnliche Verbindung von theoretischen Annahmen und empirischen Beobachtungen zeigte sich schon bei Galilei (Heidelberger 1990: 144 ff.), der ebenso Mathematik und Experiment in seinen Versuchen zu den Fallgesetzen miteinander verband. Wichtig war der erklärende Beweis: Die Wirkungen (Fallphänomene) werden durch Ursachen erklärt und diese wiederum durch die Wirkungen bewiesen (Damerow/Lèvevre 1981: 190 ff.). Galileis Experiment stellt eine Art „gegenständliches Erklärungsmodell" (Damerow/Lèvevre 1981: 193) dar.

Nach Toulmin (1994) verlief die Auseinandersetzung zwischen Rationalisten und Empiristen seit dem 17. Jahrhundert im Zickzack-Kurs: Mal gewannen die Rationalisten die Oberhand, die nach der Entdeckung zeitloser Gesetze strebten, mal die Empiristen, die eher vorsichtig mit ihren Verallgemeinerungen

---

8 Grundlage für den Naturgesetzbegriff bildeten das antike Regelwissen und die – bereits quantifizierten – Verfahrensregeln der neuzeitlichen Handwerker.

9 Diese Auffassung steht im Gegensatz zum juristischen Gesetzesbegriff, bei dem nur an die Moral appelliert wird (Rammert 1981: 94 ff.).

waren (vgl. Toulmin 1994: 173 f.). Der Streit zwischen Empiristen und Rationalisten ist auch in der späteren Wissenschaftstheorie präsent. Die Frage, in welchem Verhältnis Beobachtungssätze zu theoretischen Sätzen stehen, ist immer noch ein Grundproblem, dem sich die Wissenschaftstheorie stellt. Es gibt demnach eine jahrhundertelange Tradition über die Vermittlung von Empirie und Theorie zwischen Subjekt und Objekt nachzudenken und durch eine ausgefeilte wissenschaftliche Methode sicherzustellen. Von einem unvermittelten Nebeneinander, einer Dichotomie zwischen Subjekt und Objekt, kann demnach nicht gesprochen werden. Demnach kann die Subjekt-Objekt-Trennung auch nicht als Grund für die Trennung zwischen Natur und Gesellschaft gesehen werden.

Doch zurück zum Naturbegriff. Mit dem modernen, mathematisch formulierten Naturgesetz-Begriff wird das bestätigt, was schon im Experiment-Begriff angelegt war: Der Gegenstand der Naturwissenschaften ist nicht nur die real vorhandene Natur, sondern ebenso die mögliche Natur (van den Daele 1987: 408). Jedoch zeigt die Wissenschaft nur eine Bandbreite von Möglichkeiten auf, die Konkretisierung und Realisierung einer dieser Möglichkeiten liegen außerhalb der Wissenschaften in den Entscheidungen von Politik und Unternehmen. Dieser Unterschied zwischen Wissenschaft und ihre Anwendung wird allzu oft übersehen, mit der Folge, dass die negativen Folgen der Anwendung der Wissenschaft der Wissenschaft selbst zugeschrieben werden (van den Daele 1977: 164; Stengers 1997: 185 ff.).

3 Die sozialwissenschaftliche Kritik

Nach diesem kurzen Streifzug durch die neuzeitlichen Wissenschaften zeigt sich, dass deren Naturbegriff weit komplexer ist als in der Rezeption der Sozialwissenschaften. Unter Natur träge und passive Materie zu verstehen, ist nur ein Aspekt. Mit dem Begriff des Naturgesetzes werden ebenso idealisierte, nicht beobachtbare Dynamiken in den Naturbegriff integriert. Damit bezieht sich der Naturbegriff nicht nur auf das Seiende, sondern ebenso auf das Mögliche. Jedoch besitzt in dieser Auffassung die Natur selbst – im Gegensatz zu den menschlichen Handlungen – keine schöpferische Kraft. Zielt die sozialwissenschaftliche Kritik nun darauf, so wie die beiden Sozialphilosophen Bruno Latour und Michel Callon, auch materiellen Entitäten Handlungsfähigkeit zuzuschreiben (Callon 1986; Latour 1996)?

Die heftige Kritik an dieser Vorgehensweise zeigt, dass es sich hierbei eher um eine marginale Stoßrichtung handelt. Im Folgenden wird der Vermutung nachgegangen, dass sich die sozialwissenschaftliche Kritik auf etwas ganz anderes bezieht als allein auf den Naturbegriff. Im Folgenden werden hierzu drei Vermutungen geäußert.

3.1 *Kritik am Naturbegriff als Kritik am Gesellschaftsbegriff*

Die Sozialwissenschaften wurden durch das Auftauchen der Umweltproblematik in den 1970er Jahren verunsichert. Ansatzpunkt bildet die Erkenntnis, dass menschliches Handeln mit Folgen verbunden ist, die sich negativ auf die Umwelt und die Überlebensfähigkeit der menschlichen Gesellschaft auswirken können. Gesellschaftliche Schlüsselereignisse, die in der Literatur meist beispielhaft angeführt werden, sind der Atombombenabwurf von Hiroshima (1945), die Chemiekatastrophe im indischen Bhopal (1984) und der Reaktorunfall von Tschernobyl (1986). Für das neue Bewusstsein prägend waren ebenso die Publikationen „Der stumme Frühling" (Carson 1962) und „Die Grenzen des Wachstums" (Bericht des Club of Rome) (Meadows et al. 1972).

Die Sozialwissenschaften nahmen sich seit den 1980er Jahren der Umweltthematik an und versuchten, sie theoretisch-konzeptionell zu erschließen, indem sie ihre eigenen Grundbegrifflichkeiten infrage stellten. So wurde der Begriff der „Gesellschaft", wie er schon seit der Entstehung der Soziologie im 19. Jahrhundert entwickelt wurde, auf seine Unzulänglichkeiten hin geprüft.[10]

Zum einen orientierten sich die Sozialwissenschaften an der Physik. In Ähnlichkeit mit deren Rückgriff auf „Natur" sollte durch die Statistik Einfluss auf den sozialen Körper erlangt werden (Felt 1995; Wittrock 2003). Kennzeichnend hierfür ist, dass vor der Einführung des Begriffs „Soziologie" von einer „sozialen Physik" (Comte nach Kiss 1977a: 249) die Rede war. Gleichzeitig gab es zum anderen auch die Beobachtung, dass es einen Unterschied zwischen Natur- und Sozialwissenschaften schon vom Gegenstand hergeben müsse. So stellt Wilhelm Dilthey in seinem Buch „Einleitung in die Geisteswissenschaften" von 1883 die Geisteswissenschaften und ihren Gegenstand, die menschliche Geschichte, den Naturwissenschaften und ihrem Gegenstand, der Natur, gegenüber. Während die Naturwissenschaften auf der Messung äußerer Gegebenheiten und der Herauslösung einzelner Phänomene beruhten, seien die Gegenstände der Geisteswissenschaften die innere Erfahrung und die Gesamt-

10 Für einige Sozialwissenschaftler fand bereits im 17. Jahrhundert in der Kontroverse zwischen Boyle und Hobbes eine Trennung zwischen Natur- und Geisteswissenschaften statt (vgl. Shapin/Schaffer 1985).

schau. Im Gegensatz zur Naturwissenschaft sei der Gegenstand der Geisteswissenschaften wandelbar (Dilthey nach Böhme/Potyka 1995: 19 ff.). Hinzugefügt werden kann, dass auch die Subjektposition des Forschers in den Sozial- und Geisteswissenschaften eine andere ist. Mit deren Orientierung an literarischen Methoden wird der Autor als schöpferisches Individuum zumindest tendenziell in den Vordergrund gerückt.[11]

In Abgrenzung zum Naturbegriff wurde demnach der Gesellschaftsbegriff konstituiert. Das Diktum Èmile Durkheims „Soziales nur mit Sozialem" erklären zu wollen (vgl. Kiss 1977b: 27 ff.), habe die Abgrenzung zwischen beiden Gegenstandsbereichen zementiert.[12] Diese Selbstbezüglichkeit im Begriff des Sozialen führe in der Soziologie zur Blindheit gegenüber der Ökologie-Problematik beziehungsweise zu unzureichendem methodischem Werkzeug, dieses Problem weiterzubearbeiten (Becker/Jahn 2006; Fischer-Kowalski/Erb 2006; Görg 1999; Wehling 1989).

Hinzu kam, dass die Sozialwissenschaften Änderungen im Naturbegriff registrierten, von dem sie sich abzugrenzen glaubten. So wurde die mechanische Auffassung von der Natur in der zweiten Hälfte des 20. Jahrhunderts durch neue Entdeckungen in der Physik erschüttert. Neben den Arbeiten zur Elektrizität und den elektromagnetischen Wellen waren insbesondere die Relativitätstheorie von Albert Einstein und die Atomphysik, die mit dem Namen Niels Bohr verbunden ist, entscheidend für die Niederlage des mechanischen Weltbildes (Zilsel 1985: 194 ff.). Der neue Naturbegriff würde von einer Geschichtlichkeit der Natur ausgehen, die vom Urknall bis zu dem Wärmetod reiche (Weber 2003). Ebenso sei zum Beispiel durch Physiker, wie Werner Heisenberg und Erwin Schrödinger, der Einfluss des Beobachters auf das Objekt der Beobachtung offenbar geworden. So lässt sich bei der Messung der Elektronen erst durch den Beobachtungsvorgang entweder die Geschwindigkeit oder der Ort, wo es sich befindet, fixieren (Varchmin 1990: 20). Daran anschließend wurde – unter anderem – die Forderung geknüpft, dass die Soziologie sowohl einen gewandelten

11 Die Kennzeichnung der Sozialwissenschaften geschieht an dieser Stelle pauschalisierend. Die Auseinandersetzung zwischen handlungstheoretischen und strukturtheoretischen Ansätzen kann hier nicht wiedergegeben werden. Es bleibt der Verweis, dass mit dem Handlungsbegriff Rudimente des teleologischen Erklärungsmodells, das mit dem Naturgesetzbegriff aus den Naturwissenschaften verbannt wurde, in den Sozialwissenschaften erhalten blieb (Zilsel 1985: 165; Shapin 1998: 39 ff.), auch wenn nicht alle sozialwissenschaftlichen Ansätze mit einem Handlungsbegriff arbeiten.

12 Mit dem Verweis auf Herbert Spencer und Karl Marx, zwei Soziologen des 19. Jahrhunderts, wird aber ebenso diskutiert, ob dieser Befund auf alle Soziologen der Gründergeneration zutrifft.

Naturbegriff übernehmen als auch ihre eigenen Grundkategorien einer Revision unterziehen sollte. Der Einfluss des Beobachters auf die naturwissenschaftliche Erkenntnis – so der Argumentationsgang – führe nicht nur zur Konstruktivität der Erkenntnis, sondern auch der Technik und in der Folge ebenso der Natur selbst. Genauso wie die Natur durch soziale Beziehungen geprägt, wenn nicht sogar erzeugt werde, so solle auch das Soziale als etwas angesehen werden, dass durch stofflich-materielle Arrangements gestützt sei.

3.2 Kritik am Naturbegriff als Methodenkritik

Die sozialwissenschaftliche Kritik an den neuzeitlichen Wissenschaften zielt auf die cartesianische Trennung von Leib und Seele und es wird behauptet, dass eine Dichotomie zwischen beiden Polen etabliert worden sei. Wie gezeigt werden konnte, etabliert das Erkenntnismodell der neuzeitlichen Wissenschaften jedoch keine Dichotomie zwischen beiden Polen, sondern mit der wissenschaftlichen Methode einen komplexen Vermittlungsmechanismus, für den das Experiment als Modell steht. Die Wissenschaftstheorie hat sehr viel Arbeit geleistet, um die Vermittlung von Empirie und Theorie methodisch abgesichert zu gewährleisten. Das wissenschaftstheoretische Modell kann pauschalisiert als hierarchisches Modell aufgefasst werden, bei dem von empirischen Daten über verallgemeinerte Sätze zu theoretischen Aussagen fortgeschritten wird. Durch die verschiedenen Stufen des Verallgemeinerungsprozesses werden die empirischen Daten schrittweise von dem zeitlichen und räumlichen Kontext gelöst. Genau dieses Modell des hierarchischen Wissenschaftsaufbaus wird von der sozialwissenschaftlichen Kritik infrage gestellt.

So besitzt zum Beispiel Toulmin (1994) sehr genaue Vorstellungen von einem mehr auf Offenheit und Vielfalt ausgerichteten Forschungsprogramm für das gesamte Wissenschaftssystem, das dem Anspruch auf die Möglichkeit, absolute Gewissheit erlangen zu können, eine Absage erteilt. Seine Forderung ist, das Mündliche, Besondere, Lokale und Zeitgebundene als wissenschaftliche Ideale anzusehen. Erkenntnisse sollten ebenso nach seiner Auffassung immer aus dem historischen Kontext heraus verstanden werden, da sie von den praktischen Erfordernissen der jeweiligen Lebenswirklichkeit beeinflusst werden. Ziel der Wissenschaften sollte demnach die Hinwendung zu praktischen Fragen sein, welche das Zusammenleben der Menschen verbessern helfen (Toulmin 1994: 297 f.). Somit stimmt Toulmin nur unter sehr großen Vorbehalten der Verallgemeinerung von Beobachtungen zu. Er möchte quasi die wissenschaftliche Hierarchie flachhalten.

Zu ähnlichen Forderungen kommt die feministische Wissenschaftskritik und -theorie. Die feministische Technowissenschaftlerin Donna Haraway übt mit ihrer Infragestellung des entkörperten Wissens (dem „Blick von Nirgendwo") (Haraway 1995) starke Kritik am vorherrschenden Wissenschaftsmodell. Sie fordert, die Erkenntnisposition sichtbar und damit die Theorieentwürfe als subjektives Wissen kenntlich und angreifbar zu machen. In gleicher Weise plädiert die feministische Wissenschaftsphilosophin Sandra Harding für die Kennzeichnung des eigenen Standpunkts und die Zurückweisung verabsolutierender Theorieentwürfe (Harding 1991).

3.3 Kritik am Naturbegriff als Kritik an der Institution Wissenschaft

Die Trennung von Wissenschaft und Nichtwissenschaft wird als „große Trennung" zwischen Moderne und Vor- und Nichtmoderne dargestellt und darauf verwiesen, dass dadurch andere Wissensformen marginalisiert und als weniger rational diskreditiert werden (Latour 1998; Toulmin 1994: 34 ff.).

Dabei wird der Anspruch der (Natur-)Wissenschaften, diejenige Institution zu sein, die einzig wahres Wissen produziere, infrage gestellt. Von den Sozialwissenschaften wird zunächst kritisiert, dass die Naturwissenschaften nicht so objektiv seien, wie es den Anschein habe. Zunächst wurde dabei bezweifelt, dass die Erkenntnisse der Wissenschaft aufeinander aufbauten, so wie es der Vorstellung Bacons entspricht. Die Entwicklung der Wissenschaft würde nicht zu immer höherer Erkenntnis fortschreiten, sondern sie sei, so die breit rezipierte These von Thomas S. Kuhn in seinem zuerst 1962 erschienenen Buch „Die Struktur wissenschaftlicher Revolutionen", eine Abfolge von Paradigmen (Kuhn 1999). Weiterhin wurde von einigen sozialwissenschaftlichen Wissenschaftsforschern nachgewiesen, dass soziale Variablen für die Erklärung naturwissenschaftlicher Forschungsergebnisse herangezogen werden können (Bloor 1991; Knorr-Cetina 1991; Latour/Woolgar 1986). Wie eine Beobachtung interpretiert werde, sei von der Forschungsgemeinschaft sowie den Kommunikations- und Kooperationsprozessen im Forschungsteam abhängig. Fakten würden aus sozialer Konvention heraus anerkannt und seien nicht das Ergebnis unvermittelter Zwiesprache mit der Natur.[13]

13 Dass diese Sichtweise von den Naturwissenschaftlern nicht unbedingt geteilt wird, zeigten die sogenannten „science wars", in denen Naturwissenschaftler sich der sozialwissenschaftlichen Kritik stellten (vgl. zu den Wissenschaftskriegen Heintz 1998: 87 ff.; Hacking 1999: 100 ff.).

Der Angriff der Sozialwissenschaften zielte nicht nur auf die Naturwissenschaften, sondern war ein Angriff auf die wissenschaftliche Idee selbst. Der mit den modernen Wissenschaften verbundene Gedanke, dass sich wissenschaftliches Wissen vom alltäglichen Wissen unterscheide, wurde infrage gestellt. Die Kritik an den Wissenschaften wird durch die Einsicht gestützt, dass die Technikentwicklungen nicht immer positive Effekte für Mensch und Gesellschaft zur Folge haben. Die von den neuzeitlichen Wissenschaften propagierte Nützlichkeit wird bezweifelt. Negative Folgen der Naturwissenschaften könnten (nicht mehr?) durch gesteigerte Rationalität behoben werden, da gerade diese Rationalität zur Umweltproblematik in der Moderne geführt habe.

Paradigmatisch gilt das Versagen der Wissenschaften, die Umweltproblematik im Gegensatz zu den einfachen Bürgern adäquat zu registrieren. So führt Rachel Carson die Stimmen mehrerer ländlicher Bewohner an, die die negativen Folgen des Einsatzes von Pestiziden direkt erfahren haben: Durch das Verstummen der Vögel im Frühling (vgl. Carson 1962). Brian Wynne hingegen verdeutlicht am Beispiel der Schaffarmer im Lake District, dass diese einen besseren Einblick in die lokalen Umweltgegebenheiten hatten als die Wissenschaftler. Diese hätten im Nachgang des Reaktorunfalls in Tschernobyl eine hohe radioaktive Belastung in der betreffenden Gegend festgestellt; die Schaffarmer jedoch führten die erhöhte Radioaktivität auf einen Störfall im nahegelegenen Atomkraftwerk Sellafield aus dem Jahre 1957 zurück. Langjährige Erfahrungen vor Ort hatten sie zu dieser Schlussfolgerung geführt (vgl. Wynne 1996).

Die Trennung zwischen wissenschaftlichem und nicht wissenschaftlichem Wissen geht, wie wir oben gesehen haben, mit der institutionellen Trennung von Wissenschaft und Politik einher. Während die Ordnung des Gemeinwesens – die Politik – der demokratischen Mitbestimmung unterliegt, wurden die Wissenschaft, aber auch die Ökonomie hiervon ausgenommen (van den Daele/Pühler/Sükopp 1996). Das Bedürfnis, bei der Technikentwicklung mitreden zu dürfen, ist aber seit den modernen Technikkonflikten – wie den Konflikten um Atomenergie, Gentechnik und Nanotechnologie – enorm.

Die Wissenschaften sind zwar an der Technikentwicklung beteiligt, diese ist aber nicht nur an den Universitäten und öffentlichen Forschungseinrichtungen institutionell verankert, sondern ebenso in den Unternehmen. Für die tech-

In diesem Zusammenhang wird auch meist auf die Sokal-Affäre verwiesen. Hier veröffentlichte ein Naturwissenschaftler 1996 in der Zeitschrift „Social Text“ einen Artikel, der nur aus einer Zusammenreihung von konstruktivistischen Phrasen bestand, und ironisierte die konstruktivistische Schreibweise. Die Affäre bestand darin, dass der Artikel als ernst gemeinte wissenschaftliche Arbeit von der Zeitschrift akzeptiert worden war.

nische Durchdringung der Gegenwartsgesellschaft bedarf es der Vermittlung zwischen wissenschaftlicher Erkenntnis und der Massenproduktion in den Betrieben. Das lokal begrenzte Experiment kann noch nicht, da es größtenteils nur in einem abgeschiedenen Bereich der Gesellschaft stattfindet, das Verhältnis zwischen Natur und Gesellschaft prägen.[14] So wie das Experiment die Vermittlung zwischen Subjekt und Objekt gewährleistet, stellt die Arbeit die Vermittlung zwischen Natur und Gesellschaft her (Moscovici 1982; Köhler/Wissen 2009). Hierbei wird erneut deutlich, dass die Rückführung der Umweltproblematik auf die Erkenntnissituation in den Naturwissenschaften verkürzt ist. In der logischen Konsequenz der sozialwissenschaftlichen Kritik müsste die Forderung dann nicht nur nach der demokratischen Kontrolle der Technikentwicklung an den Universitäten, sondern auch der Produktion in den Betrieben bestehen.

4 Fazit

Das Naturbewusstsein in den Wissenschaften und das Naturbewusstsein im Alltag unterscheiden sich. Während in den Naturwissenschaften auf eine Trennung von Subjekt und Objekt, Natur und Gesellschaft aufgebaut wird, die vielfältigen Vermittlungsmechanismen unterliegt, geht das Alltagsbewusstsein von einer voraussetzungslosen Verbundenheit des Individuums mit seiner Umwelt aus.

Die sozialwissenschaftliche Kritik zielt nicht auf eine Infragestellung des Naturbewusstseins in der Bevölkerung. Diese erfüllt alle Forderungen der sozialwissenschaftlichen Kritik, da dieses Alltagsbewusstsein – darauf hat nicht nur die Naturbewusstseinsstudie von 2009 verwiesen – keine Dichotomie zwischen Mensch und Natur enthält. Die sozialwissenschaftliche Kritik zielt im Kern auf die Technikentwicklung, die sich jenseits des Einspruchs der Bürger vollzieht. Dabei geht es ihr aber weniger um die Demokratisierung der Ökonomie, was daran erkennbar ist, dass sie diese Dimension in ihrer Kritik vernachlässigt. Vielmehr geht es darum, die Gestaltung von Technik und damit auch der Natur schon im Erkenntnis-, also Bewusstwerdungsprozess, für die Logik des Alltags zu öffnen. Sie zielt damit auf die Akteure des Technikentwicklungsprozesses in den Unternehmen und öffentlichen Forschungseinrichtungen, sich für die Logik

14 Auch wenn im Ansatz der Realexperimente auf die zunehmende Durchlässigkeit der Grenzen zwischen Wissenschaft und ihrer Anwendung verwiesen wird (vgl. Groß/Hoffmann-Riem/Krohn 2003; Groß 2003).

des Alltags zu öffnen, sie zielt auf Partizipation. Hierdurch würde jedoch die Trennung zwischen Arbeit und Freizeit im gesellschaftlichen Naturverhältnis erhalten bleiben. Denn: Was für ein Naturbewusstsein hat ein Naturwissenschaftler, wenn er nach Hause geht? Die Naturbewusstseinsstudie von 2009 erfasst das Naturbild im Alltagsbewusstsein, im Alltag neben der beruflichen Tätigkeit und damit der alltäglichen Freizeit. Es ist sehr wahrscheinlich, dass auch Menschen, die in ihrem Berufsalltag Natur als bloßes Objekt behandeln, ganz subjektiv in ihrer Freizeit Natur genießen können und sich selbst voraussetzungslos mit der Natur verbinden.

Literaturverzeichnis

Becker, E.; Jahn, T. (2006): Soziale Ökologie. Grundzüge einer Wissenschaft von den gesellschaftlichen Naturverhältnissen. Frankfurt/M.: Campus.

Blumenberg, H. (1996): Wirklichkeiten in den wir leben: Aufsätze und eine Rede. Stuttgart: Reclam.

Bloor, D. (1991): Knowledge and Social Imagery, Chicago, London: University of Chicago Press.

Böhme, G.; Potyka, K. (1995): Erfahrung und Wissenschaft und Alltag. Eine analytische Studie über Begriffe, Gehalt und Bedeutung eines lebensbegleitenden Phänomens. Idstein.

Bundesministerium für Umwelt, Naturschutz und Reaktorsicherheit (BMU) (Hrsg.): Naturbewusstsein 2009. Bevölkerungsumfrage zu Natur und biologischer Vielfalt. Oktober 2010.

Carson, R. (1962): Silent Spring. Boston.

Callon, M. (1986): Some Elements of a Sociology of Translation: Domestication of the Scallops and the Fishermen of St. Brieuc Bay. In: Law, J. (Hrsg.): Power, Action and Belief. A New Sociology of Knowledge? London: Routledge & Kegan Paul, 196-230.

Cohen, B. (1994): Revolutionen in der Naturwissenschaft. Frankfurt/M.

Damerow, P.; Lèvevre, W. (1981): Rechenstein, Experiment und Sprache. Historische Studien zur Entstehung der exakten Wissenschaften. Klett-Cotta.

Felt, U.; Nowotny, H.; Taschwer, K. (1995): Wissenschaftsforschung. Eine Einführung. Frankfurt/M., New York: Campus.

Fischer-Kowalski, M.; Erb, K. (2006): Epistemologische und konzeptuelle Grundlagen der Sozialen Ökologie. Mitteilungen der Österreichischen Geographischen Gesellschaft, 148, 33–56.

Görg, C. (1999): Gesellschaftliche Naturverhältnisse. Münster: Westfälisches Dampfboot.

Groß, M.; Hoffmann-Riem, H.; Krohn, W. (2003): Realexperimente: Robustheit und Dynamik ökologischer Gestaltungen in der Wissensgesellschaft. In: Soziale Welt 54, 241-258.

Groß, M. (2003): Inventing Nature. Ecological Restoration by Public Experiment. Laham, Boulder, New York u. a.: Lexington Books.

Grove-White, R.; Macnaghten, P.; Wynne, B. (2000): Wising Up. The Public and New Technologies, Lancaster University.

Hacking, I. (1999): Was heißt „soziale Konstruktion"? Zur Konjunktur einer Kampfvokabel in den Wissenschaften. Frankfurt/M.

Haraway, D. (1995): Situiertes Wissen. Die Wissenschaftsfrage im Feminismus und das Privileg einer partialen Perspektive. In: Dieselbe, Die Neuerfindung der Natur. Primaten, Cyborgs und Frauen. Hrsg. von C. Hammer u. I. Stieß. Frankfurt/M., New York, 73-97 (engl. Org. 1988).

Harding, S. (1991): Feministische Wissenschaftstheorie. Zum Verhältnis von Wissenschaft und sozialem Geschlecht. Hamburg (1. Aufl. 1990, engl. Org. 1986).

Heidelberger, M. (1990): Die Rolle der Erfahrung in der Entstehung der Naturwissenschaften im 16. und 17. Jahrhundert. Experiment und Theorie. In: Heidelberger, M.; Thiessen, S. (1990): Natur und Erfahrung. Von der mittelalterlichen zur neuzeitlichen Naturwissenschaft. Deutsches Museum: Rowohlt, 25-182.

Heintz, B. (1998): Die soziale Welt der Wissenschaft. Entwicklungen, Ansätze und Ergebnisse der Wissenschaftsforschung. In: Heintz, B.; Nievergelt, B. (Hrsg.) (1998): Wissenschafts- und Technikforschung in der Schweiz. Sondierungen einer neuen Disziplin. Zürich, 55–94.

Kiss, G. (1977a): Einführung in die soziologischen Theorien I. Vergleichende Analyse soziologischer Hauptrichtungen. Opladen: Westdeutscher Verlag.

Kiss, G. (1977b): Einführung in die soziologischen Theorien II. Vergleichende Analyse soziologischer Hauptrichtungen. Opladen: Westdeutscher Verlag.

Knorr-Cetina, K. (1981): Die Fabrikation von Wissen. Versuch zu einem gesellschaftlich relativierten Wissensbegriff. In: Stehr, N.; Meja, V. (Hrsg.) (1981): Wissenssoziologie. Opladen: Westdeutscher Verlag, 226-245.

Knorr-Cetina, K. (1991): Die Fabrikation von Erkenntnis. Zur Anthropologie der Naturwissenschaft. Frankfurt/M.: Suhrkamp.

Köhler, B.; Wissen, M. (2009): Gesellschaftliche Naturverhältnisse. Ein kritischer theoretischer Zugang zur ökologischen Krise. In: Lösch, B.; Thimmel, A. (Hrsg.) (2009): Kritische politische Bildung. Ein Handbuch, Schwalbach, 217-227.

Koppetsch, C. (2000): Wissenschaft an Hochschulen. Ein deutsch-französischer Vergleich. Konstanz: UVK.

Krohn, W. (1995): Das Labyrinth der Natur. Bacons Philosophie der Forschung betrachtet in ihren Metaphern. In: Sandkühler, H. J. (Hrsg.) (1995): Interaktionen zwischen Philosophie und empirischen Wissenschaften. Philosophie und Wissenschaftsgeschichte zwischen Francis Bacon und Ernst Cassirer. Frankfurt/M., 33-54.

Kuhn, T. S. (1999): Die Struktur wissenschaftlicher Revolutionen. Frankfurt/M.: Suhrkamp.

Latour, B. (2001): Das Parlament der Dinge. Für eine politische Ökologie. Frankfurt/M.: Suhrkamp.

Latour, B. (2000): Die Hoffnung der Pandora. Untersuchungen zur Wirklichkeit der Wissenschaft. Frankfurt/M.: Suhrkamp.

Latour, B. (1998): Wir sind nie modern gewesen. Versuch einer symmetrischen Anthropologie. Frankfurt/M.: Fischer.

Latour, B. (1996): Der Berliner Schlüssel. Erkundungen eines Liebhabers der Wissenschaften, Berlin: Akademie-Verlag, Kap. Haben auch Objekte eine Geschichte? Ein Zusammentreffen von Pasteur und Whitehead in einem Milchsäurebad, 87-112.

Latour, B.; Woolgar, S. (1986): Laboratory Life. The Construction of Scientific Facts, Princeton: Princeton University Press.

Meadows, D.; Meadows, D. H.; Zahn, E. (1972): Die Grenzen des Wachstums. Bericht des Club of Rome zur Lage der Menschheit.

Moscovici, S. (1982): Versuch über die menschliche Geschichte der Natur. Frankfurt/M.: Suhrkamp.

Rammert, W. (1981): Die Bedeutung der Technik für die Genese und Struktur der neuzeitlichen Wissenschaften. Bielefeld.

Shapin, S. (1998): Die wissenschaftliche Revolution. Frankfurt/M. 1998

Shapin, S.; Schaffer, S. (1985): Leviathan and the Air-Pump. Hobbes, Boyle, and the experimental life. Princeton: Princeton Univ. Pr.

Stengers, I. (1997): Die Erfindung der modernen Wissenschaften. Frankfurt/M., New York.

Thiessen, S. (1990): Die Neuordnung der Wissenschaften. In: Heidelberger, M.; Thiessen, S. (1990): Natur und Erfahrung. Von der mittelalterlichen zur neuzeitlichen Naturwissenschaft. Deutsches Museum: Rowolth, 183-275

Toulmin, S. (1994): Kosmopolis. Die unerkannten Aufgaben der Moderne. Frankfurt/M.: Suhrkamp.

van den Daele, W. (1987): Der Traum von der „alternativen“ Wissenschaft. In: Zeitschrift für Soziologie, 16 (6), 403-428.

van den Daele, Wolfgang (1977): Die soziale Konstruktion der Wissenschaft. Institutionalisierung und Definition der positiven Wissenschaft in der zweiten Hälfte des 17. Jahrhunderts. In: Böhme, G.; van den Daele, W. (1977): Experimentelle Philosophie. Ursprünge autonomer Wissenschaftsentwicklung. Frankfurt/M., 129-182.

van den Daele, W.; Pühler, A.; Sükopp, H. (1996): Grüne Gentechnik im Widerstreit. Modell einer partizipativen Technikfolgenabschätzung zum Einsatz transgener herbizidresistenter Pflanzen. Weinheim, New York, Basel u.a.: VCH.

Varchmin, J. (1990): Einführung. Die moderne Naturwissenschaft – Fortführung oder Alternative zur mittelalterlichen Wissenschaft? In: Heidelberger, M.; Thiessen, S. (1990): Natur und Erfahrung. Von der mittelalterlichen zur neuzeitlichen Naturwissenschaft. Deutsches Museum: Rowolth, 11-24.

Weber, J. (2003): Umkämpfte Bedeutungen. Naturkonzepte im Zeitalter der Technoscience. Frankfurt/M.: Campus.

Wehling, P. (1989): Ökologische Orientierung in der Soziologie. Frankfurt/M.: Verlag für interkulturelle Kommunikation.

Wittrock, B. (2003): History of Social Science: Understanding Modernity and Rethinking Social Studies of Science. In: Joerges, B.; Nowotny, H. (Hrsg.) (2003): Social Studies of Science and Technology: Looking Back, Ahead. Dordrecht, Boston, London, 79-101.

Wynne, B. (1996): May the Sheep Safely Graze? A Reflexive View of the Expert-Lay Knowledge Divide. In: Lash, S. et al. (Hrsg.) (1996): Risk, Modernity and the Environment. Towards a New Ecology, London: Sage, 44–83.

Zilsel, E. (1985): Die sozialen Ursprünge der neuzeitlichen Wissenschaften. Frankfurt/M.: Suhrkamp.

Naturbewusstsein und Naturbilder. Der Ansatz der Alltagsfantasien

Ulrich Gebhard

1 Das Naturbewusstsein wird von Naturbildern, Naturfantasien und latenten Sinnstrukturen begleitet

Die Naturbewusstseinstudien 2009 und 2011 haben danach gefragt, was und wie die Deutschen über „Natur" denken (BMU 2010, 2012). Ein bemerkenswertes kleines Randergebnis – neben den auffälligen empirischen Befunden beispielsweise zum Naturschutz, zur Biodiversität oder Landschaftsveränderung – soll hier in den Mittelpunkt der Betrachtung gerückt werden, denn es hat sich gezeigt, dass „Natur" neben der wichtigen Funktion als Erfahrungsraum (zum Beispiel Erlebnisse in Natur und Landschaft zur Erholung, Freude und Gesundheit) als eine Art „Sinninstanz" fungiert. Nach den empirischen Befunden der Naturbewusstseinstudien ist „Natur" im Bewusstsein der Menschen auch als eine Metapher für ein „gutes Leben", Gerechtigkeit und Glück zu verstehen. Dabei wird „Natur" mit angenehmen Gefühlen verbunden und die dadurch evozierten inneren Naturbilder sind „angenehm", „ruhig", „ausgleichend" und „fröhlich" (BMU 2012). Diese Bilder, Gefühle und Atmosphären, die sich im Bewusstsein der Menschen mit „Natur" verbinden, tragen zumindest dazu bei, das eigene Leben als ein sinnvolles interpretieren zu können.

Oft werden nun derartige Naturbilder als unverbindlich und romantisierend charakterisiert und zum Teil auch kritisiert (z. B. Schäfer 1993, Böhme 1992). Diese Kritik ist sehr ernst zu nehmen – allerdings gerät dabei leicht aus dem Blick, dass derartige romantische Bilder auch etwas mit einem grundlegenden Sinnverlangen zu tun haben. Natürlich müssen die Naturbilder ideologiekritisch analysiert werden, jedoch kann man damit auch „das Kind mit dem Bade ausschütten". Das Phänomen, dass viele Menschen offenbar „Natur" mit einem „guten Leben" in Verbindung bringen – und das haben die Naturbewusstseinstudien zumindest auch gezeigt –, als romantisierend (und damit kitschig, letztlich verlogen) zu diskreditieren, verspielt damit möglicherweise auch einen bedeutsamen emotionalen Grund für die Bewahrung der Natur.

Das Setzen auf das Naturschöne, auf die Verheißungen der utopischen Momente des Naturbegriffs, der Glaube geradezu an eine Veredelung des Menschen durch Naturnähe ist in der Tat das Programm der (deutschen) Romantik. Noch bei Adorno ist das Naturschöne eine Chiffre der Versöhnung: Die Erfahrung des Naturschönen befreit danach vom Zwang der Herrschaft über die Natur und der damit verbundenen Verdinglichung. Als „Erscheinung des Nicht-Darstellbaren" wird die Natur in ihrer Schönheit zum Merkzeichen einer positiven Utopie. Das Naturschöne „ist dicht an der Wahrheit, aber verhüllt sich im Augenblick der nächsten Nähe" (Adorno 1970: 115).

In der romantischen Version von schöner Natur verdichtet sich zum einen eine Kritik an politischen Zuständen, zum anderen eine regressive Tendenz hin zu einer harmonisch fantasierten Vergangenheit, aber auch ein utopischer Entwurf für eine bessere Zukunft, wobei die auch bedrohlichen Aspekte der Natur oft ausgeblendet sind. So „verbindet sich mit der Vorstellung von Natur die Sehnsucht nach einer Erlösung von der Last und Beengung zivilisierten Lebens. Das impliziert nostalgische Reminiszenzen an eine unschuldige Kindheit, Staunen und Bewunderung darüber, daß Ordnung, Einheit und Zweckmäßigkeit in der Natur von selbst da sind, während der zivilisierte Mensch meint, sie sich durch Disziplin und Rationalität abtrotzen zu müssen" (Böhme 1989: 61).

Historisch ist der subjektivierende Naturbezug, der in Entwürfen der Romantik (von Goethe über Hölderlin bis zu Dewey und Adorno) zum Ausdruck kommt, gegenüber dem objektivierenden, kalkulierenden Naturbezug in den Hintergrund getreten. Angesichts der Krise, in die wir mit dem erfolgreichen Programm der Naturwissenschaften geraten sind, macht es durchaus Sinn, sich die Bedeutung der historisch auf der Strecke gebliebenen Variante noch einmal anzusehen. Genau das soll in diesem Aufsatz geschehen.

„Natur" hat offenbar auch eine Bedeutung für ein als sinnvoll interpretiertes Leben. Damit wird übrigens nicht behauptet, dass die Natur im Stile des naturalistischen Fehlschlusses Werte und Sinn vorgeben könnte. Diese normative Verwendung von „Natur" hat sich stets als ideologisch einseitig und gefährlich erwiesen. Doch kann „Natur" gewissermaßen ein realer und fantasierter „Resonanzraum" sein, in dem und angesichts dessen Sinnkonstituierungsprozesse möglich werden können.

Die mit dieser Sinndimension verbundenen Vorstellungen über Natur, die oft bilderreich, metaphorisch, intuitiv und nicht immer explizit sind, sollen in den Mittelpunkt der Betrachtung gerückt werden. Zum einen soll das damit offenbar werdende Sinnverlangen ernst genommen werden. Zum anderen – und das ist die zentrale These des vorliegenden Aufsatzes – ist eben diese Art von symbolisierenden Naturvorstellungen ein zentraler Bezugspunkt für Werturteile. Denn die Naturbewusstseinsstudien haben auch gezeigt, dass „Natur" in bislang fast einmaligem Maße subjektiv hochgeschätzt wird. So wird von 95 Prozent der Befragten der Naturschutz als eine „menschliche Pflicht" angesehen und 93 Prozent wollen die Vielfalt der Pflanzen und Tiere einschließlich der entsprechenden Lebensräume gesichert sehen (BMU 2012). Diese Einschätzungen stehen in einer bemerkenswerten Spannung zur „objektiven" Situation, und zwar sowohl im politisch-ökonomischen als auch im persönlichen Bereich. Dieses Dilemma ist eine Herausforderung für diesbezügliche Bildungsbemühungen. Vor dem Hintergrund neuerer Konzepte zur Genese von moralischen Urteilen, vor allem des sozialintuitionistischen Ansatzes von Haidt (2001), wird hier mit dem Ansatz der „Alltagsfantasien" ein Vorschlag entfaltet, der zeigt, dass und wie intuitive Quellen des moralischen Urteils im Hinblick auf Natur stärker in den Blick genommen werden können.

2 Subjektivierung und Objektivierung

Wie die wenigen empirischen Befunde aus der Naturbewusstseinsstudie gezeigt haben, hat „Natur" für die Menschen nicht nur eine gleichsam „objektive" biologisch-ökologische Bedeutung, sondern wird mit mannigfachen persönlichen subjektiven Bedeutungen aufgeladen. Um dieses Phänomen – nämlich, dass Natur sowohl objektiviert als auch subjektiviert werden kann – theoretisch in den Blick zu nehmen, wird im Folgenden die kulturpsychologische Unterscheidung von Subjektivierung und Objektivierung eingeführt.

Objektivierung und Subjektivierung stellen die jeweilige Art der Beziehung dar, die das Individuum (Subjekt) zu einem Gegenstand (Objekt) hat. Unter Objektivierung verstehe ich in Anlehnung an den Kulturpsychologen Boesch (1980) die gleichsam „objektive", systematisierte Wahrnehmung, Beschreibung und Erklärung der Realität. Bei der Subjektivierung dagegen handelt es sich um die symbolischen Bedeutungen der Dinge, die in subjektiven Vorstellungen, Fantasien und Konnotationen zum Ausdruck kommen. Derartige Symbolisierungen sind als ein fester und weitgehend unverzichtbarer Teil unserer Alltagssprache anzusehen.

Ernst Boesch benennt die beiden Weltbezüge der Objektivierung und Subjektivierung, um die zwei prinzipiellen menschlichen Haltungen gegenüber den Dingen der Welt zu akzentuieren, und entwickelt am Beispiel des (siamesischen) Hausbaus seine Begrifflichkeit: „Das Haus, vom Blätterdach des Buschmanns über den Iglu des Eskimos bis zum klimatisierten Bungalow des Amerikaners erfüllt immer dieselbe Funktion: es stabilisiert die Temperatur, die Luftfeuchtigkeit, es schützt vor Wind und Regen. Dadurch entlastet es den Organismus und gewährt die Perioden der Ruhe und Erholung, die er benötigt. ... Das Haus ist im Grunde einfach eine Klimakammer, die zusätzlich auch noch gewisse soziale Schutzfunktionen zu übernehmen vermag“ (Boesch 1980: 51). Die Handlung „Haus bauen“ erfordert eine Vielzahl instrumenteller Fähigkeiten: Systematische Beobachtungen der äußeren Realität, technische Einflussnahme auf diese Realität, handwerkliches Geschick und vieles mehr. Das Hausbauen – also die instrumentelle Veränderung der Realität im Sinne des Menschen – wird umso effektvoller sein, je zutreffender, in gewisser Weise je „objektiver“ die systematisierte Wahrnehmung dieser Realität ist. Diese Art von Weltbezug, die ein effizientes Wirken in der Welt ermöglicht, die gleichsam überlebenswirksam ist, nennt Boesch „Objektivierung“.

Dieselbe Handlung, deren instrumentelle Bedeutung außer Frage steht, hat zusätzlich und notwendig noch eine subjektive Bedeutung. Dazu gehört die Funktionslust, über äußere Situationen instrumentell, naturwissenschaftlich-technisch verfügen zu können, und – mehr noch – die symbolischen Bedeutungen, die menschliche Handlungen und die Dinge, mit denen wir umgehen, annehmen können. Mit der Handlung „Haus bauen“ verknüpfen sich somit notwendig symbolische Bedeutungszuschreibungen, die über die objektivierende Dimension hinausgehen, diese jedoch nicht etwa infrage stellen oder gar in einem Widerspruch zu ihr stehen. Werte, Fantasien, Mythenbildungen, Ästhetisierungen heften sich symbolisch an Handlungen und Wahrnehmungen und verbinden sich untrennbar mit der instrumentellen Funktion beziehungsweise der objektivierenden Bedeutung. Diese Art von Weltbezug nennt Boesch „Subjektivierung“.

Die Dinge der Welt sind vor diesem Hintergrund nie nur Objekte – als solche blieben sie uns fremd. Zugleich sind beziehungsweise symbolisieren sie projizierte Aspekte des eigenen Ichs – auf diese Weise erscheint die Umwelt vertraut und mit persönlicher Bedeutung versehen. Ein Haus ist eben nicht nur eine „Klimakammer“, sondern zugleich auch ein „Zuhause“. Der Architekt beschreibt das Haus anders als derjenige, der in ihm wohnt. Allerdings: „Sobald der Architekt im Hause wohnt, füllt es sich auch für ihn mit Inhalten und Bedeutungen, die in seinen objektiven Plänen nirgends erscheinen – obwohl sie, und das ist vielleicht nicht unwichtig, gerade daraufhin konzipiert worden sind“ (Boesch 1980: 62). In unsere objektivierenden Pläne eingewoben sind also unsere subjektivierenden Bedeutungszuschreibungen; beide Weltbezüge sind zwar analytisch trennbar, jedoch in unseren Handlungen und Wahrnehmungen stets vereint, wobei Boesch zufolge die Subjektivierung gleichsam die Richtung angibt: „Der Mensch ist nicht zunächst Architekt, ein kühl-sachlicher Planer, um dann anschließend zum Träumer zu werden, sondern er ist vor allem Träumer, der sich dann zum Architekten entwickeln kann, wenn die Versachlichung genügend fortschreitet, jene Objektivierung, die Piaget so schön beschrieben hat“ (Boesch 1980: 62).

Dabei muss die (assimilierende) Subjektivierung nicht nur als eine entwicklungspsychologisch frühe Stufe, sondern als ein nicht hintergehbarer Weltbezug verstanden werden. Boesch unterscheidet in diesem Zusammenhang die primäre kindliche Subjektivierung von der sozusagen erwachsenen, sekundären Subjektivierung: „Welches ist nun die Beziehung zwischen diesen beiden Arten subjektiver Objektwahrnehmung? Die erste, die des kindlichen Egozentrismus, vermengt das Innen mit dem Außen, Kausalität mit Intentionalität, organische Genese mit künstlicher Herstellung, Vorstellungen mit Ereignissen. Der zweite, der sekundäre Subjektivismus, ist subtiler, schwerer einzusehen. Er besteht nicht in Verkennungen der Wirklichkeit, sondern in Symbolisierungen“ (Boesch 1980: 66).

Im Unterschied zu Boesch glaube ich allerdings, dass die strikte Unterscheidung in kindliche, die Realität verkennende und damit in gewisser Weise falsche Subjektivierung einerseits und erwachsene, symbolisierende Subjektivierung andererseits nicht haltbar ist. Zumindest bleiben die kindlichen Subjektivierungen gewissermaßen als affektive Unterfütterung auch des erwachsenen Weltbildes ein Leben lang wirksam. Beide Subjektivierungen versehen die Realität mit Bedeutung, sind Symbolisierungsprozesse und zeigen ein „Sinnverlangen an die Realität“ (Blumenberg 1981) an.

Neben der gewissermaßen tatsächlichen Bedeutung der Umwelt hat sie noch eine symbolische Bedeutung, heften sich an besondere Ausschnitte der Umwelt „Umwelt-Phantasmen“ (Boesch 1980) und Konnotationen. Ein Apfelbaum beispielsweise kann neben der faktischen Bedeutung, die unter anderem in Kategorien der Biologie, der Gärtnerei oder der Ernährung beschreibbar sind, ganz andere Fantasien und Konnotationen an sich binden. Er kann Merkzeichen für die Fähigkeit des Kletterns sein, erinnert vielleicht an den Garten der Kindheit oder an soziale Erfahrungen des Apfelklauens. Solche persönlichen Assoziationen können sich zusätzlich mit kulturell vermittelten Symbolsystemen verbinden, beim Apfelbaum zum Beispiel mit der Paradiesgeschichte oder mit Schneewittchen.

Subjektivierung und Objektivierung erweisen sich dabei keineswegs als alternative Zugänge zu den Dingen der Welt, sondern stets als gleichzeitige beziehungsweise komplementäre, wobei der Schwerpunkt je nach Tätigkeit jeweils verschoben sein kann. Nur in der anerkannten und selbst gedachten Verschränkung beider Zugänge kann Sinn aufscheinen. Das subjektive Gefühl von Sinn kann dann entstehen, wenn wir uns nicht auf eine Seite dieser Polarität schlagen (müssen), sondern uns in beide Perspektiven begeben.

Der Künstler und der Wissenschaftler setzen selbstverständlich andere Akzente in der Gestaltung ihres Weltbezugs – eine Erfahrung, die den Mann ohne Eigenschaften von Robert Musil (1978) folgendes Dilemma formulieren lässt: „Ein Mann, der die Wahrheit will, wird Gelehrter; ein Mann, der seine Subjektivität spielen lassen will, wird vielleicht Schriftsteller, aber was soll ein Mann tun, der etwas will, das dazwischen liegt?"

3 Der Ansatz der Alltagsfantasien

„Natur" aktiviert und formt offenbar ein reichhaltiges Spektrum an Vorstellungen, Bildern, Fantasien, Hoffnungen und Ängsten. Diese Konstruktionen sind in der Regel nicht manifest, sondern treten bei den verschiedensten, für die Subjekte bedeutsamen Anlässen aus ihrer Latenz heraus. Sie sind jedoch wirksam und bedeutsam, auch und gerade, wenn sie nicht bewusst sind. Latente, intuitive, unbewusste Sinnstrukturen – und diese Vorstellungswelten nenne ich Alltagsfantasien (Gebhard 2007) – beeinflussen auch den Naturdiskurs.

Mit dieser Überlegung wird die zentrale Annahme der Psychoanalyse, nämlich die Bedeutung des Unbewussten, aufgegriffen und für ein Verständnis nicht nur privater, sondern auch öffentlicher Diskurse genutzt. Das ist natürlich weder als kritische Anmerkung zur begrenzten Reichweite rationaler Argumentation noch als eine Diffamierung latenter Sinnstrukturen zu verstehen. Im Gegenteil: Freud zufolge gehört gerade die unauflösliche, gegenseitige Verzahnung beider Bereiche zu den Grundbedingungen des menschlichen Seelenlebens: „Das Unbewußte muß [...] als allgemeine Basis des psychischen Lebens angenommen werden. Das Unbewußte ist der größere Kreis, der den kleineren des Bewußten in sich einschließt" (Freud 1900/1991: 617). Die „Sprache" des Unbewussten ist weniger nach syntaktischen und semantischen Gesetzen organisiert, sondern bildhaft und assoziativ. Die Gesetze der Logik gelten nicht und Widersprüche können nebeneinander bestehen bleiben. Unbewusste Verarbeitungsprozesse zeigen sich als Intuitionen (Gedanken, die uns auf der Basis unbewusster Verarbeitungsprozesse in den Sinn kommen) und Emotionen einschließlich interner Bewertungsprozesse.

Die Annahme eines Unbewussten korrigiert eine der Grundannahmen abendländischen Denkens, nämlich, dass sich menschliche Existenz zuerst und vor allem in einer bewussten Reflexion beziehungsweise Selbstreflexion erfährt und auslegt. Die Annahme über die Existenz und die bestimmende Funktion des Unbewussten wird inzwischen sowohl von neurobiologischen als auch von kognitionspsychologischen Denkrichtungen geteilt (zum Verhältnis des psychoanalytischen und des kognitionspsychologischen Begriffs des Unbewussten siehe Combe/Gebhard 2012: 33 ff.). Für unsere Fragestellung, nämlich welche Bedeutung subjektivierende Naturbilder für die Genese von Natur- und Umweltbewusstsein haben, ist besonders der sozialintuitionistische Ansatz von Haidt (2001) interessant, weil er überzeugend darlegt, dass und wie unser moralisches Urteilen von unbewussten, intuitiven Bildern geprägt ist. Diese Fantasien und Bilder bestimmen danach unser bewusstes Urteil, ohne dass uns der irrationale Kern dabei notwendig bewusst ist (ausführlicher in Abschnitt 5). Analog zur Unterscheidung in bewusste und unbewusste Prozesse werden in der Kognitions- und Sozialpsychologie (Evans 2007; Strack/Deutsch 2004) zwei Verarbeitungsmodi des kognitiven Systems unterschieden (Abbildung 1).

Das reflektierende System	**Das intuitive System**
langsam und anstrengend	schnell und mühelos
beabsichtigt und kontrollierbar	unbeabsichtigt und automatisiert
bewusst zugänglich (und bezüglich seiner Logik) überprüfbar	nicht zugänglich; nur die Ergebnisse gelangen ins Bewusstsein
benötigt Aufmerksamkeitskapazitäten, welche begrenzt sind	benötigt keine Aufmerksamkeitskapazitäten
serielle Verarbeitung	parallel verteilte Verarbeitung
Verarbeitung von Symbolen; Denken ist wahrheitssuchend und analytisch	Vergleich von Mustern; Denken ist metaphorisch und holistisch

Abbildung 1: Zwei Arten des Denkens (nach Haidt 2001)

Dieses Implikationsverhältnis von Bewusstem und Unbewusstem, von rationalen und irrationalen Prozessen, von inneren Fantasien, latenten Sinnstrukturen und äußeren Gegebenheiten ist – wie (nicht nur) die Naturbewusstseinsstudien zeigen – im Hinblick auf das Nachdenken über Natur zu berücksichtigen. Nachhaltigkeit, Energiewende, Natursehnsüchte, Wildnis sind dafür nur exemplarische Stichworte. Fantasien, Bilder, Metaphern, Mythen erhalten insofern fast täglich neues Anregungspotenzial aus der Realität. Um die Rekonstruktion und Interpretation beziehungsweise Deutung dieser Vorstellungen und Bilder geht es beim Ansatz der Alltagsfantasien.

Zugleich ist natürlich zu sehen, dass die angesprochene Ebene der Bilder und Fantasien zwar eine ausgesprochen wirksame, aber dennoch nicht die allein gültige ist. Wir haben nämlich kein intuitiv sicheres Wissen vom „Wert der Natur“, vom „Wert des Lebens“, von „Gut und Böse“ oder vom „Wesen des Menschen“, sondern müssen unsere Deutungsmuster prüfen, auch und gerade, wenn sie sich aus latenten Quellen speisen. Dies ist ein Plädoyer für eine erweiterte, gewissermaßen radikalisierte Aufklärung. „Jeder hat eine Philosophie“, sagt der Philosoph Karl Popper, die in Wechselwirkung mit den im Alltag wirksamen Weltbildern, Ideologien, Werthaltungen, Lebensphilosophien steht. Ob diese Philosophie „meistens eine schlechte“ ist, wie Popper kritisch hinzufügt, ist freilich die Frage, enthält diese Philosophie doch nicht nur ideologiehaltige Muster, sondern zugleich auch sinnkonstituierende Elemente, Menschen- und Weltbilder, wie auch Vorstellungen über uns selbst und darüber, wie wir leben wollen.

Diese Vorstellungen haben auch eine Nähe zu dem, was bisweilen mit dem „gesunden Menschenverstand“ bezeichnet wird, von dem Descartes meinte, dass „nichts auf der Welt so gerecht verteilt “ sei (zitiert nach Wagner 1994: 45). Wagner versteht darunter das „uns spontan verfügbare und [von uns] meist unreflektiert gebrauchte Hintergrundwissen, das unserer alltäglichen Praxis unterliegt“ (ebd.). Angesichts des vorrationalen beziehungsweise vorreflexiven Charakters solcher Strukturen des Alltagsbewusstseins spreche ich von „Alltagsfantasien“ oder noch zugespitzter (in Anlehnung an Roland Barthes 1964) von „Alltagsmythen“.

Ein zentraler Gedanke dabei ist, dass sich die „Rationalität des Alltags“, die ich mit dem Begriff der „Alltagsfantasien“ belege, zumindest nur teilweise mit aufgeklärter, wissenschaftlicher Rationalität deckt, ja geradezu als eine komplementäre Rationalität gedacht werden muss. Der Geist, der sich in Alltagsmythen verdichtet, ist routiniert, automatisch (Moscovici 1982), speist sich aus latenten und vorrationalen Quellen, entspricht dem, was Levi-Strauss (1968) „wildes Denken“ genannt hat. Der Geist dagegen, der im Ideal wissenschaftlicher Rationalität zum Ausdruck kommt, ist logisch, kritisch, kontrolliert, formal.

Im Anschluss an Konzeptionen der Kulturpsychologie (Boesch 1980) und Kulturanthropologie (Levi-Strauss 1968) gehe ich davon aus, dass beide Formen des Denkens nicht gegensätzlich, sondern als gleichberechtigte Wirklichkeitszugänge zu denken sind. Sie repräsentieren nicht etwa die primitive oder archaische Form des Denkens gegenüber der entwickelten Form; die eine ist nicht die Vorform der anderen, sondern es handelt sich um zwei komplementäre Möglichkeiten des menschlichen Geistes, mit „denen die Natur mittels wissenschaftlicher Erkenntnis angegangen werden kann, wobei die eine, grob gesagt, der Sphäre der Wahrnehmung und der Einbildungskraft angepasst, die andere von ihr losgelöst wäre“ (Levi-Strauss 1968: 27).

Wichtig in diesem Zusammenhang ist der Gedanke, dass das Aufeinanderprallen dieser unterschiedlichen Rationalitäten als ein wesentlicher Grund für die Heftigkeit mancher Auseinandersetzungen angesehen werden kann, die nicht selten in schier unauflöslich scheinende Aporien führen kann. Der Naturdiskurs ist dafür ein gutes Beispiel, aber auch die Debatte um Stammzellen, Atomenergie oder Biodiversität. Diese Aporien können auch nicht verstanden oder gar aufgelöst werden, beschränkt man sich bei der Analyse lediglich auf die Ebene der rational-logischen Argumente und Sachverhalte. „Es genügt nicht, die argumentative Struktur von Diskursen zu analysieren, solange in qualitativen Studien die kulturellen Bilder und Metaphern nicht berücksichtigt werden, die wie ein Gerüst von Stützbalken das im Diskurs konstruierte Objekt tragen“ (Grize 1989: 159). Diese Stützbalken sind deshalb besonders wichtig, weil sie die kulturellen und sozialen Konzepte, unsere impliziten Welt- und Menschenbilder transportieren. Diese Bilder sind auch und gerade dann wirksam und handlungsrelevant, wenn sie implizit und unbewusst sind. Um die Rekonstruktion und Reflexion dieser „Stützbalken“, der damit assoziierten Metaphern und Fantasien und der damit gleichsam „transportierten“ Welt- und Menschenbilder geht es beim Ansatz der Alltagsfantasien.

4 Alltagsfantasien – Inhaltliche Beispiele

Um auf die Ebene der Fantasien und der latenten Sinnstrukturen zu gelangen, bedarf es besonderer methodischer Zugänge. In unserer Hamburger Arbeitsgruppe „Intuition und Reflexion“ haben wir ein Gruppendiskussionsverfahren als qualitative Forschungsmethode mit Kindern und Jugendlichen angewandt, das Anregungen aus der Kinderphilosophie aufgreift (vgl. Billmann-Mahecha/Gebhard 2013). Insbesondere der von Matthews (1989) gut dokumentierte Ansatz, durch das Vorlesen einer im Ausgang offenen Geschichte eine eigenständige Diskussion anzuregen, hat sich in unserer bisherigen Forschung gut bewährt. Verschiedene, begründbare Positionen werden durch ein kontrovers geführtes Gespräch zwischen zwei Jugendlichen in der Geschichte repräsentiert. Die Diskussionen werden wörtlich transkribiert und nach Verfahrensvorschlägen der Grounded Theory ausgewertet. Im Folgenden sind zunächst die Alltagsfantasien benannt, die auf der Grundlage von 30 Gruppendiskussionen mit Jugendlichen zum Thema „Gentechnik" rekonstruiert wurden (Gebhard 2002, 2009):

1. Das Leben ist heilig.
2. „Natur" als sinnstiftende Idee.
3. Tod und Unsterblichkeit
4. Gesundheit
5. Dazugehörigkeit versus Ausgrenzung
6. Ambivalenz von Erkenntnis und Wissen
7. Der Mensch als homo faber
8. Der Mensch als Schöpfer
9. Der Mensch als Maschine
10. Perfektion und Schönheit
11. Individualismus
12. „Sprache der Gene"
13. Geld regiert die Welt.

Diese Übersicht zeigt die Vielfalt und auch Vielschichtigkeit der Alltagsfantasien. Die einzelnen Erzählungen sprechen natürlich nicht für sich, sondern müssen in einem sorgfältigen hermeneutischen Prozess ausgedeutet werden. Weil es im gegebenen Zusammenhang vor allem um die Naturbilder beziehungsweise Naturfantasien geht, werden im Folgenden nun beispielhaft die Vorstellungen zu „Natur als sinnstiftende Idee" ausgebreitet.

Die Alltagsfantasie „Natur als sinnstiftende Idee" ist bei der Auseinandersetzung mit der modernen Gentechnik relativ häufig anzutreffen, insbesondere in Form eines normativen Naturbegriffs. „Was natürlich ist, ist gut." Es handelt sich hier um eine Argumentationsfigur, die in der Philosophie als „naturalistischer Fehlschluss" bezeichnet wird, die das Sein mit dem Sollen vermengt. Im Hinblick auf das damit implizierte Menschenbild bedeutet dies, dass die Natur zum Inbegriff einer normativen Instanz wird, die den Maßstab für moralische Urteile liefert. „Natürlich" und „moralisch richtig" fallen bei einer solchen naturalistischen Ethik zusammen. Zum Beispiel: „Aber ich denke mal, dass es von der Natur so gegeben ist, dass das so passiert ist." Oder: „Ich habe gerade das

Bild von Tieren im Kopf, ich weiß nicht, also wenn jetzt eine Tigermama ein Tigerbaby kriegt. Also sie kriegt vier Stück und eins davon ist blind oder so, dann stößt sie es doch auch weg. Und ich weiß nicht, ich mein, das ist Natur und dem Menschen ist es halt selber überlassen und ich schätz mal nicht, dass es unbedingt negativ ist."

Die normstiftende Funktion von Natur ist am verlässlichsten und unverbrüchlichsten, wenn die Natur stabil und ewig ist. In diesem Zusammenhang erfordert der „Mythos Natur" einen statischen Naturbegriff: „Die Natur soll so bleiben, wie sie ist." Vor diesem Hintergrund ist es folgerichtig auch „frevelhaft", diese ewige und immergleiche Natur zu verändern. Im Gegenteil: Entsprechend der innerhalb dieses Mythos vorherrschenden physiozentrischen Ethik ist die Natur hierarchisch über dem Menschen angesiedelt und der Mensch darf sich nicht über die Natur stellen (Menschenbild). Einige Beispiele: „Man soll der Natur nicht ins Handwerk pfuschen." „Ich weiß nicht, ich finde, wir haben die Natur schon genug verpfuscht und es sollen auch noch natürliche Sachen bleiben." „Ich finde das nicht so gut, wenn man in die Natur eingreift. Hat wahrscheinlich irgendeinen Grund, also die Natur hat einen Grund, dass alles so ist, wie es ist, und dass man da nicht so dran rumdreht."

Indem der Naturbegriff in eine Allaussage überführt wird, wird er inhaltlich entleert. Insofern Natur alles ist, können auch seine traditionellen Entgegensetzungen (wie vor allem Technik und Mensch) aufgenommen werden. Mit dem Hinweis auf Natur kann nun alles (und damit nichts) legitimiert werden: „Man kann auch anders fragen, man kann auch sagen, dass das der natürliche, dass das zur Natur gehört. Dass wir Menschen uns so weiterentwickelt haben, dass wir in unsere eigene Natur eingreifen können, dass das ja ein natürlicher Prozess ist, dass wir uns so weiterentwickelt haben, dass wir in der Lage sind, solche Krankheiten vorherzusagen."

Im Zusammenhang mit der Alltagsfantasie „Natur als sinnstiftende Idee" finden sich auch häufig evolutionäre Positionen und naturalistische Argumentationsmuster. Besonders deutlich wird dies bei der Verwendung naturwissenschaftlicher, insbesondere evolutionsbiologischer Konzepte bei der Bewertung der Gentherapie. Verbunden damit ist ein evolutionäres Menschenbild: „Für die Betroffenen sicherlich gut, aber der Mensch ist auch nur ein biologischer Kreislauf, den man nicht um Jahrzehnte aufhalten sollte." „Für das Individuum eine optimale Lösung. Für die Menschheit als Ganzes aber an sich nicht nur gut. Bisher gelten die Gesetze des Stärkeren (- er überlebte) ... aber die Krankheiten sind von der Natur eingeführt worden, um eine Selektion durchführen zu können, diese wird dadurch aber unterbrochen, verhindert." „Finde ich positiv, wenn es kranken Menschen eine Erleichterung bringt. Doch wo bleibt dann eine natürliche Auslese?“

„Natürliche Auslese“ und „Selektion“ werden bemerkenswert häufig als Kategorien zur Bewertung der Gentherapie verwendet. Solche eugenischen, zum Teil auch sozialdarwinistischen Vorstellungen offenbaren sich in der Befürchtung, dass sich die „Stärkeren“ nicht mehr durchsetzen könnten, wenn durch gentherapeutische Möglichkeiten kranke Menschen geheilt werden oder durch eine gentechnisch optimierte Landwirtschaft zu viele Menschen überleben würden. Zwar wird im Kontext solcher Argumentation die mögliche Bewältigung des Hungerproblems mithilfe der Gentechnik durchaus begrüßt, jedoch wird gefragt, ob dies im Sinne der „natürlichen Selektion“ sein könne. Die Stärkeren, in diesem Fall die Satten, könnten sich möglicherweise als Konsequenz der gentechnisch unterstützten Bewältigung des Hungerproblems nicht mehr durchsetzen. Ausgesprochen häufig gibt es das Überbevölkerungsargument. „Das Problem der Dritten Welt ist nicht der Hunger der dort lebenden Menschen, sondern die Tatsache, dass zu viele Menschen in einem Gebiet leben, das einfach von der Natur nicht für so viele Menschen vorgesehen ist.“ „Die Natur sollte das Hungerproblem in Afrika lösen.“

Zusammenfassend lässt sich sagen, dass die Naturvorstellungen eine Verbindung mit mannigfachen symbolhaltigen Konstruktionen eingehen: Mit naturphilosophischen beziehungsweise -religiösen Vorstellungen („Gibt es nicht bestimmte Regeln der Natur, die man einfach einhalten sollte?”), mit sozialdarwinistischen Konzepten („Die Natur soll das Hungerproblem in Afrika lösen.“) und mit Angst („Außerdem wird die Natur sich sicher einmal zur Wehr setzen.“). Zu betonen ist außerdem, dass ein normativer Naturbegriff vorherrscht, der im Stile des naturalistischen Fehlschlusses das Sein mit dem Sollen vermengt: „Was natürlich ist, ist gut.“ Dies gilt auch im Umkehrschluss: Was auf technische Weise „unnatürlich“ gemacht wurde, wird zumindest skeptisch betrachtet. Dieses naturalistische Normengefüge ist offenbar das Netz, in dem sich die Gentechnik, vor allem die „grüne Gentechnik“, verfängt. Die in der Fantasie an sich stabile und „ewige“ Natur verliert so ihre unverbrüchliche und damit Geborgenheit vermittelnde Funktion.

5 Naturbilder, Naturerfahrungen und Umweltbewusstsein

Bei dem allseits geforderten Bewusstseinswandel im Hinblick auf Natur, im Hinblick auf eine nachhaltige Entwicklung spielen Bildungsprozesse eine zentrale Rolle. So wird in der Agenda 21 Bildung als die wesentliche Voraussetzung für die „Herbeiführung des nötigen Bewusstseinswandels“ angesehen. Bildung sei wichtig für „die Schaffung eines ökologischen und ethischen Bewusstseins sowie von Werten und Einstellungen, Fähigkeiten und Verhaltensweisen, die mit einer nachhaltigen Entwicklung vereinbar sind“ (BMU 1992). Zugleich ist zu sehen, wie beschränkt oder zumindest wie kleinschrittig die Möglichkeiten tiefgreifender Bildungsprozesse in dieser Hinsicht sind. Der besagte Bewusstseinswandel ist zumindest ein kompliziertes Geschehen. Um keine Missverständnisse aufkommen zu lassen: Trotzdem bleibt die zentrale Rolle von Bildung natürlich bestehen, denn „die Krise der Einen Welt ist eine Lernkrise“ (Scheunpflug 2000: 6).

Der Ansatz der Alltagsfantasien akzentuiert in diesem politischen und pädagogischen Zusammenhang die Bedeutung der symbolischen, intuitiven, vorbewussten Vorstellungswelten – und das ist die Ebene der in diesem Aufsatz thematisierten Naturbilder und Naturfantasien. „Sind es Gedanken an Ökosysteme, Stabilität, Regelfunktionen, an Rote Listen, ökonomischen Nutzen, Genpotential? Oder sind es gar keine Gedanken, sondern ein alle Sinne einbeziehendes Wahrnehmen, ein Gefühl, das wir nicht beschreiben können, das wir aber immer wieder haben, wenn wir etwas von selbst gewordenes, Wildes, Ursprüngliches, nicht vom Menschen geschaffenes, eigentlich nutzloses um uns haben? ... Ich meine, dass die Argumente, mit denen wir für den Schutz der Natur eintreten, gar nicht diejenigen sind, weshalb Natur uns selbst wichtig ist“ (Bierhals 2005: 115 f.).

Es geht beim Ansatz der Alltagsfantasien um das Verhältnis von rationalen Argumenten innerhalb der Naturdebatte einerseits und von irrationalen, intuitiven, erlebnisbezogenen Elementen des Naturbewusstseins andererseits. So konnten wir beispielsweise empirisch zeigen, welche Bedeutung animistisch-anthropomorphe Vorstellungen bei der moralisch-ethischen Bewertung von Bäumen spielen können (Gebhard et al. 2003).

Im Ansatz der Alltagsfantasien wird versucht, das Spannungsverhältnis von Reflexion und Intuition konstruktiv zu wenden und fruchtbar zu machen und dies auch deshalb, weil die Diskrepanz zwischen Einsicht beziehungsweise Bewusstsein und „nachhaltigem“ Verhalten dermaßen eklatant ist (Rost 2002), dass sowohl Politik als auch Bildungsinstitutionen nachdenklich werden müssen. Im Hinblick auf Bildungsprozesse ist dabei meine zentrale These, dass ein Wandel des Naturbewusstseins, wie er beispielsweise derzeit vehement im Hinblick auf das Thema Biodiversität gefordert wird, oder der Bildung für eine nachhaltige Entwicklung dann eine Chance hat, wenn unsere intuitiven, weitgehend unbewussten Bilder und Fantasien zur Natur einerseits und die ökologischen, politischen, kulturellen Argumente im Hinblick auf Natur und Nachhaltigkeit andererseits miteinander in Beziehung gebracht werden. Meine Argumentation folgt dabei keinem antirationalen, naturschwärmerischen Duktus, sondern der Überzeugung, dass es rational ist, unsere irrationalen Anteile zum Gegenstand der Reflexion zu machen.

In Abschnitt 1 dieses Aufsatzes wurde unter Verweis auf die Naturbewusstseinsstudien gezeigt, dass „Natur“ in doppelter Hinsicht von Bedeutung ist: Als Sinninstanz (als Symbol für ein „gutes Leben“) und als Erfahrungsraum (Naturräume als Orte der Entspannung, Erholung, Aktivität). Unsere Naturbilder und Naturfantasien werden von beiden Bedeutungsdimensionen erzeugt; sie erwachsen gleichsam aus Erfahrungen und sind zugleich kulturell erzeugt. In konkreten Naturerfahrungen kommen beide Dimensionen zusammen (Gebhard 2005).

Häufig wird nun mit dem Plädoyer für Naturerfahrungen die Hoffnung verbunden, dass Naturerfahrungen und Natur- beziehungsweise Umweltbewusstsein positiv zusammenhängen. Naturerfahrungen haben in diesem Zusammenhang die Funktion, die Menschen in ihren Einstellungen gegenüber der Natur und auch gegenüber anderen Menschen zu beeinflussen. Dass mit dem Erleben von Natur moralische Aspekte berührt werden, ist ein Gedanke, den bereits Immanuel Kant formuliert hat. Kants Überlegungen zum Naturschönen finden wir in der „Kritik der Urteilskraft“ (1790). Kant behauptet einen Zusammenhang zwischen der Hochschätzung des Naturschönen und der moralischen Gesinnung: Das ist die These, „daß ein unmittelbares Interesse an der Schönheit der Natur zu nehmen [...] jederzeit ein Kennzeichen einer guten Seele sei; und daß, wenn dieses Interesse habituell ist, es wenigstens eine dem moralischen Gefühl günstige Gemütsstimmung anzeige, wenn es sich mit der Beschauung der Natur gerne verbindet“ (Kant 1977: 395).

Im Einzelnen mutmaßt Kant in der „Kritik der Urteilskraft“ (§ 86), dass der Mensch, wenn er sich „umgeben von einer schönen Natur, in einem ruhigen heitern Genusse seines Daseins befindet“, das Bedürfnis hat, „irgend jemand dafür dankbar zu sein“ (Kant 1977: 395). Diese Dankbarkeit könnte – auch wenn dabei religiöse Gefühle beteiligt sein mögen – durchaus in moralische Gefühle oder Motivationen transformierbar sein.

Eine Reihe von empirischen Studien belegen nun in der Tat eine Korrelation von positiven Naturerlebnissen (in der Kindheit) und umweltpfleglichen Einstellungen, wobei allerdings in diesem Zusammenhang angemerkt sei, dass das im Hinblick auf pädagogisch initiierte Naturerfahrungen nicht so eindeutig zutrifft (z. B. Bögeholz 1999; Bogner 1998; Kals et al. 1998; Lude 2001). So muss mit Blick auf entsprechende Bildungsbemühungen sicherlich bedacht werden, dass es die selbst gewählten, freizügigen Naturerfahrungen sind, die gleichsam beiläufig in Richtung umweltpfleglicher Einstellungen und Handlungsbereitschaften wirksam sind (Gebhard 2013: 115 ff.). So weisen die Befunde im Umkreis der sogenannten „significant life experiences" (Tanner 1980; Palmer/Suggate 1996; Palmer et al. 1998; Sward 1999) aus den USA, Australien, Großbritannien in diese Richtung. In der Tendenz zeigt sich, dass Naturerfahrungen in der Kindheit einer der wichtigsten Anregungsfaktoren für ein späteres Engagement für Umwelt- und Naturschutz sind. Persönliche Vermittlungen (Vorbilder) und Medien sind nicht unbedeutend, aber der unmittelbaren Naturerfahrung nachgeordnet. Bixler et al. (2002) zeigen in einer Befragung von Jugendlichen, dass diejenigen, die als Kinder viel in der Natur gespielt haben, dies auch als Jugendliche gern tun und zudem eine ausgeprägte Vorliebe für natürliche Landschaften, Freizeitaktivitäten in der Natur und für Berufe, die etwas mit Natur zu tun haben, zeigen.

Die menschliche Beziehung zur Natur scheint eher von positiven Erlebnissen und von Intuitionen als von rationalen Argumenten geprägt zu sein. Insofern ist es folgerichtig, im Hinblick auf das Naturbewusstsein die erlebnisbezogene und intuitive Ebene wieder salonfähig zu machen (vgl. z. B. Schemel 2004; Theobald 2003). Im Anschluss an vor allem Haidt (2001) gehe ich davon aus, dass Naturerlebnisse vor allem und primär die Intuition und damit unsere Naturbilder beeinflussen und erst im zweiten Schritt beziehungsweise nachträglich und auch nicht notwendig die Reflexion (Dittmer/Gebhard 2012). Der intuitiv-emotionale Zugang zur Natur wird allerdings bei der Aufklärung über Natur- und Umweltschutz nur wenig „bedient", was eine der zentralen Ursachen für das Kommunikations- und Akzeptanzproblem des Naturschutzes sein könnte (vgl. Meier/Erdmann 2004).

Die bisherigen, eher rationalistischen Ansätze in der Moralpsychologie gehen mit Piaget und Kohlberg davon aus, dass der Mensch zu moralischem Wissen und moralischem Urteilen primär durch einen Prozess des rationalen Denkens gelangt. In neueren intuitionistischen Ansätzen der Moralpsychologie wird dagegen angenommen, dass zunächst eine moralische Intuition vorhanden ist und diese direkt das moralische Urteil verursacht. Das rationale Denken findet überwiegend nach dem intuitiven Urteil, also als Post-hoc-Rechtfertigung statt, das heißt, dabei wird in der Regel überwiegend nach Pro-Argumenten für das intuitive, bereits gefällte Urteil gesucht. Somit bleibt das am Anfang intuitiv gefällte moralische Urteil auch nach dem rationalen Denken unverändert (Haidt 2001).

Nach Haidt (2001) geht es vor allem darum, die mit der Wahrnehmung generierten Schlussfolgerungen post hoc zu legitimieren und rational zu begründen. Nachdenken generiert nachträgliche Rechtfertigungen der intuitiven Bewertungen und es scheint ein engerer Zusammenhang zwischen Bewertungen und intuitiven Bildern beziehungsweise Fantasien als zwischen Bewertungen und bewusster Argumentation zu bestehen. Das moralische Argumentieren gleicht dann eher dem Plädoyer eines Rechtsanwalts, bei dem das Urteil ja bereits feststeht, als dem Argumentieren eines wahrheitssuchenden Wissenschaftlers, bei dem die Lösung ja noch gefunden werden muss. Natürlich sind Intuitionen nicht die besseren Urteile. Aber – weil sie maßgeblich auf Denken und Handeln Einfluss nehmen – müssen sie in Reflexionsprozessen berücksichtigt werden.

Naturerfahrungen und die damit verbundenen Naturbilder werden also, betrachtet man sie vor dem theoretischen Hintergrund des sozial-intuitionistischen Modells, in der Tat eine Funktion im Hinblick auf unser Naturverhältnis, auf unser Naturbewusstsein haben. Allerdings ist es die Frage, ob diese moralisierende Funktion zielgerichtet angesteuert werden darf. Es spricht viel dafür, dass die Wertschätzung von Natur eher das Ergebnis von beiläufigen, gelungenen Erfahrungen in der Natur ist. Die Erhöhung der Wertschätzung von Natur wäre dann ein geradezu unbeabsichtigter, beiläufiger Nebeneffekt von Naturerlebnissen. Deshalb ist in den Blick zu nehmen, dass und inwiefern Naturerlebnisse einfach nur gute Erlebnisse sind. So wird für Martin Seel (1991) die Erfahrung des Naturschönen mit den sie begleitenden kontemplativen, korresponsiven und imaginativen Erlebnisqualitäten (Billmann-Mahecha/Gebhard 2009) zu einer mehr oder weniger wesentlichen Bedingung des Gelingens eines „guten Lebens“.

6 Exkurs: Zur Wirksamkeit der expliziten Reflexion von Alltagsfantasien in Lernprozessen – empirische Hinweise

Im Folgenden sollen nun einige ausgewählte empirische Befunde der Hamburger Arbeitsgruppe „Intuition und Reflexion“ vorgestellt werden. Bei diesen Untersuchungen handelt es sich um den Versuch, die normative, bildungsbezogene Argumentation zur Bedeutung von Fantasien und Symbolisierungen in Lernprozessen zusätzlich empirisch zu erhärten. Diese empirischen Untersuchungen können natürlich nicht die gesamte Komplexität des Ansatzes abbilden, sie können jedoch als „Hinweise“ für die Wirksamkeit und Produktivität des Ansatzes der „Alltagsfantasien“ gelten.

In zwei schulischen Interventionsstudien (Born 2007; Monetha 2009) und einer laborexperimentellen (Oschatz 2011; Oschatz/Mielke/Gebhard 2011) hat die Hamburger Arbeitsgruppe die lernpsychologische Wirksamkeit der expliziten Reflexion von Alltagsfantasien untersucht. In den beiden schulischen Interventionsstudien konnten wir zeigen, dass ein Unterricht, der die Alltagsfantasien der Schülerinnen und Schüler explizit zum Thema macht und immer wieder darauf zurückkommt, sinnhafter interpretiert wird, motivierender ist und darüber hinaus auch zu einem nachhaltigeren Lernerfolg führt.

Ob sich die Berücksichtigung von Alltagsfantasien auf die Motivation und die Lernleistung auswirkt, wurde in einer Interventionsstudie von Monetha (2009) (siehe hierzu auch Monetha/Gebhard 2008) untersucht. Es handelt sich um ein quasiexperimentelles Design, an der drei Parallelklassen der Jahrgangsstufe 10 einer Hamburger Gesamtschule teilnahmen. Die Datenerhebung umfasste 14 Unterrichtsstunden je Klasse. Die Untersuchung war im Vorher-Nachher-Follow-up-Kontrollgruppendesign angelegt.

Vor dem Hintergrund der Selbstbestimmungstheorie der Motivation (Deci/Ryan 1993) wurden die motivationalen Faktoren erhoben. Die Ergebnisse im Hinblick auf die psychologischen Grundbedürfnisse zeigen, dass vor allem das Erleben sozialer Eingebundenheit durch das Einbeziehen der Alltagsfantasien positiv beeinflusst wird. Offenbar wird durch die Einbeziehung der Alltagsfantasien das Erleben sozialer Eingebundenheit gefördert, da die Schülerperspektive ernst genommen wird. Dies scheint besonders gut in einer sozialen Atmosphäre des Angenommenseins zu funktionieren.

Die größten Effekte sind bei der intrinsischen Motivation zu verzeichnen (Monetha/Gebhard 2008) und auch auf inhaltliche Verstehensprozesse hat die Reflexion der Alltagsfantasien einen Einfluss: Die Kontrollklasse schnitt im Leistungstest zwar nur geringfügig schlechter als beide Interventionsklassen ab. Doch konnten nach zwölf Wochen die Schülerinnen und Schüler der Interventionsklassen sich an mehr Unterrichtsinhalte erinnern als die der Kontrollklasse. Diese Ergebnisse deuten darauf hin, dass die Alltagsfantasien zu einer tieferen und nachhaltigeren Beschäftigung mit dem Lerngegenstand geführt haben. Das Willkommenheißen der Alltagsfantasien und damit der subjektivierenden Sinnentwürfe hat offenbar zu einer subjektnahen und auch nachhaltigen Verarbeitung des Unterrichtsgegenstands geführt. Vor allem die Ergebnisse der Follow-up-Erhebungen deuten in diese Richtung.

In einer weiteren Studie wurden diese Befunde im Hinblick auf ihre kognitionspsychologischen Mechanismen genauer untersucht (Oschatz 2011; Oschatz/Mielke/Gebhard 2011). In laborexperimentellen Untersuchungen (n = 203) im Versuchs-Kontrollgruppen-Design aktivierten wir Alltagsfantasien zum Thema Gentechnik bei Probanden der Versuchsgruppe und untersuchten unter anderem die Effekte auf fokussierte Denkprozesse zu biologischen Themen. Die Probanden lasen einen Text zum Thema Gentransfer. Mithilfe eines Multiple-

Choice-Tests sowie speziell entwickelter Transferaufgaben zum Verständnis der grundlegenden Prozesse des Gentransfers wurden die Auswirkungen auf Verstehensprozesse erfasst. Das Verfahren besteht aus einem Text zum Gentransfer, wie er in gängigen Biologiebüchern zu finden ist. Dazu wurde ein Aufgabenset aus zehn Multiple-Choice-Aufgaben und zwei Transferaufgaben entwickelt. Die Kontrollvariablen umfassen Skalen zum Interesse, Wohlbefinden, biologischen Vorwissen, zur schulischen Vorbildung im Fach Biologie sowie zu den epistemischen Überzeugungen und Angaben zur Person.

Die Ergebnisse zeigen, dass die Kontrollgruppen die Transferaufgabe signifikant besser als die Versuchsgruppen, die sich mit den subjektivierenden Alltagsfantasien beschäftigt haben, lösen. Eine ähnliche Tendenz zeigt sich auch in Bezug auf die Multiple-Choice-Aufgaben. Außerdem haben wir bei den Probanden noch das sogenannte „Bedürfnis nach Kognition" (Need for Cognition, Cacioppo/Petty 1982) erfasst. Dabei handelt es sich um eine Persönlichkeitseigenschaft, die den Grad der Freude am Denken und Nachsinnen abbildet. Personen mit hohem Bedürfnis nach Kognition haben Freude am Denken und investieren hohen analytischen Aufwand, wenn sich ihnen die Gelegenheit hierzu bietet. Personen mit einem geringen Bedürfnis nach Kognition vermeiden eher aufwendiges Denken, wenn sie nicht durch entsprechende Anforderungen hierzu gleichsam „gezwungen" werden.

Auch hier haben wir sehr interessante Befunde zu verzeichnen: Die Effekte des Bedürfnisses nach Kognition wurden nämlich durch die Aktivierung der Alltagsfantasien nivelliert. Während die Probanden der Kontrollgruppe in Abhängigkeit ihres Bedürfnisses nach Kognition besser abschnitten, fanden sich in der Versuchsgruppe keine Unterschiede. Die Alltagsfantasien beschäftigen offenbar die Subjekte sehr und lenken zunächst von der Beschäftigung mit einem Thema ab. Gerade diejenigen, die sich durch ein hohes Bedürfnis nach Kognition auszeichnen, die also gern und oft nachdenken und Dinge infrage stellen, sind davon am meisten betroffen. Zugespitzt kann man also von einem durch die Alltagsfantasien ausgelösten Irritationseffekt sprechen. Die Einbeziehung intuitiver Vorstellungen erfordert möglicherweise zusätzliche kognitive Anstrengung, um die Beanspruchung durch die Reflexion der sonst intuitiven Ideen auszubalancieren.

Vornehmlich werden also Personen mit hoher Bereitschaft zum Nachdenken durch die Reflexion ihrer intuitiven Welt- und Menschenbilder angesprochen. Unmittelbar hat die Reflexion der Alltagsfantasien dabei einen irritierenden Effekt, der sich allerdings langfristig zu einem Verständnisvorteil transformieren kann. Der kommunikative Austausch über die intuitiven Welt- und Menschenbilder in der Gruppe stimuliert dabei vermutlich das Erkennen multipler Perspektiven und fördert die sinnvolle Verarbeitung der Lerninhalte.

Insgesamt lassen sich die empirischen Befunde als Hinweise für die Wirksamkeit der Konzeption der Alltagsfantasien interpretieren: Die explizite Berücksichtigung der subjektivierenden, symbolisierenden Deutungsmuster einerseits und das Nachdenken über die kulturelle Note naturwissenschaftlicher Inhalte (Mensch- und Weltbilder) andererseits vertiefen Bildungsprozesse im Allgemeinen und das Lernen von naturwissenschaftlichen Phänomenen im Besonderen.

7 Fazit

Die im letzten Abschnitt zusammengefassten empirischen Befunde zeigen, dass die primäre Wirkung der Alltagsfantasien als eine Irritation beschrieben werden kann, die zunächst von der routinierten und effizienten Beschäftigung mit einer Thematik wegzuführen scheint. Bereits auf den zweiten Blick ist das nicht mehr erstaunlich: Die Fantasien nehmen – weil sie als Abkömmlinge des Unbewussten oft unlogisch, assoziativ und widersprüchlich erscheinen – nicht nur die objektivierende Version des Gegenstands in den Blick, sondern eben noch ganz andere Dimensionen, von denen sich die Schulweisheit oft nichts träumen lässt. Das ist geradezu der spezifische Charakter der Fantasien und das kann natürlich irritieren und auf „Abwege" führen. Allerdings – und das zeigen die Interventionsstudien – lohnt sich diese irritierende Tiefe: Wenn die Fantasien willkommen sind, wenn sie immer wieder zum Gegenstand expliziter Reflexion gemacht werden – auch zunächst abschweifig erscheinen – werden Bildungsprozesse, die Alltagsfantasien berücksichtigen, sinnhafter erlebt, unterstützen die Motivation und sind auch im Hinblick auf die kognitive Beschäftigung mit einem Gegenstand – langfristig, meist schon mittelfristig – effizienter.

Der zentrale Gedanke dieses Aufsatzes ist nun, dass das auch für unsere Naturbilder und die Beschäftigung mit Natur, Umwelt und Nachhaltigkeit gilt. Die symbolisierenden und subjektivierenden Naturbilder sind als „Alltagsfantasien" gleichsam die Tiefendimension des Naturbewusstseins, um dessen Transformation es im Hinblick auf eine nachhaltige Entwicklung gehen muss. Sich diesen notwendig auch irritierenden beziehungsweise krisenhaften Erfahrungen und den damit assoziierten Bildern zu stellen und sie zugleich der Reflexion zugänglich zu machen, ist nämlich eine Bedingung dafür, dass das Naturbewusstsein eine persönlichkeitswirksame (Gebhard 2005) und handlungsleitende Qualität bekommt. Dabei sind Krisen und Irritationen nicht zu vermeiden. Im

Gegenteil: Die Fantasien beunruhigen das Subjekt auch deshalb, weil sie inhaltlich unsere kulturell erzeugten Welt- und Menschenbilder transportieren und somit die Menschen in den Grundfesten ihrer Existenz berühren.

Und auch Naturbilder berühren uns in unserer Existenz, in unserem Sinnverlangen. Die Präsidentin des Bundesamts für Naturschutz, Beate Jessel, formuliert sogar in ihrem Kommentar zur Naturbewusstseinsstudie 2011 sehr zugespitzt, dass die Natur für die Deutschen eine „wahre Herzensangelegenheit" sei (BMU 2012: 7). Durch das Willkommenheißen von Naturbildern und -fantasien und deren Reflexion könnte diese Angelegenheit des Herzens auch eine Angelegenheit des Kopfes und vielleicht auch der Handlung werden.

Literaturverzeichnis

Adorno, T. W. (1970): Ästhetische Theorie. Frankfurt/M. : Suhrkamp.

Barthes, R. (1964): Mythen des Alltags. Frankfurt: Suhrkamp.

Bierhals, E. (2005): Die falschen Argumente? Naturschutzargumente und Naturbeziehung. In: Natur und Kultur 6, 1, S. 113-128.

Billmann-Mahecha, E.; Gebhard, U. (2013): Die Methode der Gruppendiskussion zur Erfassung von Schülerperspektiven. Beispiele zu bioethischen Fragestellungen und Alltagsphantasien. In: Krüger, D., Parchmann, I., Schecker, H. (Hrg.): Methodenhandbuch für die naturwissenschaftsdidaktische Forschung. Berlin: Springer.

Billmann-Mahecha, E.; Gebhard, U. (2009): „If we had no flowers..." Children, Nature, and Aestetics. In: The Journal of Developmental Processes 4, (1), S. 24-42.

Bixler, R. D.; Floyd, M. F.; Hammitt, W. E. (2002): Environmental socialization: Quantitative tests of the childhood play hypothesis. In: Environment and Behavoir 34, 6, 2002, S. 795-818.

Blumenberg, H. (1981): Die Lesbarkeit der Welt. Frankfurt/M.: Suhrkamp.

BMU (1992): Konferenz der Vereinten Nationen für Umwelt und Entwicklung im Juni 1992 in Rio de Janeiro. Agenda 21. Bonn.

BMU (2012): Naturbewusstsein 2011. Bevölkerungsumfrage zu Natur und biologischer Vielfalt. Hannover.

BMU (2010): Naturbewusstsein 2009. Bevölkerungsumfrage zu Natur und biologischer Vielfalt. Hannover.

Böhme, G. (1989): Für eine ökologische Naturästhetik. Frankfurt/M.: Suhrkamp.

Böhme, G. (1992): Natürlich Natur. Über Natur im Zeitalter ihrer technischen Reproduzierbarkeit. Frankfurt/M.: Suhrkamp.

Boesch, E. E. (1980): Kultur und Handlung. Bern Stuttgart Wien: Huber.

Bögeholz, S. (1999): Qualitäten primärer Naturerfahrung und ihr Zusammenhang mit Umweltwissen und Umwelthandeln, Opladen: Leske und Budrich.

Bogner, F. X. (1998): The influence of short-term outdoor ecology education on long-term variables of environmental perspective. In: Journal of Environmental Education, 29, 17-29.

Born, B. (2007): Lernen mit Alltagsphantasien. Wiesbaden: VS-Verlag.

Cacioppo, J. T.; Petty, R. E. (1982): The need for cognition. In: Journal of Personality and Social Psychology, 42 (1), 116-131.

Combe, A.; Gebhard, U. (2012): Verstehen im Unterricht. Die Bedeutung von Phantasie und Erfahrung. Wiesbaden: Springer-VS.

Deci, E. L.; Ryan, R. M. (1993): Die Selbstbestimmungstheorie der Motivation und ihre Bedeutung für die Pädagogik. In: Zeitschrift für Pädagogik 39, Heft 2: S. 223-238.

Dittmer, A.; Gebhard, U. (2012): Stichwort Bewertungskompetenz: Ethik im naturwissenschaftlichen Unterricht aus sozial-intuitionistischer Perspektive. In: Zeitschrift für Didaktik der Naturwissenschaften, 18, S. 81-98.

Evans, J. S. B. T. (2007): Dual-Processing Accounts of Reasoning, Judgement, and Social Cognition. In: Annual Review of Psychology, 59, 255-278.

Freud, S. (1900): Die Traumdeutung. GW Band II und III.

Gebhard, U. (2002): Tod und Unsterblichkeit in Alltagsphantasien von Jugendlichen zur Gentechnik. In: Zeitschrift für Didaktik der Philosophie und Ethik (1), 14-21.

Gebhard, U. (2005): Naturverhältnis und Selbstverhältnis, In: Scheidewege 35, S. 243-267.

Gebhard, U. (2007): Intuitive Vorstellungen bei Denk und Lernprozessen: Der Ansatz der „Alltagsphantasien“. In: Krüger, D.; Vogt, H. (Hrg.): Theorien in der biologiedidaktischen Forschung. Berlin, Heidelberg, New York: Springer 117-128.

Gebhard, U. (2009): Alltagsmythen und Alltagsphantasien. Wie sich durch die Biotechnik das Menschenbild verändert. In: Dungs, S.; Gerber, U.; Mührel, E. (Hrsg.): Biotechnologien in Kontexten der Sozial- und Gesundheitsberufe. Frankfurt/M., 191-220.

Gebhard, Ulrich (2013): Kind und Natur. Die Bedeutung der Natur für die psychische Entwicklung. VS-Verlag, Wiesbaden 2013: Springer-VS (4. erweiterte und aktualisierte Auflage).

Haidt, J. (2001): The emotional dog and its rational tail: A social intuionist approch to moral judgement. In: Psychological Review, 108, S. 814-834.

Kals, E.; Schumacher, D.; Montada, L. (1998): Naturerfahrungen, Verbundenheit mit der Natur und ökologische Verantwortung als Determinanten naturschützenden Verhaltens. In: Zeitschrift für Sozialpsychologie 29, S. 5-19.

Kant, I. (1977): Kritik der Urteilskraft (Werkausgabe Band X), Frankfurt/M.

Levi-Strauss, C. (1968): Wildes Denken. Frankfurt: Suhrkamp.

Lude, A. (2001): Naturerfahrung und Naturschutzbewusstsein. Eine empirische Studie, Innsbruck: Studienverlag.

Meier, A.; Erdmann, K.-H. (2004): Naturbilder in der Gesellschaft: Analyse sozialwissenschaftlicher Studien zur Konstruktion von Natur. In: Natur und Landschaft 79, 1, S. 18-25.

Monetha, S. (2009): Alltagsphantasien, Motivation und Lernleistung. Opladen: Budrich.

Monetha, S.; Gebhard, U. (2008): Alltagsphantasien, Sinn und Motivation. In: Koller, H.-C. (Hrsg.): Sinnkonstruktion und Bildungsgang. Zur Bedeutung individueller Sinnzuschreibungen im Kontext schulischer Lehr-Lernprozesse. Opladen: Budrich, 65-86.

Moscovici, S. (1982): The coming era of social representations. In: Codol, J. P.; Leyens, J. P. (Eds.): Cognitive approaches to social behaviour. Neijhoff: The Hague.

Musil, R. (1978): Der Mann ohne Eigenschaften. GW, Bd. 1-5 (hrg. von A. Frise), Reinbek.

Oschatz, K. (2011): Intuition und fachliches Lernen. Zum Verhältnis von epistemischen Überzeugungen und Alltagsphantasien. Wiesbaden: Springer-VS.

Oschatz, K.; Mielke, R.; Gebhard, U. (2011): Fachliches Lernen mit subjektiv bedeutsamem implizitem Wissen – Lohnt sich der Aufwand? In: Witte, E.; Doll, J. (Hrsg.): Sozialpsychologie, Sozialisation, Schule, Lengerich: Pabst, S. 246-254.

Palmer, J.; Suggate, J. (1996): Influences and experiences affecting the proenvironmental behavior of educators. In: Environmental Education Research 2, 1, S. 109-121.

Palmer, J. (1998): An overview of significant influences and formative experiences on the development of adult`s environmental awareness in nine countries. In: Environmental Education Research 4, 4, S. 445-464.

Rost, J. (2002): Umweltbildung – Bildung für nachhaltige Entwicklung. Was macht den Unterschied? In: Zeitschrift für Internationale Bildungsforschung und Entwicklungspädagogik 25, S. 7-12.

Schäfer, L. (1993): Das Bacon-Projekt. Von der Erkenntnis, Nutzung und Schonung der Natur. Frankfurt: Suhrkamp.

Schemel, H.-J. (2004): Emotionaler Naturschutz – zur Bedeutung von Gefühlen in naturschutzrelevanten Entscheidungsprozessen. In: Natur und Landschaft 79, S. 371-378.

Scheunpflug, A. (2000): Die globale Perspektive einer Bildung für nachhaltige Entwicklung. In: Fischer, A. (2000): Sowi-Journal. Internetpublikation. http://www.sowi-online.de.

Seel, M. (1991): Eine Ästhetik der Natur, Frankfurt: Suhrkamp.

Strack, F.; Deutsch, R. (2004): Reflective and impulsive determinants of social behavior. In: Personality and Social Psychology Review, 8, 220-247.

Sward, L. L. (1999): Sigificant Life Experiences affecting the Environmental Sensitivity of El Salvadoran Environmental Professionals. In: Environmental Education Research 5, 2, S. 201-206.

Theobald, W. (2003): Mythos Natur. Die geistigen Grundlagen der Umweltbewegung. Darmstadt: WBG.

Wagner, W. (1994): Alltagsdiskurs. Die Theorie Sozialer Repräsentation. Göttingen: Hogrefe.

Nachhaltigkeit kommunizieren: Gestaltungsimpulse für die Naturbewusstseinsforschung aus kommunikationswissenschaftlicher Sicht

Julia Lück

Der auf der Naturbewusstseinsstudie 2011 basierende Abschlussbericht zum Naturbewusstsein in den Sinus-Milieus (Christ/Borgstedt/Klinger 2013) erlaubt uns differenzierte Einblicke, wie die unterschiedlichen sozialen Milieus in Deutschland Natur wahrnehmen, welche Einstellungen sie zum Naturschutz haben und wie es jeweils um das eigene Engagement bestellt ist. Die Gemeinsamkeiten und Unterschiede in diesen Bereichen in den jeweiligen Milieus lassen sich mithilfe der Studie einfach nachvollziehen und sollen hier nicht im Einzelnen reproduziert werden. Ein in allen Milieus gültiges Ergebnis sei allerdings noch mal hervorgehoben: Das Bewusstsein über die Relevanz von Natur- und Umweltschutz ist im Durchschnitt der Bürgerinnen und Bürger in Deutschland relativ hoch, in einigen Milieus auch weit überdurchschnittlich. Nichtsdestotrotz ist die eigene Handlungsbereitschaft relativ gering. Auf diese Diskrepanz weist die Studie an mehreren Stellen hin, zeigt aber auch auf, wo Potenziale liegen, diese Handlungsbereitschaft zu stärken, und macht erste Vorschläge für mögliche Kommunikationsstrategien, dieses zu erreichen.

Mit dem Beitrag wird an dieser Stelle angeknüpft und ein Blick aus kommunikationswissenschaftlicher Sicht auf die Problematik geworfen. In modernen Gesellschaften spielen die Massenmedien eine signifikante Rolle bei der Verbreitung und Vermittlung von Informationen sowie bei der öffentlichen Meinungsbildung. Auch Wissen über Themen, wie Natur, Umwelt, Nachhaltigkeit und Artenvielfalt, wird zu einem relevanten Teil medial vermittelt, weshalb Erkenntnisse über die genaue Beschaffenheit eines öffentlichen Diskurses wichtige Informationen über soziale und gesellschaftliche Vorgänge liefern können. Die Fragen, die man sich hier stellen kann, sind vielfältig: Welche unterschiedlichen Verständnisse von Natur lassen sich in der öffentlichen Kommunikation identifizieren, auf welche Art und Weise werden Naturschutzthemen kommuniziert, welche Akteure vertreten welche Sichtweisen über Natur und Naturschutz, welche Zielgruppen werden wie erreicht und welche Angebote werden für die Anschlusskommunikation gemacht?

Im vorliegenden Beitrag wird das Ziel verfolgt, Verständnis für Prozesse in der öffentlichen Debatte zu schaffen sowie die Erkenntnisse bisheriger Kommunikationsforschung zu Natur- und Umweltschutz darin einzuordnen. Damit soll auch aufgezeigt werden, wo weiterer Forschungsbedarf besteht, der wiederum als Grundlage für politische Handlungsempfehlungen dienen kann. Zum besseren Verstehen öffentlicher Kommunikationsprozesse wird der Beitrag im ersten Teil ein Verständnis von Öffentlichkeit darlegen. Anschließend soll ein kurzer Überblick über die bisherige Kommunikationsforschung zu Natur- und Umweltschutz, insbesondere innerhalb des Nachhaltigkeitsdiskurses, gegeben werden. Im letzten Teil finden drei spezielle Formen der Kommunikation innerhalb der öffentlichen Kommunikation eingehendere Beachtung: Argumentation, Narration und Spiel. Diese drei Formen werden auf ihre Anwendbarkeit für die Vermittlung von Naturschutz- und Umweltthemen in der öffentlichen Kommunikation hin betrachtet, um Anregungen sowohl für die weitere Forschung aufzuzeigen, einen Praxisbezug herzustellen und Verbindung zu den Erkenntnissen der Sinusmilieu-Studie zu ermöglichen.

1 Naturschutzkommunikation in der öffentlichen Arena

Akteure, die sich dem Natur- und/oder Umweltschutz verpflichtet haben, seien es staatliche Institutionen oder zivilgesellschaftliche Vereinigungen, verfolgen in der Regel drei Hauptziele in ihrer Kommunikation: Sie wollen Wissen über Natur- und Umwelt sowie deren Schutzbedarf vermitteln (beispielsweise bezüglich der Relevanz biologischer Vielfalt), Akzeptanz für (politische) Maßnahmen im Bereich des Natur- und Umweltschutzes erzielen (beispielsweise bei der Einrichtung von Schutzgebieten) und zum eigenen aktiven Handeln motivieren (beispielsweise die Einrichtung von Nistkästen im eigenen Garten). Um diese Anliegen zu verfolgen, richten die Akteure ihre Kommunikation strategisch aus und versuchen, relevante Zielgruppen zu erreichen. Ziel ist es, das eigene Anliegen möglichst effektiv in der Öffentlichkeit zu platzieren.

Eine ganz grundlegende Idee, wie Öffentlichkeit vorstellbar ist und wie öffentliche Kommunikationsprozesse darin ablaufen, liefern Ferree et al. (2002) mit ihrem Arena-Modell öffentlicher Kommunikation. Das Modell beschreibt, welche Aspekte zur Öffentlichkeit gehören, und bietet damit auch eine Strukturierung für das Forschungsfeld. Der Heuristik folgend werden öffentliche Diskurse in verschiedenen Foren ausgetragen. Jedes Forum hat eine Arena, in der Individuen oder kollektive Akteure auftreten. Die Vorgänge in der Arena werden vom aktiven Publikum von einer Galerie aus verfolgt. Zudem gibt es einen Backstage-Bereich, in dem sich die Akteure der Arena vorbereiten, strategisch planen und Ideen sammeln. Es gibt verschiedene Foren, zum Beispiel Parlamente, Gerichte, Parteitage, wissenschaftliche Kongresse, aber auch die Massenmedien, die sich zu einer Art „master forum“ (ebd.: 10) entwickelt haben. Dieses massenmediale Forum präsentiert auch die Diskurse anderer Foren, allerdings oft stark selektiv und vereinfacht.

Auch Umwelt- und Naturschutzthemen schaffen es seit den 1980er Jahren verstärkt, in dieses massenmediale Forum vorzudringen, insbesondere nach den Katastrophen in Bhopal und Tschernobyl, aber auch nach dem Brundtland-Bericht von 1987 und dem Rio-Umweltgipfel von 1992, die das Konzept der Nachhaltigkeit entscheidend mit geprägt und der Öffentlichkeit zugänglich gemacht haben. Seit dieser Zeit gibt es auch eine verstärkte wissenschaftliche Beschäftigung mit der massenmedialen Behandlung solcher Themen, zuerst vor allem im englischsprachigen Raum, dann aber auch im deutschsprachigen (für einen Überblick siehe Bonfadelli 2007). Dennoch handelt es sich nach wie vor eher um einen randständigen Forschungsbereich. Wissenschaftliche Beiträge zur Natur- und/oder Umweltschutzkommunikation sind eher fragmentarisch, was vor allem daran liegt, dass der Gegenstand im Schnittstellenbereich anderer Forschungsfelder, wie Risiko-, Wissenschafts- oder Katastrophenkommunikation, verortet liegt, was die Abgrenzung erschwert (Bonfadelli 2007: 255).

2 Forschungsstand

In Anlehnung an das Arena-Modell lassen sich drei Bereiche für die kommunikationswissenschaftliche Beschäftigung mit der Natur- und Umweltschutzkommunikation herausstellen. Auf der Seite der Produktion von öffentlichen Kommunikationsbeiträgen und Medieninhalten sind die Vorgänge im „Backstage-Bereich“ von Interesse. Dies bezieht sich auf die Vorbereitung und Planung der Kommunikation, die noch nicht öffentlich sichtbar ist und sozusagen „hinter den Kulissen“ erfolgt, aber hoch relevant für das Zustandekommen der Inhalte und Botschaften ist, die im Weiteren in die öffentliche Debatte gelangen. Hier lässt sich fragen: Wie kommt es zur Produktion von Inhalten und Botschaften, welche normativen Werte und Ansprüche liegen dieser zugrunde und welches Rollenverständnis, aber auch welche Routinen prägen die Arbeit der Akteure und welche Auswirkungen hat das auf die Gestaltung ihrer Kommunikation?

Ein weiteres Feld für die wissenschaftliche Betrachtung bieten die tatsächlichen Inhalte innerhalb des öffentlichen Diskurses, insbesondere auch im „massenmedialen Forum“. Hier sind auch Fragen nach dem Stellenwert von Natur- und Umweltschutzkommunikation in der medialen Berichterstattung von Interesse. Es wird der Blick auf das gerichtet, was inhaltlich in der Arena passiert. Dabei sind auch Fragen nach der qualitativen und quantitativen Entwicklung der Berichterstattung zentral sowie die Beschäftigung mit den Spezifika der Themen Natur und Umwelt.

Die Betrachtung der Rezeption wiederum wendet sich der Galerie zu und beschäftigt sich mit der generellen Medienresonanz der Themen sowie den Reaktionen des Publikums auf die Themen mit besonderem Augenmerk darauf, welchen Beitrag die Medien zu Natur- und Umweltsensibilität und ökologischem Verhalten leisten können.

Der Großteil der bisherigen kommunikationswissenschaftlichen Forschung lässt sich in den Bereichen der Inhalte und der Rezeption verorten. Zum weiteren Verständnis der Prozesse in diesem Bereich soll folgend ein Überblick über aktuelle Studien in den beiden Bereichen der Medieninhaltsforschung und der Rezeptionsforschung gegeben werden. Der erstgenannte Aspekt der Erforschung der Produktion von Kommunikations- und Medieninhalten und insbesondere des Handelns der relevanten Akteure fand bisher weniger wissenschaftliche Beachtung und kann darum hier nicht weiter betrachtet werden. Gleichzeitig weist diese Erkenntnis auf erste Perspektiven für zukünftige Forschung hin zur Vervollständigung des Verständnisses öffentlicher Umwelt- und Naturschutzkommunikation.

2.1 Medieninhaltsforschung mit Bezug zu Natur- und Umweltschutz

Das Forschungsfeld überblickend, fällt auf, dass in der bisherigen kommunikationswissenschaftlichen Beschäftigung kaum eine Unterscheidung zwischen Naturschutzkommunikation und Umweltschutzkommunikation vorgenommen wird. Bei Untersuchungen der Medienberichterstattung (z. B. Müller/Strausak 2004; Weingart/Engels/Pansegrau 2002; Bonfadelli 2007) spielen Aspekte beider Bereiche eine Rolle und werden kaum voneinander getrennt. Der Aspekt der Nachhaltigkeit, der beide Gebiete in Teilen mit einschließt, ist in den vergangenen Jahren von größerer Bedeutung für die Forschung als die Teilaspekte. Müller und Strausak (2004) untersuchten die Presse in der Schweiz von 1993 bis

2003 und werteten insgesamt 1002 Artikel aus, anhand derer sie die Entwicklung der Berichterstattung aufzeigen. Bei den von ihnen untersuchten thematischen Schwerpunkten können sie zeigen, dass ökologische Aspekte in der Umweltberichterstattung einen Anteil von etwa 19 Prozent haben (neben 29 Prozent gesellschaftlichen und sozialen Fragen, 26 Prozent ökonomischen Aspekten, 15 Prozent Nord-Süd-Problematik und 11 Prozent Thematisierung der zeitlichen Dimension in Bezug auf künftige Generationen). Weingart, Engels und Pansegrau (2002) untersuchten die Dynamik zwischen Politik, Wissenschaft und Medien und erhoben den Mediendiskurs anhand von 470 Presseartikeln aus dem „Spiegel“, der „Frankfurter Allgemeinen Zeitung“ und der „Süddeutschen Zeitung“ zwischen 1975 und 1995. Sie zeigen auf, dass die Medienberichterstattung ganz generell von Katastrophismus, Ereignishaftigkeit und durch Aspekte der Alltagsrelevanz gekennzeichnet ist. Bonfadelli (2007) untersucht das Framing der Nachhaltigkeitsdebatte. Dabei geht es darum, Muster in der Berichterstattung zu identifizieren, durch die bestimmte Aspekte betont oder vernachlässigt werden und welche Aspekte damit den Rezipienten/Rezipientinnen besonders präsent oder vertraut gemacht werden. Die Untersuchung des Framings der Nachhaltigkeitsdebatte ergibt eine Unterscheidung zwischen Visionsframe (14 Prozent), Ökonomieframe (6 Prozent), Kostenframe (3 Prozent), Umsetzungsframe (12 Prozent), Verteilungsframe (10 Prozent), Freiheitsframe (7 Prozent), Bedürfnisframe (8 Prozent) und Umweltframe (9 Prozent). Bonfadelli (2007: 256 f.) merkt außerdem an, dass das Thema Nachhaltigkeit generell als Querschnittsthema mit technischen, ökonomischen und sozialen Bezügen sehr komplex ist, was sich auf die Berichterstattung erschwerend auswirkt. Vor allem durch die Aufteilung der Medienorganisationen in Ressorts entsteht eine Kommunikationsbarriere, weil das Thema schwer einem Ressort zuordenbar ist und Journalisten/Journalistinnen nicht selten auch das nötige Hintergrundwissen fehlt. Allerdings wird den Medien gerade in Anbetracht der Komplexität des Nachhaltigkeitskonzepts eine wichtige Rolle zugeschrieben. Sie sollen als Vermittler zwischen Experten/Expertinnen und Laien/Laiinnen fungieren und sowohl Informations-, Meinungsbildungs- und Kritik- beziehungsweise Kontrollfunktionen erfüllen.

Studien der vergangenen Jahre zeigten allerdings auch, dass der mediale Diskurs häufig geprägt von apokalyptischen Szenarien und alarmistischen Kampagnen ist. Die These, dass diese Art der Berichterstattung eher zu Resignation, Überforderung und lähmendem Umweltpessimismus beiträgt und nicht zu einer realistischen Einschätzung von Ursache-Wirkungs-Zusammenhängen führt, wird in der Interpretation der Ergebnisse immer wieder angeführt. Glathe (2010) beispielsweise resümiert (mit Bezug auf Lichtl 2007): „Schreckensszenarien, die Angst und Hilflosigkeit auslösen, vermögen wohl kaum zu motivieren. Stattdessen resultieren Abwehrmechanismen wie Verdrängung, Schuldverschiebung oder gar ein lähmender Umweltpessimismus“ (Glathe 2010: 60). An dieser Stelle schlägt die Medieninhaltsforschung eine Brücke zur Wirkungsforschung, auf die im folgenden Abschnitt weiter eingegangen werden soll.

2.2 Rezeptionsforschung im Bereich der Natur- und Umweltschutzkommunikation

Forschung im Bereich der Naturschutzkommunikation, die die Rezipienten/Rezipientinnen in den Blick nimmt und auf Fragen nach der Wirkung von Negativberichterstattung auf die tatsächliche Handlungsbereitschaft gerichtet ist, gibt es kaum. Wirkungsstudien in diesem Bereich beschäftigen sich eher mit den Effekten für ein umwelt- oder klimaverantwortliches Handeln. Der folgende kurze Überblick über Studien in diesem Bereich soll zumindest einen Eindruck über die auch für die Naturschutzkommunikation möglicherweise relevanten Wirkungszusammenhänge liefern.

Davis (1995) untersuchte mithilfe eines experimentellen Forschungsdesigns die Wirkungen des Framings im Bereich der Umweltschutzkommunikation. Hierbei prüfte er den Einfluss einer unterschiedlichen Gestaltung von Botschaften auf die Handlungsintention der Rezipienten/Rezipientinnen. Dazu manipulierte der Autor Anzeigen, indem er diese jeweils zwei kontrastierenden Botschaften versah. Die erste Manipulation betrifft das Ergebnis eines betreibenden oder ausbleibenden Umweltschutzes (bessere Lebensqualität in einer intakten Umwelt/schlechte Lebensqualität in einer zerstörten Umwelt). Eine zweite Anzeige wurde im Hinblick auf den Bezug zu aktuell lebenden oder zukünftigen Generationen manipuliert. Eine dritte Anzeige unterschied sich bezüglich der nahegelegten Handlungsmöglichkeiten: Mehr für die Umwelt zu tun (im Sinne von Recycling) oder weniger zur Umweltzerstörung beizutragen durch das Unterlassen bestimmter Handlungen oder durch Einsparungen (zum Beispiel Energiesparen). Das Ergebnis des Experiments mit 218 Studierenden einer großen westlichen Universität macht deutlich, dass verantwortungsvolles Umwelthandeln gestärkt wird durch Kommunikation, die einfache, deutlich formulierte und verständliche Handlungsvorschläge macht und in einem Kontext präsentiert wird, der aufzeigt, wie der/die Rezipierende persönlich von negativen Auswirkungen betroffen sein wird, wenn er/sie weiterhin nicht selbst aktiv umweltverantwortlich handelt.

Arlt, Hoppe und Wolling (2011) beschäftigten sich mit der Wirkung der Mediennutzung auf die Problemwahrnehmung und Handlungsbereitschaft in Bezug auf den Klimawandel. Das von ihnen entwickelte Modell verdeutlicht die Komplexität der angenommenen Medienwirkungen, die sich weitestgehend bestätigen lassen. Ihre Befragungsergebnisse zeigen, dass die stärksten Wirkungen auf die Wahrnehmung bei denjenigen Rezipienten/Rezipientinnen zu beobachten sind, die eine große Breite an Medien nutzen (zum Beispiel öffentlich-rechtlichen Rundfunk, Zeitungen und Internet). In Bezug auf das alltägliche Handeln wird deutlich, dass informationsbasierte Formate (im Unterschied zu Unterhaltung) dann einen positiven Einfluss auf das Verhalten haben, wenn sich die Handlungen einfach realisieren lassen, sie mit einem ökonomischen Vorteil für die Rezipienten/Rezipientinnen verbunden sind oder wenn sie direkt die politische Ebene beeinflussen können (ebd.: 60). Bei langfristigen Veränderungen des Lebensstils, bei denen sich Auswirkungen auf den Klimaschutz nicht direkt erfahren lassen, konnten hingegen keine Effekte gefunden werden.

Good (2009) legt ihrer Forschung die Kultivierungsthese zugrunde, die besagt, dass sich Menschen mit hohem Fernsehkonsum in ihrem Weltbild angleichen. Das Interesse der Studie von Good gilt allerdings solchen Personen, die sich selbst als Umweltschützer/-innen bezeichnen. Aufbauend auf Studien, die gezeigt haben, dass Menschen, die viel Fernsehen schauen, weniger um die Umwelt besorgt sind, zeigt Good, dass dies auch für Umweltschützer/-innen gilt. Hierbei macht sie allerdings die Einschränkung, dass dann, wenn sie vorwiegend nicht fiktionale Fernsehprogramme, wie Dokumentationen oder Nachrichten, schauen, der Effekt umgekehrt ist.

Konrod, Grinstein und Wathieu (2012) legen eine experimentelle Studie vor, in der sie in verschiedenen Experimenten mit israelischen Studierenden nachweisen, dass die Wirksamkeit von Botschaften in einem imperativ formulierten Ton (zum Beispiel „Du musst mehr Energie sparen, um die Umwelt zu schützen!“) dann höher ist, wenn die Probanden/Probandinnen das Thema, um das es geht, bereits als wichtig erachten. Bei Menschen, die dem jeweiligen Thema bisher weniger Relevanz zugesprochen haben, können stark auffordernde Appelle allerdings zu Abwehrverhalten und Verweigerung führen. Die Experimente konnten zeigen, dass für diese Gruppe bei Botschaften in einem vorsichtig auffordernden beziehungsweise bittenden Ton eher eine positive Wirkung auf die Handlungsintention zu beobachten ist.

Mit den vorgestellten Wirkungsstudien lässt sich vor allem zeigen, dass die Wirkungszusammenhänge im Bereich der Umwelt- und Klimaschutzkommunikation komplex sind. Unterschiedliche Faktoren können in unterschiedlichen Kontexten andere Effekte erzielen, genauso wie unterschiedliche Zielgruppen auf ein und dieselbe Botschaft verschieden reagieren können. Die gleiche Formulierung kann für die eine Gruppe zur Aktivierung und Handlungsmotivation beitragen, bei der anderen zu Resignation führen. Umso relevanter ist es, einerseits konkrete Kommunikationsanstrengungen mit möglichst detailliertem Wissen über eine jeweilige Zielgruppe zu fundieren, aber andererseits auch das Repertoire an Kommunikationsformen in einer entsprechenden Breite zu nutzen, um unterschiedliche Typen von Rezipienten/Rezipientinnen zu erreichen. Dies gilt für die Umweltschutzkommunikation in gleichem Maße wie für die Naturschutzkommunikation innerhalb des Nachhaltigkeitsdiskurses, in dem auch der Klimawandel eine wichtige Rolle spielt.

3 Weiterer Forschungsbedarf: Kommunikationsformen

Ein weiterer, in der Forschung zu Umwelt- und Naturschutzkommunikation bisher weniger beachteter Aspekt, der nach dem Überblick über die Medieninhalts- und Wirkungsforschung auffällt, ist der Bereich der Kommunikationsformen. Die hier vorgestellte Medieninhaltsforschung zum Thema konzentriert sich auf die Inhalte nicht fiktionaler Nachrichtenberichterstattung im klassischen Sinn, während die Rezeptionsforschung entweder Mediennutzung im Allgemeinen ohne weitere Spezifizierung erfasst oder auf die Formulierung von Botschaften abzielt. Die Verbreitung und Wirkung unterschiedlicher Kommunikationsformen wurden bisher weniger beachtet.

Der folgende Abschnitt soll daher sowohl Forschungsbedarf aufzeigen als auch praxisbezogene Hinweise für mögliche Kommunikationsanstrengungen im Bereich der Natur- und Umweltschutzes geben. Gerade aus den oben aufgezeigten Wirkungsstudien geht hervor, dass natur- und umweltschutzbezogene mediale Botschaften sehr unterschiedlich rezipiert werden können. Auch unterschiedliche Mediennutzungsgewohnheiten müssen hier in Betracht gezogen werden. Unterschiedliche Inhalte und Formen erreichen unterschiedliche Zielgruppen, weshalb anzunehmen ist, dass mit der Diversifizierung der Kommunikationsformen die Reichweite der Kommunikation erhöht werden kann. Hier besteht noch viel Erklärungsbedarf. Welche Kommunikationsformen sind mehr oder weniger zur Erreichung welcher Zielgruppen geeignet?

Vor dem Hintergrund dieser Frage werden im Folgenden Überlegungen zu den drei Kommunikationsformen Argumentation, Narration und Spiel näher betrachtet und auf ihr Potenzial für die Bereiche Forschung und Praxis im Bereich der Naturschutzkommunikation hin überprüft. Abbildung 1 zeigt die Formen im Überblick.

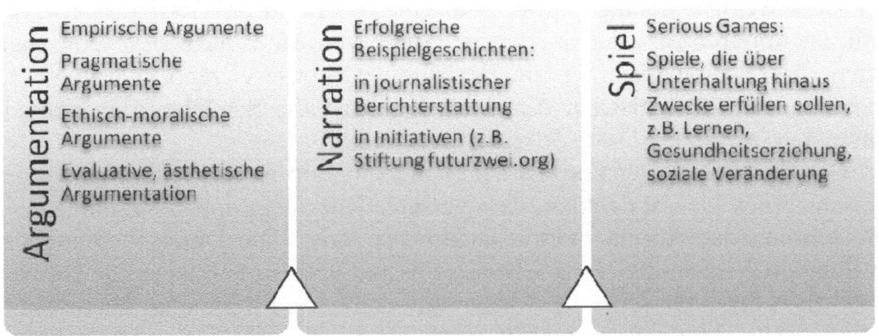

Abbildung 1: Mögliche Formen in der Nachhaltigkeitskommunikation

3.1 *Argumentation*

Die Argumentation gehört zu den klassischen und in der Regel auch normativ hoch gehaltenen Kommunikationsformen im öffentlichen Diskurs, der anstrebt, mithilfe rationaler Argumente eine gesellschaftlich akzeptierte Lösung zu finden. Peters (2007: 239 ff.) unterscheidet vier Arten von Argumenten. (1) Das empirische Argument dient der Rechtfertigung von Tatsachenargumenten, liefert empirische Erklärungen, Theorien oder Prognosen. Im Bereich des Naturschutzes könnte dies zum Beispiel Erklärungen zu den Entwicklungen der Biodiversität einer Region beinhalten. (2) Pragmatische Argumentationen sind solche, die einen Bezug auf die Zweckmäßigkeit von Handlungen nehmen und bedingte Prognosen über Effekte möglicher alternativer Handlungen mit vorgegebenen Bewertungen dieser Effekte verknüpfen. So kann die pragmatische Argumentation durch das Abwägen von Alternativen zu Handlungsempfehlungen führen. Hierzu ließe sich beispielsweise die Argumentation zählen, warum die regenerativen Energien den fossilen vorzuziehen sind. (3) Die ethisch-moralische Argumentation behandelt explizit moralische beziehungsweise ethische Maßstäbe, Prinzipien, Normen und bezieht sich dabei auch auf die Anwendung solcher Maßstäbe und Normen im Kontext realer beziehungsweise möglicher Handlungen oder sozialer Verhältnisse, die gerechtfertigt oder kritisiert werden. Gerechtigkeitsargumente, beispielsweise zum Erhalt von Natur für zukünftige Generationen, würden in diesen Bereich hinein zählen. (4) Die evaluativ-ästhetische Argumentation bewertet Objekte, Zustände oder Praktiken als mehr oder weniger gelungen oder wünschenswert und übt beispielsweise auch Kritik an Präferenzen oder Werten im Sinne von Maßstäben des Wünschenswerten. Als Beispiel ist hier die Begründung (konservierender) Naturschutzmaßnahmen mit ästhetischen Aspekten denkbar (‚die Schönheit der Natur bewahren'.).

Die Wirkung dieser Formen der Argumentation ist noch nicht hinreichend erforscht. Auch hier ist denkbar, dass verschiedene Zielgruppen auf unterschiedliche Formen der Argumentation anders reagieren. Die Unterscheidung nach den Sinus-Milieus in der Naturbewusstseinsstudie liefert bereits einige Hinweise darauf, dass beispielsweise das konservativ-etablierte Milieu eher durch evaluativ-ästhetische Argumente erreicht wird, da es die Schönheit von Natur und Landschaft als Kulturgut für schützenswert hält. Das liberal-intellektuelle Milieu wird wahrscheinlich stark erreicht von empirischen Argumenten, die ihren systemischen Zugang zur Natur unterstützen und die Annahmen über die durch den Menschen an der Natur verursachten Schäden belegen. Da Gerechtigkeitsaspekte insbesondere in Bezug auf kommende Generationen für das sozial-ökologische Milieu von hoher Relevanz sind, ist davon auszugehen, dass diese Gruppe insbesondere durch ethisch-moralische Argumente erreicht wird.

3.2 Narration

Fisher (1984) prägte die Metapher des „homo narrans", um auszudrücken, dass der Mensch von allem ein Geschichtenerzähler ist und er durch seine Geschichte Argumente vermittelt, die die Welt um ihn herum strukturieren und greifbar machen. Auch Avraamidou und Osborne (2009) erklären die Narration als eine Kommunikationsform, mit der Informationen strukturiert werden, sodass sie das Verständnis von der die Kommunikationspartner/innen umgebenden Welt ermöglichen. Die Studien von Polletta und Lee (2006) und Black (2006) konnten zeigen, dass das Erzählen von persönlichen Geschichten in direkt deliberativen Situationen ermöglicht, dass Gesprächspartner/innen bei Konflikten eher Lösungen finden und die Situation des Gegenübers besser nachvollziehen konnten. Im medialen Kontext ist die Wirkung von Narration bisher weniger untersucht, es wird aber angenommen, dass insbesondere für komplexe Konzepte und Phänomene, wie im Bereich des Klimaschutzes und der Nachhaltigkeit, die Vermittlung durch konkrete und anschauliche Erzählungen erleichtert wird. Auf erzählerische Weise ließen sich hier auch die Konsequenzen nicht nachhaltigen Verhaltens aufzeigen und mit Handlungsmöglichkeiten verknüpfen, ohne dass der bereits benannte eher imperative „Du musst"-Kommunikationsmodus verwendet wird. Stattdessen können Narrationen etwa als erfolgreiche Beispielgeschichten und positive Botschaften auch im Bereich des Natur- und Umweltschutzes die Identifikation mit Vorbildern ermöglichen und die Motivation, selbst aktiv zu werden, stärken.

Im Bereich des Umweltjournalismus wird diese Kommunikationsform ebenfalls angewendet, um komplexe Sachverhalte zu veranschaulichen und für die Rezipienten/Rezipientinnen nachvollziehbar zu machen. Journalistische Narrationen unterscheiden sich dabei von der klassischen Nachrichtenform insbesondere durch ihre Struktur, die eher einer typischen Geschichte mit einer Einleitung, einem Hauptteil und einem Schluss gleicht, während die Nachricht dadurch gekennzeichnet ist, mit der wichtigsten Information zu beginnen und diese mit weniger relevanten Hintergrundinformationen anzureichern. Auch bedient sich die journalistische Narration eher literarischen Stilmitteln und entwirft Figurenkonstellationen, beispielsweise durch die handelnden Personen die Rolle des Opfers oder der/des Heldin/Helden. In einer eigenen Studie (Lück 2010), in der Journalistinnen und Journalisten auf dem Klimagipfel 2010 in Cancún, Mexiko zu ihrer Arbeit vor Ort interviewt wurden, berichteten die Befragten, dass sie das Mittel der Erzählung bewusst einsetzen, um komplexe Sachverhalte konkreter zu erklären und so ein besseres Verständnis zu ermöglichen, wie das folgende Zitat eines deutschen Journalisten zeigt:

> „Jetzt hab ich es früher bei Klimakonferenzen immer ganz toll gefunden, wenn man anhand einzelner Beispiele oder anhand einzelner Spezialthemen, die man vielleicht auch vor Ort vorgefunden hat, größere Themen der Klimakonferenz erklären konnte. Zum Beispiel die Klimakonferenz in Kenia, Nairobi, hatte sehr stark das Nord-Süd-Thema. Nord-Süd-Themen kann man natürlich in Afrika selber sehr gut recherchieren, man kann sie dann anhand des Beispiels Kenia sehr schön darstellen. Also was sich ein Land wie Kenia von Klimaschutz oder von einem Klimaabkommen verspricht. Oder es gab eine Klimakonferenz in Kanada, einem Land das sehr stark auf Öl setzt, also sehr sehr hohe Emissionen damit verursacht, an dem Beispiel kann man sehr gut erklären, wie ein Pfad der Industrialisierung das Problem weiter verschärft und was das für die nationale Politik dann bedeuten kann."

Eine südafrikanische Journalistin berichtet im folgenden Zitat, wie sie versucht, das Thema Klimawandel anhand direkt betroffener Personen und ihrer jeweiligen Geschichten vor Ort für ihr Publikum greifbar zu machen:

> "The action have to go out there and find the real stories of the people because they are the ones that actually are going to experience things. So while I'm here in Mexico, I go out and find the Mexican people story. Like yesterday we went out to the forest and find out about

those people who are trying to reforest the area and climate change as fixed thing. And these are the stories here that I look for mainly. I wanna give people a sense of what's happening in the negotiation because this is obviously important, you know the financing and what the developed countries are gonna do but for your audience back home you know they wanna hear real people and – because climate change is something that is up in the air and the action here unless you can actually hear how it's effecting people and then it makes it real. So my job is to try to make it real for the audience back home."

Für Akteure im Bereich des Natur- und Umweltschutzes könnte dies eine mögliche Strategie sein, die Öffentlichkeit mithilfe solcher Beispielgeschichten aufmerksam zu machen.

Ein Beispiel, wie Narrationen auch in strategische Kommunikation eingearbeitet werden können, liefert die Stiftung „Futurzwei – Stiftung Zukunftsfähigkeit", die eine Internetseite unterhält, die durch positive Beispiele im Bereich nachhaltigen Handelns Einfluss auf das Verhalten der Menschen nehmen will. Dazu schreibt die Stiftung in ihrem Selbstverständnis:[1]

„FUTURZWEI. Wir fangen schon mal an. Eine andere, zukunftsfähige Kultur des Lebens und Wirtschaftens entsteht nicht durch wissenschaftliche Erkenntnisse oder moralische Appelle. Sie wird in unterschiedlichen Laboren der Zivilgesellschaft vorgelebt und ausprobiert. Verantwortungsbewusste Unternehmer, kreative Schulleitungen, Bürgerinitiativen, studentische Start-ups oder einzelne Bürgerinnen und Bürger zeigen, dass man das Unerwartbare tun kann. Sie nutzen ihre Handlungsspielräume, um zukunftsfähige Lebensstile und Wirtschaftsweisen zu entwickeln. Sie fangen schon mal an. FUTURZWEI macht es sich zur Aufgabe, dieses Anfangen gesellschaftlich sichtbar und politisch wirksam zu machen. Auch das 21. Jahrhundert braucht Visionen von besseren, gerechteren und glücklicheren Lebensstilen. In unserem Zukunftsarchiv erzählen wir, wie solche Visionen ganz handfest in Wirklichkeit verwandelt werden. Und dass Veränderung nicht nur möglich wird, sondern dass sie auch Spaß macht und Gewinn an Lebensqualität bedeutet."

Die Geschichten, die sich auf der Website in unterschiedlichen Formen aufbereitet finden (Text, Video, Animation), thematisieren Umwelt-, Natur- und Klimaschutzaspekte vor dem Hintergrund von Nachhaltigkeitskonzepten. Beispielgeschichten aus dem Bereich Umwelt-, Klima- und Naturschutz stehen im Mittelpunkt der Initiative, zum Beispiel über den Erhalt und Anbau älterer Pflanzensorten in urbanen Gemeinschaftsgärten und Parkanlagen, um damit einen Beitrag zum Erhalt der Biodiversität zu leisten. Aber auch Nachhaltigkeitsinitiativen, die soziale und ökonomische Aspekte beinhalten, sind auf der Seite präsent. Es geht genauso auch um gerechte Löhne weltweit sowie Generationengerechtigkeit.

1 http://futurzwei.org/#13-stiftung, abgerufen am 1.7.2013

Diese Art der Kommunikation, die erfolgreiche Natur-, Umwelt- und Klimaschutzgeschichten mit wirtschaftlichen Erfolgsgeschichten kombiniert, ist möglicherweise besonders ansprechend für Personen aus einem bereits für die Themen affinen Milieu, wie dem sozial-ökologischen, darüber hinaus aber auch für Personen aus dem adaptiv-pragmatischen Milieu, der bürgerlichen Mitte oder dem Milieu der Performer. Während das adaptiv-pragmatische Milieu sowie die bürgerliche Mitte die Natur als Erholungsort zu schätzen wissen, ist ihnen die wirtschaftliche Nutzung durchaus auch wichtig. Das adaptiv-pragmatische Milieu legt allerdings Wert darauf, dass die Natur dabei nicht auf Kosten der Menschen in ärmeren Ländern ausgebeutet werden darf, ein Aspekt intragenerationaler Gerechtigkeit innerhalb des Nachhaltigkeitskonzepts. Der bürgerlichen Mitte sind vor allem auch die zukünftigen Generationen wichtig, was ebenfalls ein wichtiger Aspekt von Nachhaltigkeit ist. Positive Beispielgeschichten können Anregungen für persönliche Beiträge aus milieuspezifischer Perspektive geben. Die Gruppe der Performer wiederum hat ein geringeres Naturbewusstsein und ist stärker noch auf den eigenen Erfolg und den persönlichen Benefit ausgerichtet. Aber auch an dieser Stelle können erfolgreiche Beispielgeschichten ansetzen, wie Futurzwei-Initiativen zeigen, denn diese sind im Großen und Ganzen Geschichten persönlichen Erfolgs, die gleichzeitig positive Effekte für Natur- und Umwelt haben, aber auch für die eigene Gesundheit und das persönliche Lebensgefühl.

3.3 Spielen

Menschliches Spielen und Lernen sind eng verbunden. Insbesondere Kinder entdecken und artikulieren die Welt im Spiel, lernen Fähigkeiten und Fertigkeiten und experimentieren mit ihren Möglichkeiten. Gesellschaftlich werden Spielen und Lernen irgendwann voneinander getrennt, wie Ritterfeld, Cody und Vorderer (2009) feststellen: „Older children may even associate play with beeing noneducational and learning with being anything but enjoyable" (Ritterfeld/Cody/Vorderer 2009: 4).

Sogenannte Serious Games setzen an dem Punkt an und verbinden Spielen und Lernen. Michael (2006) gibt eine einfache Definition von Serious Games, nachdem darunter solche Spiele zu fassen sind, die nicht Unterhaltung, Vergnügen oder Spaß als primäres Ziel verfolgen, was allerdings nicht heißen muss, dass Serious Games nicht unterhaltsam, vergnügsam und spaßig sein können. Der Begriff der „Serious Games" bezieht sich dabei hauptsächlich auf Videospiele und ist damit noch mal abzugrenzen von dem allgemeineren Konzept des

„Edutainment“ (education through entertainment). Durch Serious Games soll zum Beispiel gerade im Bereich der Grundschule auch formale Bildung vermittelt werden, wobei Serious Games generell auch für alle Altersgruppen denkbar sind und verschiedene Aspekte von Bildung, wie Lehren, Trainieren und Informieren, miteinander verbinden (Michael/Chen 2006: 12).

Peng, Lee und Heeter (2010) beschreiben Serious Games als Spiele, die über Unterhaltung hinaus noch andere Zwecke erfüllen sollen, zum Beispiel Lernen, Gesundheitserziehung, aber auch Veränderung von Normen und Werten: „Games for change focus on persuation, such as forming or changing attitudes about political or religious agendas, or simply increasing awareness of social issues“ (723). Die Autoren stellen fest, dass es zwar viele Spiele dieser Art gibt, die von Millionen von Menschen gespielt werden, dass es aber vergleichsweise wenige Studien über die Effektivität solcher Spiele hinsichtlich ihres Veränderungspotenzials gibt. Sie fragen daher danach, welchen Einfluss solche Spiele auf die persönlichen Einstellungen zu sozialen Themen ausüben, zum Beispiel auf die Bereitschaft, Anderen zu helfen. In zwei Experimenten testen sie, ob das Spielen des Serious Game „Dafur is Dying“ eine stärkere Hilfsbereitschaft erzeugt als das Lesen über das Problem. Beide Experimente konnten zeigen, dass das Spielen des Serious Games effektiver ist in Bezug auf das sogenannte „role-taking“ – sich in die Situation Anderer hineinversetzen können – sowie in Bezug auf die Bereitschaft, tatsächlich aktiv zu werden und zu helfen.

Eine Studie von Hefner und Klimmt (2011) untersuchte in zwei Experimenten die Wirkung von Serious Games auf politische Bildung und testete, ob sie positive Effekte in Bezug auf politisches Wissen sowie politisches Interesse und eigene Motivation aufzeigen können. Das erste Experiment wurde mit Schülern/Schülerinnen mittlerer formaler Bildung durchgeführt, das zweite Experiment mit Schülern/Schülerinnen geringer formaler Bildung. Im ersten Experiment konnte ein signifikanter Anstieg sowohl für das Wissen als auch für das Interesse der Schüler/-innen im Vergleich zur Kontrollgruppe nachgewiesen werden. Im zweiten Experiment konnte dieser Effekt jedoch nicht gezeigt werden. Die Autoren erklären dies mit dem Konzept der „Wissenslücke“, das besagt, dass Personen mit einem höheren Wissenstand zu Beginn dann im weiteren Verlauf auch mehr hinzulernen können, der Zuwachs an Wissen also höher ist, wenn bereits Basiswissen vorhanden ist. Im Bereich der Themen Natur-, Umwelt- und/oder Klimaschutz lassen sich einige Beispiele für Serious Games finden. Im Folgenden werden einige aktuelle Beispiele zu Illustrationszwecken weiter ausgeführt.

„Beat the CO2 monster"[2] beispielsweise ist ein sehr einfaches und kostenloses Internet-Spiel, das ohne Anmeldung und ohne viel Erläuterungen sofort gespielt werden kann. Aufgabe ist es, innerhalb von einer Minute die Abgaswolken von vorbeifahrenden Fahrzeugen und Flugzeugen einzufangen und zu neutralisieren. Dafür erhält der/die Spieler/-in Punkte. Allerdings lässt sich auch mit höherer Punktzahl das CO2-Monster nicht besiegen, für die Performance bekommt der/die Spieler/-in lediglich ein „poor" attestiert.

Ein aufwendigeres, frei zugängliches Online-Spiel im Bereich des Klimaschutzes ist „Keep cool online"[3]. Dieses wird vom Bundesministerium für Umwelt, Naturschutz und Reaktorsicherheit gefördert. Mehrere Spieler/-innen spielen hier gegeneinander beziehungsweise miteinander, um das Klima zu retten. Ein/e Spieladministrator/-in weist den Mitspielern/Mitspielerinnen Rollen zu: USA und Partner, Europa, ehemalige Sowjetunion, OPEC (Organisation der erdölexportierenden Länder), Schwellenländer und Entwicklungsländer. Alle Akteure haben ihre eigenen Wirtschafts- und Entwicklungsziele. Gleichzeitig sollen gemeinsame Klimaschutzziele erreicht werden, was Abstimmungs- und Koordinationsprozesse erfordert sowie den Verzicht auf eigene Entwicklungsziele. Das Spiel ist dazu gedacht, von Lehrern/Lehrerinnen begleitend im Unterricht eingesetzt zu werden. Das Spielen ist zwar kostenlos, erfordert aber eine Anmeldung und schafft damit eine gewisse Hürde, das Spiel auch außerhalb des Unterrichts zu spielen.

Das aufwendige 2-D Abenteuer „A New Beginning" ist bereits mit mehreren Computerspielpreisen ausgezeichnet worden, unter anderem mit dem Deutschen Computerspielpreis 2011. Dieses Spiel stellt den intergenerationalen Aspekt von Nachhaltigkeit in den Vordergrund. Wissenschaftler/-innen aus der Zukunft kehren zurück in die Gegenwart, um dort die heute gemachten Fehler zu verhindern und damit die Welt für die zukünftigen Generationen vor den verheerenden Folgen des Klimawandels zu retten.

Auch bei dem Strategiespiel „Fate oft he World: Tipping Point" geht es darum, die Welt vor dem drohenden Klimawandel zu retten. Das Spiel kann im Internet[4] erworben und heruntergeladen werden und wurde ebenfalls mit verschiedenen Preisen ausgezeichnet. Die Besonderheit dieses Spiel besteht darin, dass die Rettung des Klimas in ein komplexes politisches Szenario eingebettet ist, bei dem verschiedene globale Interessen vor dem Hintergrund der drohenden

2 http://greens-efa-service.eu/medialib/media/flash/climate_game/, gesehen 1.7.2013
3 http://www.keep-cool-online.de/, gesehen am 1.7.2013
4 http://www.fateoftheworld.net/, abgerufen am 1.7.2013

Katastrophe ausgeglichen werden müssen. Auf der Downloadseite des Spiels werden Möglichkeiten der Anschlusskommunikation mit einem Forum geschaffen, in dem sich Nutzer/-innen über technische Probleme, aber auch inhaltliche Fragen aus dem Spiel austauschen, beispielsweise über die Sinnhaftigkeit bestimmter Maßnahmen im Kampf gegen den Klimawandel.

Energetika 2010 ist ein Projekt des gemeinnützigen Forschungsinstituts DIALOGIK in Stuttgart. Das Spiel ist kostenlos auf einer Website mit dem Titel „Wir ernten, was wir säen“[5] zu erhalten und dort eingebettet in weitere Angebote, Informationen rund um die Themen Nachhaltigkeit, Klimawandel, Umwelt- und Naturschutz, einen Blog und eine Übersicht über Aktionen und Projekte in Baden-Württemberg, bei denen Beteiligung möglich ist. Die Verbindung zwischen Spiel und Wirklichkeit wird durch die Konzeption der Seite direkt hergestellt. Die Seite richtet sich in erster Linie an Schüler/-innen, die direkt zur Beteiligung an Jugendforen, Schüler/-innen-Kongressen, Projekten und Wettbewerben aufgerufen werden.

Die hier vorgestellten Spiele sind von ihrer Idee und Umsetzung her zwar sehr verschieden, aber (abgesehen von „Beat the CO2 Monster“) von ihrem wissenschaftlichen Anspruch sowie dem Anspruch, dieses Wissen beim Spiel auch zu vermitteln, sehr hoch. Der eigentliche Spielcharakter bleibt trotzdem erhalten, was insbesondere bei „Fate of the World: Tipping Point“ und „A New Beginning“ auch für die Spieler/-innen ansprechend ist, die mit der eigentlichen Thematik bisher nicht viel in Berührung gekommen sind, aber vom Abenteuer angesprochen sind.

Dies lässt vermuten, dass sich diese Form der Kommunikation besonders eignen könnte, Personen des eher hedonistischen Milieus anzusprechen. Das Milieu ist generell wenig interessiert an Fragen des Natur- und Umweltschutzes, das klassische Naturerlebnis ist für sie wenig attraktiv. Stattdessen ist das Milieu spaßorientiert und auf Action und Unterhaltung aus. Dieses Bedürfnis könnte durch Computerspiele befriedigt werden, gleichzeitig besteht die Chance, dass Wissen vermittelt wird, das für ein höheres Bewusstsein sensibilisiert. Inwiefern dieses insbesondere bei Personen aus diesem Milieu auch zu Verhaltensänderung oder Handlungsmotivation führt, lässt sich auf Grundlage der existierenden Forschung allerdings schwer beurteilen.

5 http://www.wir-ernten-was-wir-saeen.de/start, abgerufen am 1.7.2013

4 Fazit

Öffentliche Kommunikationsprozesse sind komplex. Inhalte und Formen der Kommunikation in den Arenen der Öffentlichkeit sind divers, auch das Publikum auf der Galerie, um zur Metapher des zu Beginn vorgestellten Arena-Modells zurückzukehren, ist nicht ein monolithischer Block, was sowohl für die Forschung als auch für die Praxis weitreichende Konsequenzen hat. Die Auswertung der Daten der Naturbewusstseinsstudie von 2011 nach sozialen Milieus lässt erahnen, dass erfolgreiche Kommunikation im Bereich des Natur- und Umweltschutzes nicht nach einem einfachen Muster funktionieren kann. Die Voraussetzungen bezüglich Wissensstand, Interesse und Handlungsmotivationen sind über die Milieus hinweg sehr unterschiedlich. Jede Kombination erfordert darauf abgestimmte spezifische Kommunikationsstrategien. Erfolgreiche Kommunikation über Natur- und Umweltschutzthemen meint dabei in der Regel, Änderungen individueller Einstellungen und Verhaltensweisen im Sinne des Nachhaltigkeitsgedankens zu erzielen. Dazu müssen die Einstellungen und Verhaltensweisen bekannt sein, denn über das Wissen um den jeweiligen Lebensstil einer Zielgruppe wird es möglich, die Kommunikation auch in den jeweiligen Kontext einzubetten und auf den Lebensstil der Menschen zu beziehen, es gilt die Prämisse der Anschlussfähigkeit der Kommunikation an den entsprechenden Lebensstil (Michelsen 2002: 37).

Die Kommunikation insbesondere in der Form und Direktheit breit aufzustellen, um die Reichweite über unterschiedliche Milieus zu erweitern, scheint daher sinnvoll. Dabei sollte beachtet werden, dass Kommunikation nur dann erfolgreich sein kann (im Sinne des Naturschutzes also zu aktivem Handeln führt), wenn die entsprechenden Möglichkeiten zum Aktivwerden auch gegeben sind. Dementsprechend braucht es solche Inhalte, aus denen deutlich hervor geht, was für den Einzelnen machbar oder umsetzbar ist. Gerade für den Einstieg kommt es auf Niederschwelligkeit an. Kommunikationsformen sollten dabei keinen so hohen Druck aufbauen, dass Trotz und Ablehnung hervorrufen werden. Ziel sollte es sein, durch öffentliche Kommunikation die Bürgerinnen und Bürger in der Wahrnehmung ihrer eigenen möglichen Handlungseffektivität zu bestärken, indem Wissen über Hintergründe und Handlungsmöglichkeiten vermittelt wird. Die Erforschung der hier zugrunde liegenden beziehungsweise nötigen kommunikativen Prozesse bietet, wie der Beitrag zeigen sollte, noch Spielraum für weitere eingehendere Beschäftigung.

Literaturverzeichnis

Arlt, D.; Hoppe, I.; Wolling, J. (2011): Climate change and media usage: Effects on problem awareness and behavioral intentions. In: International Communication Gazette, 73(1-2), 45–63.

Avraamidou, L.; Osborne, J. (2009): The role of narrative in communicating science. In: International Journal of Science Education, 31(12), 1683–1707.

Black, L. (2009): Listening to the city: Difference, identity, and storytelling in online deliberation groups. In: Journal of Public Deliberation, 5(1).

Bonfadelli, H. (2007): Nachhaltigkeit als Herausforderung für Medien und Journalismus. In: R. Kaufmann (Hrsg.): Nachhaltigkeitsforschung – Perspektiven der Sozial- und Geisteswissenschaften (S. 255-279). Bern: Schweizerische Akad. der Geistes- und Sozialwiss.

Christ, T.; Borgstedt, S.; Klinger, J. (2013): Wissenschaftlicher Abschlussbericht zur Naturbewusstseinsstudie 2011: Das Naturbewusstsein in den Sinus-Milieus. Herausgegeben vom Bundesamt für Naturschutz (Bonn), Bundesministerium für Umwelt, Naturschutz und Reaktorsicherheit (Berlin).

Davis, J. (1995): The effects of message framing on response to environmental communications. In: Journalism & Mass Communication Quarterly, 72(2), 285–299.

Ferree, M.; Gamson, W.; Gerhards, J.; Rucht, D. (2002): Shaping abortion discourse: Democracy and the public sphere in Germany and the United States. Cambridge, UK, New York: Cambridge University Press.

Fisher, W. (1984): Narration as a human communication paradigm: The case of public moral argument. In: Communication Monographs, 51(1), 1–22.

Glathe, C. (2010): Kommunikation von Nachhaltigkeit in Fernsehen und Web 2.0. Wiesbaden: VS, Verlag für Sozialwissenschaften.

Good, J. E. (2009): The cultivation, mainstreaming, and cognitive processing of environmentalists watching television. In: Environmental Communication: A Journal of Nature and Culture, 3(3), 279–297.

Hefner, D.; Klimmt, C. (2011): Can serious games contribute to political education? Evidence from two field experiments. Paper presented at the annual meeting of the International Communication Association, TBA, Boston.

Konrod, A.; Grinstein, A.; Wathieu, L. (2012): Go Green! Should environmental messages be so assertive? In: Journal of Marketing, (76), 95–102.

Lück, J. (2010): Medienevent Klimagipfel. Zum journalistischen Beitrag bei der Herstellung einer transnationalen Öffentlichkeit. Masterarbeit am Seminar für Medien- und Kommunikationswissenschaft der Universität Mannheim.

Michael, D.; Chen, S. (2006): Serious games: Games that educate, train, and inform. Boston, MA: Thomson Course Technology PTR.

Michelsen, G. (2002): Was ist das Besondere an der Kommunikation über Umweltthemen? In: F. Brickwedde (Hrsg.): Umweltkommunikation. Vom Wissen zum Handeln (S. 31–46). Berlin: Erich Schmidt.

Müller, O.; Strausak, S. (2005): Die Nachhaltigkeitsdebatte in der Schweizer Presse. Eine Inhaltsanalyseim Kontext des Framing-Ansatzes, Lizentiatsarbeit am IPMZ – Institut für Publizistikwissenschaft der Universität Zürich.

Peng, W.; Lee, M.; Heeter, C. (2010): The effects of a serious game on role-taking and willingness to help. In: Journal of Communication, 60(4), 723–742.

Peters, B. (Ed.) (2007): Der Sinn von Öffentlichkeit. Frankfurt am Main: Suhrkamp.

Polletta, F.; Lee, J. (2006): Is telling stories good for democracy? Rhetoric in public deliberation after 9/11. In: American Sociological Review, 71(5), 699–723.

Ritterfeld, U.; Cody, M. J.; Vorderer, P. (2009): Introduction. In: M. J. Cody, P. Vorderer, & U. Ritterfeld (Eds.): Serious games: mechanisms and effects (S. 3–9). New York: Routledge.

Weingart, P.; Engels, A.; Pansegrau, P. (2002): Von der Hypothese zur Katastrophe: Der anthropogene Klimawandel im Diskurs zwischen Wissenschaft, Politik und Massenmedien. Opladen: Leske + Budrich.

Naturbewusstsein psychologisch: Was ist Naturbewusstsein, wie misst man es und wie wirkt es auf Umweltschutzverhalten?

Adrian Brügger und Siegmar Otto

1 Einleitung

In der Naturbewusstseinsstudie 2011 „werden unter Naturbewusstsein subjektive Auffassungen von Natur und Einstellungen zur Natur gefasst" (Kleinhückelkotten/Neitzke 2012: 6). Diese von der Person ausgehende individuelle Perspektive entspricht dem Einstellungskonzept der Psychologie. Doch was sind Einstellungen genau? Wie kann man sie messen? Und warum sind sie interessant für den Natur- und Umweltschutz?[1]

Genau diese Fragen werden wir in diesem Kapitel aus psychologischer Perspektive beantworten. Ausgehend von einer Darstellung des allgemeinen Einstellungskonzepts der Psychologie, stellen wir Erkenntnisse speziell zur

---

[1] Natur- und Umweltschutz werden in der Literatur und auch Praxis teilweise synonym, aber auch unterschiedlich verwendet. In Übereinstimmung mit der umweltpsychologischen Sichtweise definieren wir in dieser Arbeit Umweltschutz als eine breite Klasse von Verhaltensweisen, welche dem Schutz der Umwelt im weiten Sinne dienen. Dies umfasst Verhaltensweisen mit relativ direkter Wirkung (z. B. das Einsammeln von Müll in der Natur) bis hin zu Verhaltensweisen, die sehr stark vermitteln, also indirekt dem Schutz der Umwelt zugutekommen (z. B. der Verzicht auf Flugreisen). Naturschutz verwenden wir dagegen als eine enger gefasste Kategorie von Verhaltensweisen, welche sich wesentlich mittelbarer auswirken und größtenteils auch in der Natur stattfinden (wie z. B. das Aufhängen von Nistkästen und das Befolgen von Regeln in Naturschutzgebieten). In diesem Sinne kann Naturschutzverhalten als ein Teilbereich des Umweltschutzverhaltens betrachtet werden. Deshalb gelten die von uns präsentierten Zusammenhänge zwischen Natureinstellung und Umweltschutz auch – und wegen des inhaltlich stärkeren Bezugs noch wesentlich stärker – für den Zusammenhang zwischen Natureinstellung und Naturschutz.

Natureinstellung zusammen. Im darauf folgenden und zentralen Teil unseres Beitrags konzentrieren wir uns auf die Messung der Natureinstellung. Schließlich belegen wir anhand empirischer Befunde, welchen Nutzen die Förderung von Natureinstellung für den Umweltschutz haben kann. Zu Beginn möchten wir Sie aber gerne im folgenden Exkurs bei der weitverbreiteten klassischen Einstellungsmessung, die auf verbalen Meinungsäußerungen beruht und mit der die meisten Praktiker gut vertraut sind, abholen.

Exkurs: Die klassische Einstellungsmessung und die Einstellungs-Verhaltens-Lücke

Das Verständnis des Zusammenhangs zwischen Einstellung und Verhalten in der angewandten Umweltforschung ist stark von der Verwendung klassischer Einstellungsfragebögen, die auf verbalen Meinungsäußerungen beruhen, geprägt. Der daraus resultierende Befund, dass es bestenfalls einen moderaten Zusammenhang zwischen der so gemessenen Einstellung und dem korrespondierenden Verhalten gibt, wird oft als gesicherte Erkenntnis wahrgenommen und nicht hinterfragt. Tatsächlich ist diese Lücke aber lediglich ein Messproblem, wie wir noch zeigen werden. Das in diesem Beitrag vorgestellte Konzept der Einstellung, wie es seit rund 100 Jahren in der Psychologie gelehrt wird, geht nicht grundsätzlich von einer Lücke zwischen Einstellung und Verhalten aus, weshalb es auf den ersten Blick überraschen mag oder gar befremdlich wirken kann. Denn neben Meinungsäußerungen sind auch Verhalten und Emotionen ebenbürtige Indikatoren von Einstellungen (Eagly/Chaiken 1993). Genau deshalb muss es einen starken Zusammenhang zwischen Einstellung und Verhalten geben und genau deshalb ist die „etablierte“ Einstellungs-Verhaltens-Lücke ein methodisches Problem – zugegebenermaßen ein praktisch sehr gravierendes.

Wir möchten Sie nun bitten, mit uns einen Blick auf die Beurteilung von Schülern zu werfen, da das Schulleistungskonzept messtechnisch deutliche Parallelen zum Einstellungskonzept aufweist. Stellen Sie sich vor, Sie fragen drei Kinder einer Klasse, wie gut sie als Schüler sind. Wenn alle drei Schüler antworten, dass sie „sehr gute“ Schüler seien, können Sie nicht unterscheiden, wer von ihnen besser ist. Sie könnten die Schüler aber auch fragen, wie gut ihr Zeugnis im Vergleich zu denen der anderen Schüler ihrer Klasse ist, und erhalten zum Beispiel die Antworten: „mein Zeugnis ist das zweitbeste“, „... das drittbeste“ und „...das beste“. Damit können Sie die Schüler dieser Klasse relativ zuverlässig und objektiv in eine Rangfolge bringen. Wollen Sie aber Schüler aus mehreren Schulen vergleichen, sind nicht einmal diese schulspezifischen Zeugnisse besonders zuverlässig, denn die Lehrer an den einzelnen Schulen bewerten nicht alle gleich streng. Es könnte durchaus sein, dass ein Schüler mit einer 2,3 besser als ein Schüler mit einer 1,7 einer anderen Schule ist. Bundesweit können Sie Schüler nur zuverlässig mithilfe von Testergebnissen, wie der zentralisierten PISA-Studie, oder anhand der Ergebnisse des Zentralabiturs vergleichen. Sicher ist Ihnen bereits jetzt klar, wie relativ und auch subjektiv Leistungsbeurteilungen ausfallen können und dass einheitlich durchgeführte objektive Leistungstests (wie in der Pisa-Studie) ein wesentlich nützlicheres Ergebnis liefern als subjektive Selbsteinschätzungen.

Genauso, wie man die schulische Leistung auf verschiedene Art erfassen oder messen kann, gibt es verschiedene Möglichkeiten der Einstellungsmessung. Es hat sich allerdings hauptsächlich die klassische Einstellungsmessung wegen ihres einfachen und ökonomischen Einsatzes durchgesetzt. Dabei werden Personen zum Beispiel gefragt, wie wichtig ihnen Umweltschutz ist. In Deutschland erhalten Sie von den meisten Menschen die Antwort, dass Umweltschutz wichtig bis sehr wichtig ist. Dies entspricht sinngemäß der Frage an die Schüler, wie gut sie in der Schule sind. Da sich im schulischen Bereich anscheinend ungern auf entsprechend subjektive Selbsteinschätzungen verlassen wird, wurden objektive Leistungs- und Verhaltenstests entwickelt. Das zugrunde liegende Messkonzept dieser Tests lässt sich, wie wir zeigen werden, auch in der Einstellungsforschung erfolgreich einsetzen.

2 Was sind Einstellungen und was bewirken sie?

Meist wird Einstellung definiert als die Bewertung eines Objekts. Unter Objekt ist dabei alles zu verstehen, was bewertet werden kann: Eine Person, eine Organisation, eine Handlung, eine Situation, ein Ort, eine Idee oder ein abstraktes Konzept, wie „Nachhaltigkeit“ (Eagly/Chaiken 1993; Petty/Cacioppo 1981). Etwas einfacher ausgedrückt, steht eine Einstellung für die Intensität, mit der wir etwas mögen oder ablehnen.

Einstellungen haben zwei zentrale Eigenschaften, die sie zu einem nützlichen Werkzeug für die Forschung und Praxis machen. Die erste Eigenschaft ist ihre zeitliche und situationsübergreifende Stabilität. Wer die Natur heute wertschätzt und findet, dass Umweltschutz wichtig ist, wird sehr wahrscheinlich auch in einigen Jahren immer noch sehr ähnlich denken (z. B. Kaiser et al. 2013; Kaiser/Frick/Stoll-Kleemann 2001). Die situationsübergreifende Stabilität von Einstellungen zeigt sich zum Beispiel darin, dass Leute mit einer ausgeprägten

Natureinstellung schöne Landschaften schätzen, wenn sie draußen unterwegs sind, wenn sie während der Arbeit als Bildschirmschoner auftauchen oder als Poster an der Wand hängen. Analog erachten umweltbewusste Personen Abfalltrennung überall als notwendig und wichtig: Zu Hause, am Arbeitsplatz, beim Spazieren oder am Bahnhof. Diese Konsistenz erstreckt sich auch auf andere einstellungsrelevante Bereiche: Personen, die positiv über Abfalltrennung denken, haben tendenziell auch eine positive Einstellung zum Energiesparen, öffentlichen Verkehr, zu grünen Politikern und zum Vegetarismus (vgl. Kaiser/Wilson 2004). Und wer eine ausgeprägte Natureinstellung hat, der geht nicht nur wandern, sondern wird sich mit einer höheren Wahrscheinlichkeit als Menschen mit niedriger Natureinstellung auch Haustiere halten und früh aufstehen, um sich Sonnenaufgänge anzuschauen (Brügger et al. 2011). Diese Kombination von Verhaltensweisen ist nicht deterministisch, sondern probabilistisch, oder in anderen Worten, auf Wahrscheinlichkeiten beruhend. Das bedeutet, dass Menschen mit hoher Natureinstellung auch mehr und häufiger Verhaltensweisen zeigen, die mit der Natur in Verbindung stehen, als Menschen mit einer niedrigeren Natureinstellung. Der hier vorgestellte Messansatz kann genau das empirisch zuverlässig belegen.

Die zweite praxisrelevante Eigenschaft von Einstellungen ist ihre handlungsmotivierende Wirkung. Personen, die zum Beispiel umweltfreundliche Verhaltensweisen begrüßen, handeln meistens auch entsprechend (Kaiser et al. 2001). Einstellungen stellen damit ein Maß dar, wie stark eine Person motiviert ist, sich für eine Sache einzusetzen. Je stärker die Einstellung – und damit die intrinsische Motivation – ausgeprägt ist, desto mehr ist eine Person bereit, dafür Zeit aufzuwenden, Geld auszugeben oder Unannehmlichkeiten auf sich zu nehmen.

Weil Einstellungen relativ stabil sind und Menschen dazu motivieren, sich gemäß ihren Einstellungen zu verhalten, eignen sich Einstellungen, um das Verhalten von Menschen vorherzusagen. Beispielsweise kann sehr gut prognostiziert werden, wie eine politische Wahl ausgeht, wenn die Einstellungen der Bevölkerung bekannt sind (siehe Gelman/King 1993). Auch lässt sich aufgrund von vorhandenen Einstellungen gut abschätzen, wie hoch die Akzeptanz für politische Maßnahmen oder Bauprojekte, wie zum Beispiel Windkraftanlagen (Bundesamt für Energie 2012), ist. Die Relevanz von Einstellungen zur Vorhersage von Verhalten wird besonders deutlich, wenn man sich vor Augen führt, dass mit Einstellungen bis zu 95 Prozent des Verhaltens erklärt werden können (Kaiser/Gutscher 2003; Kaiser/Hübner/Bogner 2005). Ein solch hoher Zusammenhang lässt sich nicht mit der klassischen Einstellungsforschung, die auf einfachen Meinungsäußerungen basiert, erreichen. Wie dies im Gegensatz zur klassischen Einstellungsmessung möglich ist, erfahren Sie im Absatz „Messung der Natureinstellung".

Das Wissen darüber, welche Einstellungen Einzelpersonen oder Bevölkerungsgruppen vertreten, lässt sich nicht nur für Beschreibungen und Vorhersagen nutzen. Die Kenntnis über die Verbreitung von Einstellungen kann auch gezielt dazu verwendet werden, Handlungsbedarf abzuschätzen, Kommunikationsstrategien auszuarbeiten und Kampagnen zu optimieren (vgl. Tobias/Brügger/Mosler 2009). Schließlich können Einstellungsveränderungen auch als Kriterium für den Erfolg von Interventionen dienen.

3 Natureinstellung

In Anlehnung an das Verständnis von Einstellungen als Bewertungstendenzen (Eagly/Chaiken 1993; Petty/Cacioppo 1981) ist Natureinstellung zu verstehen als die Tendenz, die Natur in unterschiedlicher Intensität positiv oder negativ zu bewerten (vgl. Brügger et al. 2011). Die Natureinstellung ist somit ein Ausdruck der persönlichen Wertschätzung der Natur: Eine sehr positive Einstellung gegenüber der Natur entspricht einer hohen Wertschätzung, während eine sehr schwach ausgeprägte Natureinstellung einer geringen Wertschätzung gleichkommt. Einige Autoren sprechen in diesem Zusammenhang auch von Verbundenheit mit der Natur oder von Natur als Teil des Selbstkonzepts (z. B. Clayton 2003; Mayer/Frantz 2004; Schultz 2002; Stets/Biga 2003), aber auch Naturbewusstsein kann hierfür als treffende Umschreibung gelten. Ungeachtet der unterschiedlichen Bezeichnungen ist das zentrale Element bei allen Ansätzen die Wertschätzung der Natur (Brügger et al. 2011).

Die Relevanz der Natureinstellung für Forschung und Praxis liegt vor allem in ihrem positiven Zusammenhang mit dem Umweltschutzverhalten. Wer etwas wertschätzt – so lautet die These –, dem liegt viel am Fortbestehen und Wohlergehen des Wertgeschätzten. In diesem Sinne funktioniert die Natureinstellung als intrinsische Motivation, um die Natur zu schützen: Je positiver die Natureinstellung einer Person ist, desto positiver ist ihre Einstellung gegenüber dem Umweltschutz (Clayton 2003; Hinds/Sparks 2008; Mayer/Frantz 2004; Nisbet/Zelenski/Murphy 2009; Schultz 2001; Stets/Biga 2003) und desto umweltfreundlicher verhält sie sich (z. B. Clayton 2003; Mayer/Frantz 2004; Nisbet et al. 2009; Schultz et al. 2004; Schultz 2001). Etwas plakativer ausgedrückt, könnte man festhalten: Wer die Natur schätzt, schützt sie auch.

Um die Natureinstellung zu erforschen und sie zu verändern oder mit ihr Umweltschutzverhalten zu fördern, ist es unerlässlich, sie zu messen. Wir stellen im Folgenden zuerst den klassischen Ansatz zur Einstellungsmessung vor und gehen auf einige damit verbundene Schwächen ein. Danach führen wir eine alternative Messmethode ein, die diese Schwächen behebt.

4 Messung der Natureinstellung

4.1 Klassische Einstellungsmessung

Die verbreitetste Art, Einstellungen zu erheben, erfolgt über Meinungsäußerungen, genauer gesagt, die Bewertung von Aussagen. Eine Forscherin, die sich für Umweltschutz interessiert, könnte beispielsweise folgende Aussagen bewerten lassen: „Wenn sich auf absehbare Zeit nichts ändert, ist eine größere ökologische Katastrophe vorprogrammiert" und „Tiere und Pflanzen haben dasselbe Existenzrecht wie Menschen" (Dunlap et al. 2000). Aus der Stärke der Zustimmung (bzw. Ablehnung) der Befragten auf Aussagen dieser Art wird dann auf deren Einstellung geschlossen: Jemand, der konsistent Aussagen zustimmt, die für Umweltschutz stehen, hat eine positivere Einstellung zum Umweltschutz als eine Person, die diese Aussagen ablehnt.

Ungeachtet seiner großen Verbreitung weist der Ansatz, Einstellungen über die Bewertung von Aussagen zu messen, einige erhebliche Schwächen auf. Eine erste Schwierigkeit betrifft die Voraussetzungen, welche die Befragten erfüllen müssen, damit die Einstellungsmessung über Bewertungsaussagen funktioniert. Die Forderung, Aussagen explizit zu bewerten, setzt die Fähigkeit und den Willen der Befragten voraus, bewusst über ihre Einstellung nachzudenken (Selbstreflexion) und diese zudem ehrlich, das heißt, ohne Beschönigung im Sinne sozial erwünschter Antworten zu berichten (vgl. Schultz/Tabanico 2007). Insbesondere die Erhebung von abstrakten Einstellungen, zum Beispiel gegenüber „Biodiversität" oder „Nanotechnologie", stellt hohe Anforderungen an die Selbstreflexion von Befragten. Deshalb ist die Antwort der Befragten nicht nur von der interessierenden Einstellung abhängig, sondern auch von deren Reflexionsfähigkeit. Deshalb können zwei Menschen mit eigentlich sehr ähnlichen Einstellungen trotzdem sehr unterschiedlich auf Fragen zur Einstellung, die eine hohe Reflexion voraussetzen, antworten.

Ein weiterer Nachteil des Ansatzes mit Bewertungsaussagen ist, dass die daraus erschlossenen Einstellungen das Verhalten oft schlecht vorhersagen (Ajzen 1991; Armitage/Conner 2001; DeFleur/Westie 1958; Wicker 1969). Der niedrige Zusammenhang zwischen einfachen Bewertungsaussagen und Verhalten kann darauf zurückgeführt werden, dass die Bewertung von Aussagen viel einfacher ist, als sich entsprechend zu verhalten (vgl. Campbell 1963; Kaiser/Byrka/Hartig 2010). Einer Aussage, wie „Ich finde es gut, Geld für wohltätige Zwecke zu spenden“, zuzustimmen, ist mit viel weniger Überwindung und Aufwand verbunden, als tatsächlich einer wohltätigen Organisation zu spenden. Entsprechend kritisch sollte mit Aussagen, wie „Der Naturschutz wird von einer großen Mehrheit der Befragten (86 %) als wichtige politische Aufgabe bewertet und als menschliche Pflicht (95 %) angesehen“ (Schell et al. 2012: 8), umgegangen werden. Sicherlich lässt eine hohe Zustimmung auf eine allgemein positive Bewertung eines Einstellungsobjekts, in diesem Fall des Naturschutzes, schließen. Dennoch kann man aus isolierten Meinungsäußerungen nur bedingt auf die Stärke einer Einstellung oder auf die Höhe einer darauf basierenden individuellen Motivation schließen. Denn im alltäglichen Kontext konkurrieren verschiedenste Motive miteinander und es wird kaum eine verhaltensrelevante Alltagsentscheidung existieren, bei der es ausschließlich um die Ablehnung oder Zustimmung des Naturschutzes geht. Im Alltag konkurrieren zum Beispiel Karriereziele, familiäre Ziele oder das Ziel, einen erholsamen Urlaub zu verbringen, mit dem Ziel, die Natur zu schützen. Deshalb ist es trotz hoher Zustimmung zu obiger Aussage zum Naturschutz nicht unbedingt zu erwarten, dass sich viele der Befragten tatsächlich aktiv für den Naturschutz einsetzen. Entsprechende Zielkonflikte ergeben sich auch auf gesellschaftlicher Ebene.

Außerdem ergibt sich ein methodisches Problem, wenn fast alle Befragten einen hohen oder sogar den höchsten Wert auf einer Antwortskala erreichen. Eine Frage, auf die alle Befragten gleich antworten (z. B. 100 % der Befragten würden Naturschutz als menschliche Pflicht sehen) ist methodisch wertlos, da sie in keiner Weise zwischen den Befragten differenziert. Damit ist es zum Beispiel unmöglich, die Antwortenden in verschiedene Zielgruppen, wie positiv und wenig positiv Eingestellte, einzuteilen, da es keine Unterschiede in den Antworten gibt. Dieses Problem ergibt sich nicht erst bei völliger Konformität der Antworten, sondern bereits bei relativ hohen Übereinstimmungen, wie 86 Prozent oder 95 Prozent. Statistisch wird durch die eingeschränkte Varianz der Antworten der empirische Zusammenhang zwischen der gemessenen Einstellung und dem Verhalten geschwächt (Kaiser/Schultz 2009) und es kommt zwangsläufig zur berüchtigten Einstellungs-Verhaltens-Lücke.

4.2 Verhaltensbasierte Einstellungsmessung

Statt über Bewertungsaussagen können Einstellungen auch über das Verhalten gemessen werden. Dieser Ansatz beruht auf dem Gedanken, dass Einstellungen und Verhalten in direkter, logischer Beziehung zueinander stehen und Ausdruck derselben Bewertungstendenz oder Motivation sind (Greve 2001; Kaiser et al. 2010). Diese Gleichsetzung von Einstellung und Verhalten bedeutet, dass, ausgehend von der Einstellung einer Person, ihr Verhalten vorhergesagt wird (siehe Ajzen 1991; Bandura 1991; Bem 1967; Rosenberg/Hovland 1960). Die Gleichsetzung bedeutet aber auch, dass vom Verhalten auf Einstellungen geschlossen werden kann (Kaiser et al. 2010).

Der Vorschlag, Einstellungen mit Fragen zum Verhalten zu messen, mag im ersten Moment verwirren. Die Berücksichtigung von Verhaltensweisen ist jedoch nichts anderes als eine Erweiterung der klassischen Einstellungsmessung um schwierigere Aufgaben beziehungsweise Fragen, die wesentlich seltener mit „Ja" beantwortet werden. So kann das spontane und unverbindliche Beurteilen von Bewertungsaussagen mittels Ankreuzen im Fragebogen oder mündlicher Stellungnahme im Interview als eine Handlung betrachtet werden, die nur mit einem sehr geringen Aufwand und geringen Kosten verbunden ist. Im Gegensatz dazu ist das tatsächliche Verhalten, wie zum Beispiel der Verzicht auf eine Flugreise zugunsten der Umwelt, schwieriger (Kaiser et al. 2010). Durch den wesentlich breiteren Schwierigkeitsbereich können Einstellungen präziser gemessen werden und Verhalten verlässlicher vorhergesagt werden.

Damit die Einstellungsmessung über Verhaltensweisen funktioniert, ist es wichtig, folgende zwei Punkte zu beachten: (1) Die Auswahl an Verhaltensweisen muss relevante Kategorien umfassen und breit sein. (2) Die Auswahl muss sich auf einfache, mittlere und schwierige Verhaltensweisen beziehen. Eine breite Auswahl von Verhaltensweisen zu realisieren, ist wichtig, weil es viele verschiedene Gründe geben kann, um einzelnes Verhalten zu zeigen, und die zugrunde liegende Einstellung nur mit einer systematischen Erfassung des Verhaltens erschlossen werden kann. Die Betrachtung einiger Verhaltensweisen zeigt, wie unterschiedlich die dahinterliegenden Motive sein können:

Abfall trennen kann beispielsweise finanziell motiviert sein (Gebühren sparen), aufgrund von sozialem Druck erfolgen (alle anderen tun es) oder mit dem Motiv erfolgen, dass dadurch Rohstoffe wiederverwertet werden und die Umwelt geschont wird. Die Installation von Sonnenkollektoren auf dem eigenen Hausdach mag Ausdruck von technischem Interesse oder durch finanzielle Anreize motiviert sein. Vielleicht werden Sonnenkollektoren aber auch primär zur Gewinnung grüner Energie und zum Schutz der Umwelt installiert. Der Verzicht auf lange Flugreisen kann Flugangst widerspiegeln, eine Abneigung gegenüber exotischen Destinationen ausdrücken oder einen Beitrag darstellen, seinen CO2-Fußabdruck gering zu halten. Wer eine Teamsportart betreibt, tut das vielleicht der Gesundheit zuliebe oder wegen des sozialen Austausches. Wer lieber Treppen steigt, statt den Aufzug zu nehmen, leidet eventuell an Platzangst oder sucht zusätzliche Bewegung. Der Verzicht auf Fastfood-Produkte kann politisch oder finanziell begründet sein oder ein Weg sein, seine Kalorienzufuhr zu reduzieren. Das Ableisten von Überstunden und der Verzicht auf Urlaub können aufgrund sozialen Drucks erfolgen, einem dabei helfen, im Beruf voranzukommen, oder dazu dienen, sein Gehalt aufzubessern. Wer in seiner Freizeit Fachzeitschriften liest, tut das vielleicht aus Langeweile oder, um sich gezielt weiterzubilden.

Während das einzelne Verhalten auf viele Motive hindeuten kann, erlaubt eine systematische Erfassung von vielen Verhaltensweisen eine klarere Interpretation der zugrundeliegenden Motivation: Wer gleichzeitig Abfall trennt, Sonnenkollektoren besitzt und auf Flugreisen verzichtet, liefert einige Hinweise darauf, dass diese Verhaltensweisen mit einer positiven Einstellung gegenüber dem Umweltschutz in Zusammenhang stehen. Ähnlich kann bei einer Person, die eine Teamsportart betreibt, Treppen gegenüber Aufzügen bevorzugt und auf Fastfood verzichtet, vermutet werden, dass diese Verhaltensweisen mit einer positiven Einstellung gegenüber der eigenen Gesundheit zu tun haben. Und jemand, der Überstunden leistet, auf Urlaub verzichtet und in der Freizeit Fachzeitschriften liest, legt vermutlich viel Wert auf seine Karriere.

Die zweite wichtige Voraussetzung für die erfolgreiche Messung von Einstellungen über Verhalten ist die Berücksichtigung unterschiedlich schwieriger Verhaltensweisen. Unter der „Schwierigkeit“ eines Verhaltens werden alle Kosten verstanden, die bei deren Ausführung (oder beim Verzicht darauf) entstehen, also körperliche Anstrengungen, zeitliche, finanzielle, soziale oder andere Kosten. Ein sehr einfaches Verhalten wäre zum Beispiel, eine umweltfreundliche Aussage in einem Fragebogen positiv zu bewerten. Beispiele für sehr kostspielige umweltfreundliche Verhaltensweisen wären der Kauf von eigenen Sonnenkollektoren und der Verzicht auf Flugreisen. Während der Kauf von Sonnenkollektoren monetäre Kosten verursacht, führt der Verzicht aufs Fliegen zu längeren Reisezeiten und zu einer Einschränkung der Urlaubsdestinationen.

Die Berücksichtigung unterschiedlich schwieriger Verhaltensweisen ist deshalb so wichtig, weil es damit möglich ist, sehr präzise zu bestimmen, wie positiv oder negativ die Einstellungen von Befragten zu einem Einstellungsobjekt sind. Der Rückschluss vom gezeigten Verhalten auf die Einstellung erfolgt methodisch ähnlich wie die Erfassung schulischer Kompetenzen. Nehmen wir als Beispiel die Kompetenz in Mathematik. Eine Person, die fehlerlos einfache

Aufgaben löst (z. B. Addition und Subtraktion), aber bei mittelschwierigen Aufgaben scheitert (z. B. Wurzelrechnen), hat eine geringere Mathematikkompetenz als eine andere Person, die über einfachen Aufgaben hinaus auch anspruchsvolle Aufgaben (z. B. Integral- oder Wahrscheinlichkeitsrechnen) korrekt löst. Der Rückschluss vom Verhalten (d. h. korrekt gelösten Aufgaben) auf die Mathematikkompetenz funktioniert aus zwei Gründen: Erstens können die Aufgaben gemäß ihrer Schwierigkeit von einfach bis schwierig angeordnet werden. Zweitens lösen die „Prüflinge" die Aufgaben nicht zufällig korrekt oder falsch, sondern in Abhängigkeit von ihrer Kompetenz: Eine Person, die in einem mathematischen Bereich Mühe hat, löst nur einfache Aufgaben richtig. Eine Person mit mittlerer Kompetenz löst die einfachen und mittleren Aufgaben korrekt, scheitert aber an den schwierigen. Und eine sehr kompetente Person löst zusätzlich auch schwierige Aufgaben korrekt. Natürlich kann es vorkommen, dass eine sehr kompetente Person eine der einfachen Aufgaben falsch löst oder dass eine Person mit geringer Fähigkeit mit etwas Glück eine schwierige Aufgabe richtig löst. Über alle Aufgaben hinweg betrachtet, wird aber das Antwortmuster jeder Person ihre Kompetenz widerspiegeln.

Der Rückschluss vom Verhalten auf die Einstellung erfolgt analog zum Kompetenzbereich: Eine Person, die sehr einfache Verhaltensweisen nicht zeigt, hat dem entsprechenden Einstellungsobjekt gegenüber eine negative (oder schwach ausgeprägte) Einstellung. Umgekehrt ist anzunehmen, dass eine Person, die neben einfachen und mittleren auch schwierige Verhaltensweisen ausführt, dem Einstellungsobjekt gegenüber eine sehr positive (oder stark ausgeprägte) Einstellung hat. Denn aus welchem anderen Grund sollte jemand konsequent die finanziellen und sozialen Kosten auf sich nehmen, die mit schwierigen Verhaltensweisen verbunden sind?

Exkurs: Methodik

Die Ähnlichkeit bei der Messung von schulischen Kompetenzen und Einstellungen über das Verhalten zeigt sich auch in der mathematischen Umsetzung der Messverfahren. Die verhaltensbasierte Einstellungsmessung greift auf das gleiche Verfahren zurück, das beispielsweise bei den PISA-Studien zum Vergleich internationaler Schulleistungen verwendet wird (OECD 2013). Genauer gesagt, handelt es sich dabei um das Rasch-Modell, einem der bekanntesten Vertreter der probabilistischen Testtheorie (z. B. Bond/Fox 2007; Strobl 2012).

Das Rasch-Modell eignet sich gut für die Messung von Kompetenzen und Einstellungen, weil es, ausgehend von individuellen Verhaltensmustern, sowohl die latenten Eigenschaften von Personen (z. B. Mathematik-Kompetenz, Natureinstellung, Umwelteinstellung) als auch die Schwierigkeit der einzelnen Verhaltensweisen (z. B. Lösen einer Additions-Aufgabe; sehr frühes Aufstehen, um Sonnenaufgänge zu beobachten; Kauf von Sonnenkollektoren) schätzt. Mit diesen zwei Parametern lässt sich die Wahrscheinlichkeit berechnen, mit der eine Person eine spezifische Verhaltensweise ausführt.[2] Diese Wahrscheinlichkeit wird bestimmt durch die arithmetische Differenz zwischen (1) der Einstellungsstärke einer Person und (2) der Schwierigkeit beziehungsweise den gesamten (sozialen, finanziellen und zeitlichen) Kosten, die mit dem Ausführen einer Verhaltensweise verbunden sind.

Mathematisch ausgedrückt, sehen das Rasch-Modell und damit die Beziehung zwischen individueller Naturverbundenheit und der Wahrscheinlichkeit, ein bestimmtes Verhalten auszuführen, wie folgt aus (Details siehe Bond/Fox 2007):

$$\ln\left(\frac{p_{ki}}{1-p_{ki}}\right) = \theta_k - \delta_i$$

Der natürliche Logarithmus des Quotenverhältnisses zwischen der Wahrscheinlichkeit (pki), dass eine Person k ein spezifisches Verhalten i ausführt, und der Wahrscheinlichkeit (1-pki), dass sie das nicht tut, wird definiert durch die Differenz zwischen dem Ausmaß der Einstellungsstärke (θk) von Person k und den mit der Ausführung einer spezifischen Verhaltensweise i verbundenen Kosten (δi). Durch diese mathematische Formalisierung ist es möglich, sowohl Menschen bezüglich ihrer Einstellungsstärke als auch Verhaltensweisen hinsichtlich ihrer „Schwierigkeit" (Höhe der zur Erfüllung nötigen zeitlichen, finanziellen und sozialen Kosten) zu unterscheiden.

5 Vorteile verhaltensbasierter Einstellungsmessung

Wir geben an dieser Stelle nur einen relativ kurzen Überblick über einige zentrale Vorteile des Rasch-Modells, die im Rahmen der Natureistellungsmessung eine Rolle spielen. Ein Vorteil des Rasch-Modells ist dessen sogenannte Stich-

2 Selbstverständlich ist das für jede einstellungsrelevante Verhaltensweise möglich, deren Schwierigkeit bekannt ist, nicht nur für diejenigen, die für die entsprechende Person erfasst wurden.

probenunabhängigkeit beziehungsweise dessen spezifische Objektivität, welche bei klassischen testtheoretischen Modellen nicht gegeben ist. Die spezifische Objektivität beruht auf der mathematischen Eigenschaft des Rasch-Modells, dass die Schätzungen der Personenwerte unabhängig von den verwendeten Fragen und die Schätzungen der Fragenschwierigkeit unabhängig von den befragten Personen sind. Praktisch bedeutet dies, dass trotz der Verwendung verschiedener Fragen (aus einem getesteten Fragenpool) vergleichbare Personenwerte berechnet werden können. Gehen wir beispielhaft von einem Pool von 100 Fragen aus, wird die Schätzung einer Person immer ungefähr den gleichen Wert erreichen, unabhängig davon, welche Auswahl an (z. B. 20) Fragen ihr aus diesem Pool gestellt werden.

Im Zusammenhang mit der spezifischen Objektivität ist es möglich, adaptives Testen anzuwenden. Dazu werden aus einem Fragen-Pool sukzessive und computerbasiert diejenigen Fragen ausgewählt, die dem vorläufig geschätzten Personenwert am nächsten kommen. Das heißt, einer Person, die schwierige mathematische Aufgaben lösen kann, werden auch entsprechend schwere Aufgaben, zum Beispiel zur Integralrechnung, gestellt. Somit verzichtet ein adaptiver Test darauf, diese Person mit zu leichten, zum Beispiel Additionsaufgaben, zu beschäftigen. Auf diese Weise kann man entweder die Testgenauigkeit erhöhen, weil man mehr Fragen stellt, die der Fähigkeit der Person entsprechen, oder man kann die Testlänge verkürzen, indem auf Fragen verzichtet wird, welche nur wenige Informationen über den Personenwert liefern würden, also zum Beispiel zu leichte Aufgaben, welche die Person sehr wahrscheinlich lösen würde.

Ein weiterer Vorteil Rasch-basierter Einstellungsskalen sowie aller Rasch-Skalen ist ihre sogenannte Skalenfreiheit. Die Ergebnisse, die mit klassischen Einstellungsskalen generiert werden, sind von verschiedenen Faktoren, wie der Gruppe der Befragten, dem Forscher, dem Ort und der Zeit der Befragung, aber vor allem vom Befragungsinstrument abhängig. Deshalb sind entsprechende Ergebnisse aus verschiedenen Studien in der Regel schwer vergleichbar. Die Skalenfreiheit einer Rasch-Skala aber erlaubt eine solche Vergleichbarkeit. So können Ergebnisse aus Befragungen, die mehrere Jahre zurückliegen oder aus verschiedenen Fragebögen stammen, zuverlässig verglichen werden, solange wenigstens einige Items identisch sind (über diese wenigen Items kann dann eine mathematische Verknüpfung zwischen den verschiedenen Skalen hergestellt werden). So wäre es zum Beispiel möglich, die Ergebnisse der Naturbewusstseinsstudie 2011, basierend auf den darin enthaltenen Verhaltensitems, mit einer neuen Befragung, die einige dieser Items enthält, zu verknüpfen.

Ein operativer Vorteil ist die sehr schnelle Beantwortungszeit der Items durch die Probanden im Vergleich zu klassischen Einstellungsitems. Der Grund liegt in der einfachen Abrufbarkeit der Verhaltensweisen im Vergleich zur oft schwierigen Reflexion über klassische Einstellungsitems (siehe dazu auch die Darstellung der klassischen Einstellungsmessung oben).

6 Verhaltensbasierte Natureinstellung

Eine verhaltensbasierte Erhebung der Natureinstellung (Kaiser et al. 2010) bietet sich aus zwei Gründen an: Erstens ist die Natureinstellung ein abstraktes Konstrukt und es ist für Befragte nicht einfach, über ihre Einstellung nachzudenken und Auskunft darüber zu geben (Schultz/Tabanico 2007). Zweitens wird durch den Einbezug von Verhaltensweisen der eingeschränkte Schwierigkeitsbereich von reinen Bewertungsfragen ausgedehnt, wodurch die Messung präziser wird.

Die verhaltensbasierte Natureinstellung (Brügger et al. 2011) erfasst die individuelle Wertschätzung der Natur mittels zwei Arten von Verhaltensweisen. Die erste Art bezieht sich auf das Bewerten von Aussagen, wie man es aus den meisten Verfahren zur Einstellungsmessung kennt. Dabei wird die Bewertung als eine – wenn auch sehr einfache – Handlung betrachtet (siehe Kaiser et al. 2010). Beispiele solcher Bewertungsaussagen für die Natureinstellung sind „Haustiere sind Teil der Familie“, „Ich spaziere lieber im Wald als in der Stadt“ und „Das Quaken von Fröschen ist beruhigend“. Die Befragten können diesen Aussagen entweder zustimmen oder sie ablehnen.

Die zweite Art von Verhaltensfragen erfasst die Häufigkeit, mit der man Verhaltensweisen ausführt (nie, selten, gelegentlich, oft, sehr oft), die für die Natureinstellung relevant sind. Beispiele für diesen Fragentyp sind: „Ich beobachte oder höre bewusst Vögeln zu“, „Ich wandere oder jogge in nahegelegenen Naturschutzgebieten oder Wäldern“ und „Ich zeichne oder fotografiere Landschaften“.

Für alle Verhaltensweisen gilt die Annahme, dass Personen mit einer schwach ausgeprägten Natureinstellung bereits Bewertungsaussagen mit geringer Schwierigkeit negativ bewerten (z. B. „Ich finde es spannend, Tiere zu beobachten“) und relevante einfache Verhaltensweisen (z. B. „Ich besitze und versorge Pflanzen“) nie ausführen. Personen mit einer sehr positiven Natureinstellung werden selbst schwierigen Bewertungsaussagen zustimmen (z. B. „Einem Baum in die Rinde zu ritzen, fühlt sich an, wie sich selbst zu schneiden“) und relevante Verhaltensweisen („Ich stehe früh auf, um den Sonnenaufgang zu erleben“) oft oder sehr oft ausführen. Je mehr relevante Hindernisse eine Person also überwindet, desto stärker ist ihre Natureinstellung. Warum sonst sollte jemand früh aufstehen, um den Sonnenaufgang zu betrachten, auch an regnerischen und kalten Tagen spazieren gehen, mit Pflanzen sprechen oder der Meinung sein, dass das Quaken von Fröschen beruhigend ist, wenn sie oder er keine positive Natureinstellung hat?

Die verhaltensbasierte Messung der Natureinstellung mit dem Rasch-Modell hat sich bereits mehrfach bewährt (Beckers 2005; Brügger et al. 2011; Kaiser et al. 2013; Kaiser et al. 2013). Zum einen hat das Erhebungsinstrument ausgezeichnete messtechnische Eigenschaften. Die Skala weist eine gute interne Konsistenz auf (Cronbach α = .89) (Brügger et al. 2011; Kaiser et al. 2013). Das heißt, dass das Instrument als Ganzes eine hohe Messgenauigkeit aufweist. Die Messgenauigkeit bestätigt sich auch auf der Ebene der einzelnen Items; die Abweichungen zwischen beobachteten und aufgrund des Modells vorhergesagten Antworten der Befragten sind gering (Brügger et al. 2011; Kaiser et al. 2013).

Weiter zeigt die hohe Korrelation zwischen der verhaltensbasierten Natureinstellung und anderen Instrumenten zur Erfassung der Natureinstellung, dass alle Varianten das gleiche psychologische Phänomen erfassen (Brügger et al. 2011). Gleichzeitig unterscheidet sich die Natureinstellung stärker von den verwandten Konzepten Umweltbewusstsein und Umweltschutzeinstellung als andere Natureinstellungsinstrumente (Brügger et al. 2011; Kaiser et al. 2013; Kaiser et al. 2013). Diese Hinweise auf konvergente und diskriminante Validität deuten darauf hin, dass die verhaltensbasierte Natureinstellung auch tatsächlich das (und nur das) misst, was sie vorgibt zu messen: Die Einstellung gegenüber der Natur.

Tabelle 1: Verhaltensweisen der Natureinstellungsskala

		p_1	p_2	Antwortformat
1	Ich imitiere das Verhalten von Tieren, z. B. den Gang eines Geiers.	0.37	0.03	Häufigkeit
2	Ich stehe früh auf, um den Sonnenaufgang zu erleben.	0.71	0.07	Häufigkeit
3	Ich sammle Pilze oder Beeren.	0.59	0.07	Häufigkeit
4	Ich imitiere Geräusche von Tieren.	0.72	0.08	Häufigkeit
5	Ich gehe barfuß über Wiesen.	0.75	0.09	Häufigkeit

6	Ich spreche mit Pflanzen.	0.43	0.11	Häufigkeit
7	Ich helfe Schnecken über die Straße.	0.45	0.15	Häufigkeit
8	Ich sehe mir Fernsehsendungen an, deren Hauptdarsteller Tiere sind.	0.88	0.16	Häufigkeit
9	Ich besitze eine CD / eine Kassette mit Naturgeräuschen.		0.19	ja/nein
10	Ich nehme mir Zeit, den Wolken beim Vorbeiziehen zuzusehen.	0.95	0.21	Häufigkeit
11	Ich nehme mir Zeit, um bewusst an Blumen zu riechen.	0.91	0.23	Häufigkeit
12	Ich beobachte oder höre bewusst Vögeln zu.	0.90	0.24	Häufigkeit
13	Ich gehe in einen Park.	0.96	0.25	Häufigkeit
14	Ich sammle Dinge aus der Natur, wie zum Beispiel Steine, Schmetterlinge oder Käfer.		0.27	Häufigkeit
15	Ich nehme mir bewusst Zeit, die Sterne zu beobachten.	0.96	0.27	Häufigkeit
16	Zimmerpflanzen sind Teil der Familie.		0.32	Zustimmung
17	Ich verbringe lieber Zeit mit Freunden als allein in der Natur.		0.33	Zustimmung
18	Auch wenn es sehr kalt ist oder wenn es regnet, unternehme ich Spaziergänge in der freien Natur.	0.95	0.35	Häufigkeit
19	Ich wandere oder jogge in nahegelegenen Naturschutzgebieten oder Wäldern.	0.89	0.41	Häufigkeit
20	Ich spreche mit Tieren.	0.89	0.51	Häufigkeit
21	Einem Baum in die Rinde zu ritzen, fühlt sich an, wie sich selbst zu schneiden.		0.56	Zustimmung
22	Wenn mir eine Pflanze eingeht, mache ich mir Vorwürfe.		0.57	ja/nein

23	Insekten, z. B. Fliegen, versuche ich, zu fangen und nach draußen zu setzen, statt sie zu töten.		0.58	ja/nein
24	Das Quaken von Fröschen ist beruhigend.		0.60	Zustimmung
25	Ich arbeite gern im Garten.		0.60	Zustimmung
26	Ich lebe lieber in der Stadt als auf dem Land.		0.68	Zustimmung
27	Ich verspüre ein Bedürfnis, draußen in der Natur zu sein.	0.99	0.71	Häufigkeit
28	Mein Lieblingsplatz ist ein Flecken im Grünen.		0.73	ja/nein
29	Ein Waldspaziergang lässt mich meine Alltagssorgen vergessen.		0.84	Zustimmung
30	Als Kind verbrachte ich viel Zeit im Wald.		0.86	ja/nein
31	Ich besitze und versorge Pflanzen.		0.86	ja/nein
32	Der Lärm von Grillen geht mir auf die Nerven.		0.88	Zustimmung
33	Ich treibe Sport lieber draußen als drinnen.		0.89	Zustimmung
34	Es entspannt mich, Naturgeräuschen zuzuhören.		0.89	Zustimmung
35	Ich spaziere lieber im Wald als in der Stadt.		0.90	Zustimmung
36	Haustiere sind Teil der Familie.		0.91	Zustimmung
37	Beim Anblick eines kahlgeschlagenen Waldes fühle ich mich erbärmlich.		0.91	ja/nein
38	Der Tod eines Haustiers lässt mich trauern.		0.93	ja/nein
39	Überfahrene Igel machen mich traurig.		0.94	ja/nein
40	Ich finde es spannend, Tiere zu beobachten.		0.94	Zustimmung

Anmerkungen: p ist die Wahrscheinlichkeit, mit der eine Person das entsprechende Verhalten ausführt beziehungsweise die verbale Äußerung unterstützt. Items, bei denen die Verhaltenshäufigkeit erfragt wurde, erscheinen doppelt, weil sie zwei Schwierigkeitsstufen (Schwellen) haben: Eine Schwelle (p1) für „selten" und „gelegentlich" und eine Schwelle (p2) für „oft" und „sehr oft" (Befragte, welche das entsprechende Verhalten gar nicht zeigen, habe die Möglichkeit, mit „nie" zu antworten).
Items, die nur eine Schwierigkeitsstufe haben, wurden in einem dichotomen Format erhoben (entweder mit Ja/Nein oder stimme zu / lehne ab). Grau unterlegte Items sind umgekehrt gepolt, das heißt, eine Zustimmung zu dieser Aussage / das Ausführen dieses Verhaltens steht für eine schwach ausgeprägte Natureinstellung. Diese Items wurden vor den statistischen Auswertungen recodiert.

7 Natureinstellung und Umweltschutz

Die verhaltensbasierte Messung der Natureinstellung ist nicht nur präzise und valide, sondern ist auch ein relevanter Prädiktor für das Umweltschutzverhalten: Personen, die eine sehr ausgeprägte Natureinstellung haben, sind umweltbewusster und engagieren sich mehr für den Umweltschutz als Personen mit einer geringen Natureinstellung ($r \approx .50$, Brügger et al. 2011; Kaiser et al. 2013; Kaiser et al. 2013).

Umweltschutz, der auf persönlicher Wertschätzung basiert, ist für die einzelne Person attraktiver und nachhaltiger als Ansätze, die das Verhalten mit extrinsischen Mitteln zu beeinflussen versuchen. Extrinsische Einflüsse, wie Gesetze, Gebühren und Subventionen, werden zwar erfolgreich eingesetzt, sind aber oft teuer und nur wirksam, solange die Anreize vorhanden sind (Abrahamse et al. 2005). Aber auch Anreize, die soziale Motive bedienen (z. B. öffentliches Lob, der persönliche Ruf oder Status), können zur Förderung von Umweltschutzverhalten herangezogen werden (Joule/Girandola/Bernard 2007), wobei diese ebenfalls oft nur unter bestimmten Bedingungen wirksam sind (Griskevicius/Tybur/Van den Bergh 2010).

Wie sich die individuelle Wertschätzung der Natur entwickelt und wie sie gefördert werden kann, ist bislang wenig bekannt. Eine naheliegende Erklärung für die Entstehung einer positiven Natureinstellung sind Konditionierungsprozesse: Durch angenehme Erlebnisse in und mit der Natur entstehen positive Assoziationen mit der Natur (vgl. Kaiser/Roczen/Bogner 2008; Schultz 2002). Wenn man sich die vielen positiven Auswirkungen der Natur auf den Menschen vor Augen führt, ist die Entstehung von positiven Assoziationen durchaus plausibel. So reduziert der Kontakt mit der Natur Stress und negative Gefühle und hat positive Auswirkungen auf den Gemütszustand, das Wohlbefinden, die Gesundheit und die Lebenszufriedenheit (Hartig et al. 2003; Mayer et al. 2009; Ryan et al. 2010; White et al. 2013). Auch nährt die Natur ästhetische und spirituelle Bedürfnisse (Kaplan/Kaplan 1989; van den Berg/Koole/van der Wulp 2003; Williams/Harvey 2001). Solche positiven Naturerfahrungen machen deutlich, warum Umweltschutz, der auf einer positiveren Natureinstellung basiert, attraktiver ist als andere Ansätze, in denen zum Beispiel unbeliebte regulatorische Maßnahmen, wie Steuern, eingesetzt werden.

Aus Sicht der Umwelt- und Naturschutzpolitik drängt sich die Frage auf, ob positive Naturerlebnisse dazu genutzt werden können, die Natureinstellung und die Umweltschutz-Motivation zu fördern. Der direkte Zusammenhang zwischen positiven Naturerlebnissen und umweltfreundlichem Verhalten (Byrka/Hartig/Kaiser 2010; Hartig/Kaiser/Bowler 2001; Hartig/Kaiser/Strumse 2007) sowie die Hinweise darauf, dass die Natureinstellung durch Kontakt mit der Natur gestärkt werden kann (Liefländer et al. 2013; Weinstein/Przybylski/Ryan 2009), legen nahe, dass dies möglich ist. Einschränkend muss festgehalten werden, dass wenig darüber bekannt ist, wie dauerhaft diese Einstellungsänderungen sind und wie Interventionen gestaltet sein müssen, damit die Einstellungsänderungen möglichst lange anhalten. Befunde legen nahe, dass die Wirkung von Naturerlebnissen auf die Einstellung stärker und dauerhafter ist, wenn es direkte Naturkontakte gibt und die Natur direkt erfahren wird statt indirekt, zum Beispiel über Dokumentarfilme (Duerden/Witt 2010; siehe auch Liefländer et al. 2013). Längere und häufigere Naturerlebnisse scheinen eine stärkere und langfristige Einstellungsänderung ebenfalls zu begünstigen (vgl. Kals/ Schumacher/Montada 1999; Liefländer et al. 2013). Neben der Art der Naturerlebnisse und deren Intensität scheint auch das Alter der Person einen Einfluss darauf zu haben, ob Einstellungsänderungen erfolgen und wie nachhaltig diese sind; Naturkontakte scheinen besonders bei Kindern unter elf Jahren zu Einstellungsänderungen zu führen (Liefländer et al. 2013; Wells/Lekies 2006). Während es also grundsätzlich möglich ist, durch Naturerlebnisse die Wertschätzung für die Natur und die Umweltschutz-Motivation zu erhöhen, herrscht noch Unklarheit über die Bedingungen, unter denen dies am besten erreicht wird.

8 Fazit

Natur- und Umweltschutz sind aktuelle und polarisierende gesellschaftliche Themen, welche mit wegweisenden gesellschaftlichen und politischen Entscheidungen einhergehen. Wegen dieser hohen gesellschaftlichen Relevanz ist es wichtig, dass diese Entscheidungen auf Grundlage möglichst zuverlässiger

Daten getroffen werden können. Wir haben gezeigt, welche bedeutenden Vorteile die Erkenntnisse aus einer Messung der Natureinstellung, basierend auf dem Rasch-Modell, haben beziehungsweise welche Nachteile der klassischen Einstellungsmessung damit überwunden werden. Nicht umsonst spielen auch in anderen wichtigen politischen Entscheidungsfeldern, wie zum Beispiel der Bildungsforschung (OECD 2013), Rasch-Modelle eine zentrale Rolle. Im Großen und Ganzen lassen sich mit verhaltensbasierten Einstellungsmessungen robuste empirische Erkenntnisse generieren, die in Kombination mit anderen Instrumenten eine transparente und wissenschaftsgeleitete gesellschaftliche Entscheidungsgrundlage liefern.

Um die individuelle Wertschätzung der Natur präzise zu messen, Veränderungen zu verfolgen und darauf aufbauende gesellschaftliche Entscheidungen zu treffen, ist die hier vorgestellte Rasch-basierte Natureinstellungsskala eine zuverlässige Lösung. Das Instrument überzeugt messtechnisch (Fit-Werte, Reliabilität, konvergente und diskriminante Validität) und durch eine hohe Vorhersagekraft von umweltfreundlichem Verhalten. Ein weiterer Vorteil sind die einfachen Verhaltensfragen, da es den Befragten leicht fällt, zu beantworten, ob und wie häufig sie bestimmte Verhaltensweisen ausführen. Damit werden Schwierigkeiten anderer Messinstrumente umgangen, die abstrakte Fragen stellen und Befragte mit hohen Anforderungen an die Selbstreflexion überfordern können. Mit der indirekten Messung über Verhaltensfragen scheint die Natureinstellung auch weniger anfällig für Verzerrungen durch individuelle Antwort-Stile und sozial erwünschte Antworttendenzen zu sein (Brügger et al. 2011).

Weiterhin ist die Natureinstellung beziehungsweise die individuelle Wertschätzung der Natur ein wichtiger Motivator für den Umweltschutz, welcher der Umweltschutz-Praxis neue Möglichkeiten eröffnet. Durch angenehme Erfahrungen mit der Natur können positive Assoziationen entstehen, welche die Wertschätzung der Natur erhöhen und Menschen intrinsisch dazu motivieren, die Umwelt zu schützen. Natürlich gibt es eine Menge anderer Maßnahmen, wie zum Beispiel die Änderung von Rahmenbedingungen und Strukturen. Eine intrinsische Umweltschutz-Motivation ist allerdings langfristig kostengünstiger und nachhaltiger als ein von Dritten auferlegter Umweltschutz. So sind beispielsweise politische Maßnahmen (wie Subventionen, Gebühren, Gesetze) nicht nur schwierig einzuführen, sondern auch mit hohen Kosten verbunden (siehe Homburg/Matthies 1998). Hinzu kommt, dass solche extrinsischen Motivatoren nur wirken, solange Personen unter deren Einfluss stehen. Sobald die Belohnung oder die Bestrafung entfällt, erlischt auch die Motivation für den Umweltschutz (z. B. Bolderdijk/Knockaert/Steg/Verhoef 2011; Thøgersen/Møller 2008). Die intrinsische Motivation dagegen ist beständig wirksam und damit unabhängiger von äußeren Anreizen. Wenn die intrinsische Motivation vorhanden ist und sich die strukturellen Rahmenbedingungen für das gezeigte Verhalten nicht verschlechtern, braucht es somit weder Kontrolle noch muss Aufwand betrieben werden, um die Motivation aufrechtzuerhalten. Ein zweiter praktischer Vorteil, den die Förderung von Umweltschutz über die Natureinstellung hat, ist die einfachere Vermittlung und höhere Akzeptanz. Die Orientierung am persönlichen Nutzen verleiht diesem Ansatz eine sehr positive Konnotation.

Literaturverzeichnis

Abrahamse, W.; Steg, L.; Vlek, C.; Rothengatter, T. (2005): A review of intervention studies aimed at household energy conservation. In: Journal of Environmental Psychology, 25, 273–291.

Ajzen, I. (1991): The theory of planned behavior. Organizational behavior and human decision processes, 50, 179–211.

Armitage, C. J.; Conner, M. (2001): Efficacy of the theory of planned behaviour: A meta-analytic review. In: British Journal of Social Psychology, 40(4), 471–499.

Bandura, A. (1991): Social cognitive theory of self-regulation. Organizational behavior and human decision processes, 50(2), 248–287.

Beckers, S. (2005): Measuring people's connection with nature. Unpublished Master Thesis, Eindhoven: Technische Universiteit, Eindhoven, Nederland.

Bem, D. J. (1967): Self-perception: An alternative interpretation of cognitive dissonance phenomena. In: Psychological Review, 74(3), 183–200.

Bolderdijk, J. W.; Knockaert, J.; Steg, E. M.; Verhoef, E. T. (2011): Effects of pay-as-you-drive vehicle insurance on young drivers' speed choice: Results of a Dutch field experiment. In: Accident Analysis & Prevention, 43(3), 1181–1186.

Bond, T. G.; Fox, C. M. (2007): Applying the Rasch model: Fundamental measurement in the human sciences. Mahwah, NJ: Lawrence Erlbaum.

Brügger, A.; Kaiser, F. G.; Roczen, N. (2011): One for all? Connectedness to Nature, Inclusion of Nature, Environmental Identity, and Implicit Association with Nature. In: European Psychologist, 16(4), 324–333.

Bundesamt für Energie (2012): Sozialpsychologische Akzeptanz von Windkraftprojekten an potentiellen Standorten: Eine quasiexperimentelle Untersuchung. Bern: Eidgenössisches Departement für Umwelt, Verkehr, Energie und Kommunikation UVEK Bundesamt für Energie.

Byrka, K.; Hartig, T.; Kaiser, F. G. (2010): Environmental attitude as a mediator of the relationship between psychological restoration in nature and self-reported ecological behavior. In: Psychological Reports, 107(3), 847–859.

Campbell, D. T. (1963): Social attitudes and other acquired behavioral dispositions. In: Psychology: A study of a science (Vol. 6, pp. 94–172). New York: McGraw-Hill.

Clayton, S. (2003): Environmental identity: A conceptual and an operational definition. In: Identity and the natural environment: The psychological significance of nature (pp. 45–65). Cambridge, MA: MIT Press.

DeFleur, M. L.; Westie, F. R. (1958): Verbal attitudes and overt acts: An experiment on the salience of attitudes. In: American Sociological Review, 23(6), 667–673.

Duerden, M. D.; Witt, P. A. (2010): The impact of direct and indirect experiences on the development of environmental knowledge, attitudes, and behavior. In: Journal of Environmental Psychology, 30(4), 379–392.

Dunlap, R. E.; Van Liere, K. D.; Mertig, A. G.; Jones, R. E. (2000): Measuring endorsement of the new ecological paradigm: A revised NEP scale. In: Journal of Social Issues, 56, 425–442.

Eagly, A. H.; Chaiken, S. (1993): The psychology of attitudes. Orlando, FL: Harcourt Brace.

Gelman, A.; King, G. (1993): Why are American presidential election campaign polls so variable when votes are so predictable? In: British Journal of Political Science, 23(04), 409–451.

Greve, W. (2001): Traps and gaps in action explanation: Theoretical problems of a psychology of human action. In: Psychological Review, 108(2), 435.

Griskevicius, V.; Tybur, J. M.; Van den Bergh, B. (2010): Going green to be seen: Status, reputation, and conspicuous conservation. In: Journal of Personality and Social Psychology, 98(3), 392–404.

Hartig, T.; Evans, G. W.; Jamner, L. D.; Davis, D. S.; Gärling, T. (2003): Tracking restoration in natural and urban field settings. In: Journal of environmental psychology, 23(2), 109–123.

Hartig, T.; Kaiser, F. G.; Bowler, P. A. (2001): Psychological restoration in nature as a positive motivation for ecological behavior. In: Environment and Behavior, 33(4), 590–607.

Hartig, T.; Kaiser, F. G.; Strumse, E. (2007): Psychological restoration in nature as a source of motivation for ecological behaviour. In: Environmental Conservation, 34, 291–299.

Hinds, J.; Sparks, P. (2008): Engaging with the natural environment: The role of affective connection and identity. In: Journal of Environmental Psychology, 28, 109–120.

Homburg, A.; Matthies, E. (1998): Umweltpsychologie: Umweltkrise, Gesellschaft und Individuum. Weinheim und München: Juventa Verlag.

Joule, R.-V.; Girandola, F.; Bernard, F. (2007): How can people be induced to willingly change their behavior? The path from persuasive communication to binding communication. In: Social and Personality Psychology Compass, 1(1), 493–505.

Kaiser, F. G.; Brügger, A.; Hartig, T.; Bogner, F. X.; Gutscher, H. (2013): Appreciation of nature and appreciation of environmental protection: Stable attitudes, but which comes first? Manuscript submitted for publication.

Kaiser, F. G.; Byrka, K.; Hartig, T. (2010): Reviving Campbell's Paradigm for attitude research. In: Personality and Social Psychology Review, 14(4), 351 –367.

Kaiser, F. G.; Frick, J.; Stoll-Kleemann, S. (2001): Zur Angemessenheit selbstberichteten Verhaltens: Eine Validitätsuntersuchung der Skala Allgemeinen Ökologischen Verhaltens. Diagnostica, 47, 88–95.

Kaiser, F. G.; Gutscher, H. (2003). The proposition of a general version of the Theory of Planned Behavior: Predicting ecological behavior. In: Journal of Applied Social Psychology, 33(3), 586–603.

Kaiser, F. G.; Hartig, T.; Brügger, A.; Duvier, C. (2013): Environmental protection and nature as distinct attitudinal objects: An application of the Campbell Paradigm. In: Environment and Behavior, 45(3), 369–398.

Kaiser, F. G.; Hübner, G.; Bogner, F. X. (2005): Contrasting the theory of Planned Behavior with the Value-Belief-Norm Model in explaining conservation behavior. In: Journal of Applied Social Psychology, 35, 2150–2170.

Kaiser, F. G.; Roczen, N.; Bogner, F. X. (2008): Competence formation in environmental education: Advancing ecology-specific rather than general abilities. Umweltpsychologie.

Kaiser, F. G.; Schultz, P. W. (2009): The attitude–behavior relationship: A test of three models of the moderating role of behavioral difficulty. In: Journal of Applied Social Psychology, 39, 186–207.

Kaiser, F. G.; Wilson, M. (2004): Goal-directed conservation behavior: The specific composition of a general performance. In: Personality and Individual Differences, 36, 1531–1544.
Kals, E.; Schumacher, D.; Montada, L. (1999): Emotional affinity toward nature as a motivational basis to protect nature. In: Environment and Behavior, 31, 178–202.
Kaplan, R.; Kaplan, S. (1989): The experience of nature: A psychological perspective. Cambridge: Cambridge University Press.
Kleinhückelkotten, S.; Neitzke, H.-P. (2012): Naturbewusstseinsstudie 2011 – Abschlussbericht. Hannover: Bundesamt für Naturschutz.
Liefländer, A. K.; Fröhlich, G.; Bogner, F. X.; Schultz, P. W. (2013): Promoting connectedness with nature through environmental education. In: Environmental Education Research, 19(3), 370–384.
Mayer, F. S.; Frantz, C. M. (2004): The connectedness to nature scale: A measure of individuals' feeling in community with nature. Journal of Environmental Psychology, 24, 503–515.
Mayer, F. S.; Frantz, C. M.; Bruehlman-Senecal, E.; Dolliver, K. (2009): Why is nature beneficial? The role of connectedness to nature. In: Environment and Behavior, 41, 607–643.
Nisbet, E. K.; Zelenski, J. M.; Murphy, S. A. (2009): The nature relatedness scale: Linking individuals' connection with nature to environmental concern and behaviour. In: Environment and Behavior, 41(5), 715 –740.
OECD (2013): PISA 2012 assessment and analytical framework: mathematics, reading, science, problem solving and financial literacy. Paris: OECD Publishing. Retrieved from dx.doi.org/10.1787/9789264190511-en
Otto, S.; Kaiser, F. G.; Arnold, O. (2014): Climate change's critical challenges for psychology: Preventing rebound and promoting individual irrationality. In: European Psychologist, 19, 96-106.
Petty, R. E.; Cacioppo, J. T. (1981): Attitudes and persuasion: Classic and contemporary approaches. Dubuque, IA: William C. Brown.
Rosenberg, M. J.; Hovland, C. I. (1960): Cognitive, affective, and behavioral components of attitudes. In: Attitude organization and change (pp. 1–14). New Haven, CT: Yale University Press.
Ryan, R. M.; Weinstein, N.; Bernstein, J.; Brown, K. W.; Mistretta, L.; Gagné, M. (2010): Vitalizing effects of being outdoors and in nature. In: Journal of Environmental Psychology, 30(2), 159–168.
Schell, C.; Mues, A.; Küchler-Krischun, J.; Kleinhückelkotten, S.; Neitzke, H.-P.; Borgstedt, S.; Christ, T. (2012): Naturbewusstsein 2011 – Bevölkerungsumfrage zu Natur und biologischer Vielfalt. Berlin: Bundesministerium für Umwelt, Naturschutz und Reaktorsicherheit und Bundesamt für Naturschutz. Retrieved from http://www.bfn.de/fileadmin/MDB/documents/themen/gesellschaft/Naturbewusstsein_2011/Naturbewusstsein-2011_barrierefrei.pdf
Schultz, P. W. (2001): The structure of environmental concern: Concern for self, other people, and the biosphere. In: Journal of Environmental Psychology, 21, 327–339.
Schultz, P. W. (2002): Inclusion with nature: The psychology of human-nature relations. In P. Schmuck; P. W. Schultz (Eds.), The psychology of sustainable development (pp. 61–78). New York: Kluwer.
Schultz, P. W.; Shriver, C.; Tabanico, J. J.; Khazian, A. M. (2004): Implicit connections with nature. In: Journal of Environmental Psychology, 24, 31–42.
Schultz, P. W.; Tabanico, J. J. (2007): Self, identity, and the natural environment: Exploring implicit connections with nature. In: Journal of Applied Social Psychology, 37, 1219–1247.
Stets, J. E.; Biga, C. F. (2003): Bringing identity theory into environmental sociology. In: Sociological Theory, 21, 398–423.

Strobl, C. (2012): Das Rasch-Modell. Eine verständliche Einführung für Studium und Praxis (2., erweiterte.). München: Rainer Hampp Verlag.

Thøgersen, J.; Møller, B. (2008): Breaking car use habits: The effectiveness of a free one-month travelcard. In: Transportation, 35(3), 329–345.

Tobias, R.; Brügger, A.; Mosler, H.-J. (2009): Developing strategies for waste reduction by means of tailored interventions in Santiago de Cuba. In: Environment and Behavior, 41(6), 836–865.

Van den Berg, A. E.; Koole, S. L.; van der Wulp, N. Y. (2003): Environmental preference and restoration: (How) are they related? In: Journal of Environmental Psychology, 23(2), 135–146.

Weinstein, N.; Przybylski, A. K.; Ryan, R. M. (2009): Can nature make us more caring? Effects of immersion in nature on intrinsic aspirations and generosity. In: Personality and Social Psychology Bulletin, 35, 1315–1329.

Wells, N. M.; Lekies, K. S. (2006): Nature and the life course: Pathways from childhood nature experiences to adult environmentalism. In: Children Youth and Environments, 16(1), 1–24.

White, M. P.; Alcock, I.; Wheeler, B. W.; Depledge, M. H. (2013): Would you be happier living in a greener urban area? A fixed-effects analysis of panel data. In: Psychological Science.

Wicker, A. W. (1969): Attitudes versus actions: The relationship of verbal and overt behavioral responses to attitude objects. In: Journal of social issues, 25(4), 41–78.

Williams, K.; Harvey, D. (2001): Transcendent experience in forest environments. In: Journal of Environmental Psychology, 21(3), 249–260.

Wahrnehmung und Wertschätzung von Natur und Naturschutz – Beispiele aus deutschen Großschutzgebieten im Vergleich mit der Studie „Naturbewusstsein in Deutschland“

Franziska Solbrig, Clara Buer und Susanne Stoll-Kleemann

Bemühungen zum Erhalt von Natur und Landschaft müssen von der lokalen Bevölkerung mindestens passiv unterstützt werden, damit gesetzte Erhaltungs- und Entwicklungsziele dauerhaft erreicht werden können. Für Schutzgebiete ist diese Anforderung vielfach belegt (McNeely 1995; Stoll-Kleemann 2001; Mose/Weixlbaumer 2007). Entsprechend ist es für die Mitarbeiterinnen und Mitarbeiter in Großschutzgebieten wichtig zu wissen, wie die lokale Bevölkerung ihre natürliche Umgebung sowie das eigene Großschutzgebiet wahrnimmt und bewertet (Wallner et al. 2007). Doch auch für die Naturschutzargumentation[1] außerhalb von Schutzgebieten sind Informationen zur Natur- und Landschaftswahrnehmung nötig, was auch auf naturschutzpolitischer Ebene schon länger erkannt wurde (BMU/BfN 2014).

Die Informationen über die Landschaftswahrnehmung der Bevölkerung sollten dabei auch die persönlichen Bedeutungsinhalte einschließen, die in Natur und Landschaft gesehen werden. Denn wie im Folgenden ausgeführt wird, gibt es beispielsweise zahlreiche Hinweise, dass für die lokale Bevölkerung Natur und Landschaft für die emotionale Verbundenheit mit ihrer Region oder Heimat wichtig sind. In Anbetracht dieser Phänomene soll im vorliegenden Beitrag untersucht werden, ob und, wenn ja, wie die persönliche Wertschätzung, die die

---

1 Unter Naturschutz werden hier sowohl nachhaltiger Umgang mit Natur und Landschaft als auch klassischer Arten- und Biotopschutz verstanden.

Bevölkerung Natur und Landschaft entgegenbringt, Anknüpfungspunkte für eine aktive oder passive Unterstützung von Naturschutzzielen bietet.

1 Emotionale und ästhetische Naturschutzmotivationen

Aus den Leserzuschriften zu den kritisch diskutierten Vilmer Thesen zu Heimat und Naturschutz (Piechocki et al. 2003) wird deutlich, dass viele Menschen eine Liebe zu ihrer Umgebung spüren und als Motivation für ein Engagement in der „Heimat“ wahrnehmen (Piechocki 2003). Im Zusammenhang mit Schutzgebieten zeigen bisherige Studien, dass je nach Kontext Verbundenheit zur Region oder Heimat sowohl zu einer Befürwortung als auch zu einer Ablehnung des Schutzgebiets führen kann: Bonaiuto et al. (2002) wiesen nach, dass die Forcierung der Einrichtung des Gennargentu Nationalparks auf Sardinien von nationalen Institutionen dazu führte, dass die Bewohner um ihre Autonomie auf lokaler Ebene fürchteten. In der Folge lehnten die stark regional verbundenen Einwohner sowohl Naturschutz allgemein als auch die konkrete Schutzgebietsausweisung ab. Buta et al. (2014) konnten dagegen zeigen, dass regionale Verbundenheit sowohl für die Meinung zum Schutzgebiet als auch für konkretes Naturschutzengagement förderlich sein kann. Unterstützend für diesen Mechanismus sehen sie die Tatsache, dass in dem von ihnen untersuchten Nationalpark kein völlig striktes Ressourcennutzungsverbot gilt (ebd.). Karthäuser et al. (2011) prognostizieren aus der Unterstützung der lokalen Bevölkerung eines geplanten Biosphärenreservats in der Schweiz eine höhere Verbundenheit mit der Region. Es spricht also einiges dafür, dass die positiven Verbindungen von regionaler Identität und Verantwortungsbewusstsein für Natur und Landschaft überwiegen.

Weiterhin stellte Reusswig (2003) fest, dass aus Sicht der Bevölkerung die Verantwortung für die Heimat eine wichtigere Naturschutzbegründung ist als der Erhalt bestimmter ökologischer Funkionen. Vergleichbare Bedeutung mit dem Heimatargument hat noch der „Schutz unserer Ressourcengrundlage auch in der Zukunft“ (Reusswig 2003: 31). Die geringste Zustimmung unter der Bevölkerung finden laut dieser Untersuchung ethisch-moralische Begründungsmuster (ebd.). Im Gegensatz dazu gewichten Vertreterinnen und Vertreter des professionellen beziehungsweise verbandlichen Naturschutzes die Motive ganz anders: Nachhaltige Nutzung und Heimat spielen für sie kaum eine Rolle beziehungsweise werden als „Einfallstor für Naturzerstörung“ gehalten (Reusswig 2003: 31). Wichtiger sind dahingegen ethisch-moralische Begründungen und an erster Stelle stehen ökologische Zusammenhänge (ebd.). In diesem Zusammenhang warnt auch Piechocki (2010) vor einer Reduktion von Naturschutzbegründungen auf ökologische Zusammenhänge. Er plädiert vielmehr für die Wiederannäherung an den Heimatbegriff als Vermittler zwischen einem Naturschutz, der auf Arten- und Biotopschutz konzentriert ist, und eher landespflegerisch orientiertem Naturschutz (Piechocki et al. 2003).

Die Prioritäten der Begründungsmuster für Naturschutz sollen hier nicht als wahr oder falsch bewertet werden. Doch sie verdeutlichen das Potenzial, das in emotionalen und anderen eher subjektiven Wertschätzungen von Natur und Landschaft liegt, um die Bevölkerung für Naturschutz zu motivieren. Insgesamt deutet also vieles darauf hin, dass emotionale und ästhetische Wertschätzungen von Natur und Landschaft zusammenhängen und für Naturschutzmotivationen als relevant angesehen werden können. So plädieren beispielsweise Lanninger und Langarová (2010) im Anschluss an das Europäische Landschaftsübereinkommen (Europarat 2000) dafür, das Landschaftsbild als Beitrag zur persönlichen Identität zu verstehen.

2 Empirische Untersuchungen

Um die Zusammenhänge von ästhetischen und emotionalen Wertschätzungen in Bezug auf Natur und Landschaft genauer zu analysieren, werden die empirischen Ergebnisse aus Befragungen in vier deutschen UNESCO-Biosphärenreservaten herangezogen. Die zugehörigen Datenerhebungen wurden im Rahmen eines von der Deutschen Bundesstiftung Umwelt (DBU) geförderten Forschungsprojekts an der Universität Greifswald (Laufzeit 2009 bis 2012) durchgeführt. Die Bevölkerungsbefragung ist als eine von fünf Erhebungsmethoden für ein sozioökonomisches Monitoring konzipiert (Stoll-Kleemann et al. 2010), die in der Summe die politische, kulturelle und sozialpsychologische Dimension eines solchen Monitorings abdecken (Buer et al. 2013). Konkret wurden in den vier UNESCO-Biosphärenreservaten Mittelelbe (Sachsen-Anhalt), Schaalsee und Südost-Rügen (beide Mecklenburg-Vorpommern) sowie Schorfheide-Chorin (Brandenburg) Interviews durchgeführt. Die Befragungen liefern umfassende Einblicke, wie die Bevölkerung Natur und Landschaft persönlich wertschätzt und über das Biosphärenreservat vor Ort denkt. Ausführliche Ergebnisdarstellungen finden sich in Solbrig et al. (2013b-d) sowie Stoll-Kleemann et al. (2013).

Für die Telefonbefragungen wurde eine einfache Zufallsstichprobe pro Gebiet gezogen. Um möglichst genau die Zielgruppe der Bewohnerinnen und -bewohner in den Biosphärenreservaten, die älter als 18 Jahre sind, zu bestimmen, wurde die Schnittmenge aus den Ortsnetzbereichen (ONB) der Telefonvorwahlen[2] und den Gemeindegrenzen bestimmt. Die Stichprobenziehung nach dem Gabler-Häder-Design (Häder et al. 2006) erfolgte mit Unterstützung von GESIS, dem Leibniz-Institut für Sozialwissenschaften in Mannheim und ist damit mit einer ADM-Stichprobe[3] vergleichbar. Für die ausgewählten Ortsnetzbereiche wurden nach diesem Design Telefonnummern computergestützt zufallsgeneriert. Die konkreten Interviewgespräche wurden von dem Meinungsforschungsinstitut Hopp und Partner (Berlin) durchgeführt. Wie Gabler und Ganninger (2010) empfehlen, wurde der Datensatz mit einer Kombination aus Design- und Anpassungsgewichtung bearbeitet, um Verzerrungen in der Stichprobe entgegenzuwirken. Letztere erfolgte nach der Alters- und Geschlechtsstruktur der jeweiligen Gemeindegebietskulisse. In Tabelle 1 sind wichtige Parameter der Befragung zusammengefasst. Weitere Details der Datensammlung und -aufbereitung sind in Solbrig et al. (2013a) beschrieben.

---

2 Dabei wurden einzelne Ortsnetzbereiche ausgeschlossen, die nur mit sehr geringer Fläche im Biosphärenreservat liegen oder deren Hauptsiedlungsflächen nicht im oder in der Nähe des Biosphärenreservats liegen.

3 Arbeitskreis Deutscher Markt- und Sozialforschungsinstitute e.V. (ADM)

Tabelle 1: Kennzahlen der quantitativen Bevölkerungsbefragungen in den vier Biosphärenreservaten (BR) Mittelelbe, Schaalsee, Schorfheide-Chorin und Südost-Rügen

Grundgesamtheit	Bevölkerung der Biosphärenreservate ab 18 Jahren	
Stichprobenziehung	einfache Zufallsstichprobe, Gabler-Häder-Design	
Angestrebte Stichprobengröße	300 Fälle (BR Mittelelbe: 400 Fälle)	
Stichprobe (nach Design- & Anpassungsgewichtung)	BR Mittelelbe	451 Fälle
	BR Schaalsee	342 Fälle
	BR Schorfheide-Chorin	326 Fälle
	BR Südost-Rügen	368 Fälle
Art der Befragung	Computer-Assisted-Telephone-Interview (CATI)	
Auswahl der Zielperson im Haushalt	Geburtstagsmethode	
Befragungszeitraum	2.11.2010 bis 07.12.2010	
Uhrzeit	montags bis samstags von 16.30 bis 20.30 Uhr	
Maximale Kontaktversuche pro Zielperson	10	
Zahl der Interviewer	32 (18 weiblich, 14 männlich)	
Fragen mit Bezug zu Biosphärenreservat sowie Natur und Landschaft	30 geschlossene, 9 offene Fragen	
Soziodemografische /soziokulturelle Fragen	9 geschlossene, 3 offene Fragen	
Durchschnittliche Interviewdauer	13 Minuten	

Die Ergebnisse dieser Befragungen werden im vorliegenden Beitrag mit den Resultaten aus den deutschlandweiten Untersuchungen zum Naturbewusstsein von 2009 (BMU/BfN 2010) und 2011 (BMU/BfN 2012) verglichen. Dies ermöglicht, Schlussfolgerungen für die Naturschutzargumentation sowohl generell als auch auf Schutzgebietsebene zu diskutieren. Darauf aufbauend, können

Möglichkeiten ausgelotet werden, wie für eine aktive oder passive Unterstützung von Natur- und Landschaftserhalt durch die lokale Bevölkerung argumentiert werden kann.

3 Ergebnisse der Biosphärenreservatsbefragungen und Studien zum Naturbewusstsein im Vergleich

3.1 Wahrnehmung und Wertschätzung von Natur und Landschaft

Die kategorisierten Antworten auf die offene Frage, „Was gefällt Ihnen besonders an Natur und Landschaft in Ihrer Region?" geben Einblicke, welche Elemente und Aspekte die Menschen an ihrer natürlichen Umgebung schätzen (siehe Tabelle 2).[4] Die Anteile der beiden Überkategorien „weitere naturräumliche Aspekte" und „Aspekte der Lebensqualität insgesamt" geben an, welcher Anteil der Aspekte der Befragte aus mindestens einer Unterkategorie genannt hat.

[4] Da sich die Prozentwerte einer Kategorie immer auf die Summe aller Befragten pro Biosphärenreservat beziehen und Mehrfachnennungen möglich waren, summieren sich die Werte insgesamt nicht zu 100 Prozent auf.

Tabelle 2: Kategorisierte Antworten auf die Frage „Was gefällt Ihnen besonders an Natur und Landschaft in Ihrer Region?“ (Basis: Bewohner der Biosphärenreservate (BR), denen Natur und Landschaft gefällt; Mehrfachnennungen möglich; jeweils auf alle Fälle pro BR (n) bezogen; Angaben in Prozent)

Kategorien der Landschaftswertschätzung	BR Mittelelbe (n=318)	BR Schaalsee (n=252)	BR Schorfheide-Chorin (n=244)	BR Südost-Rügen (n=309)
Biosphärenreservatsspezifische naturräumliche Aspekte				
Auenlandschaft (v.a. von Elbe und Havel)	19	-	-	-
Wörlitzer Park, Gartenreich	5	-	-	-
Schaalsee	-	14	-	-
‘Wald und Wasser’	-	-	36	-
Meer und Küste	-	-	-	40
Granitz und Mönchgut	-	-	-	5
Weitere naturräumliche Aspekte insgesamt	78	80	90	77
Süß- und Fließgewässer	41	43	57	22
Wald	24	31	51	38
Pflanzen, Tiere, allgemeine Naturbeschreibung	9	29	9	5
Bewahrter Landschaftszustand[5]	12	8	8	16
Abwechslungsreichtum der Landschaft	2	4	12	24
Wiesen und andere Offenlandschaften	13	6	10	6
Flache bzw. weite Landschaft	13	3	2	3
Hügelige Landschaft	0	5	5	7
Aspekte der Lebensqualität insgesamt	21	36	27	17
Möglichkeit für Freizeitaktivitäten in der Landschaft	11	18	9	5

5 Auch: Unverbautheit und Unberührtheit der Natur und Landschaft, Nennungen von Schutzgebieten.

Ästhetische Naturwertschätzung, saubere Umweltmedien[6]	2	9	11	9
Ruhe	5	11	5	2
Lebenswerte Wohnumgebung, Kulturangebot[7]	4	3	7	2
Andere Aspekte				
Siedlungen, Infrastruktur, Parks (außer Wörlitzer Park)	11	3	5	9

Naturräumliche Aspekte

In allen vier Gebieten wurden biosphärenreservatsspezifische naturräumliche Aspekte genannt. Im Biosphärenreservat Mittelelbe sind es beispielsweise die tatsächlich gebietsprägenden Auenlandschaften, die als besonders prägender Landschaftstyp wertgeschätzt werden (siehe Abbildung 1). Im Biosphärenreservat Schaalsee ist es der namensgebende See (Abbildung 2), der nachvollziehbarerweise häufig genannt wurde, da er mit 2340 Hektar unter den insgesamt neun Stillgewässern im Biosphärenreservat mit Abstand der größte ist (AfBRSCH 2003). Im Biosphärenreservat Schorfheide-Chorin nannte jeder dritte Antwortende die Kombination von Wald und Wasser[8] (Abbildung 3). Auch dies stellt ein Charakteristikum des Gebiets dar, das durch einen hohen Waldanteil mit vielen Gewässern geprägt ist. Im Biosphärenreservat Südost-Rügen tritt besonders die Küstenlandschaft hervor (Abbildung 4), die für das Biosphärenreservat mit über 100 Kilometer Küstenlänge (Umweltministerium MV 2003) sehr typisch ist.

6 Auch: Nähe zu Naturräumen

7 Auch: Mobilitätsmöglichkeiten

8 Zu ‚Wasser' zählen dabei alle Formen von Stillgewässern.

Abbildung 1: Elbaue im Biosphärenreservat Mittelelbe (Foto: Clara Buer)

Abbildung 2: Der Schaalsee aus der Luft (Foto: WWF Deutschland/ Thomas Neumann)

Abbildung 3: Wald und Wasser im Grumsiner Forst (Foto: Klaus Pape)

Abbildung 4: Natürliche Küstenlandschaft auf Rügen (Foto: Franziska Solbrig)

Auch bei der Betrachtung der weiteren naturräumlichen Aspekte werden die gebietsspezifischen Verteilungen der Landbedeckungstypen, wie Wald, Offenlandschaft oder Gewässer, sowie die jeweiligen Reliefausprägungen deutlich. Beispielsweise wird in dem eher durch offene Bereiche und Flusslandschaften geprägten Biosphärenreservat Mittelelbe ‚Wald' deutlich seltener genannt als in dem waldreichen Biosphärenreservat Schorfheide-Chorin.

Zwei Aspekte der Landschaftswertschätzung, die weniger einzelne Elemente der Landschaft beschreiben, sind weiterhin erwähnenswert. Zum einen schätzen 8 bis 16 Prozent der Befragten den ursprünglichen oder auch durch Schutzgebiete bewahrten Zustand der Landschaft. Zwar kann hier nicht geklärt werden, was den ‚ursprünglichen' Zustand aus Sicht der Befragten ausmacht. Trotzdem wird deutlich, dass ein gewisser Anteil der Bevölkerung die Tatsache, dass Natur und Landschaft zum Beispiel durch Schutzgebiete erhalten werden, wertschätzt. Zum Zweiten ist die Tatsache interessant, dass 24 Prozent der Antwortenden im Biosphärenreservat Südost-Rügen die Vielfalt in der Landschaft als Eigenschaft beschreibt, die er oder sie wertschätzt (Abbildung 5). Zwar sind auf Rügen durch die Lage an der Küste per se neben Wäldern, Gewässern und Offenlandschaften weitere Naturräume, wie Steilufer oder Boddengewässer, vorhanden, die in den binnenländischen Gebieten nicht vorkommen. Doch auch im Biosphärenreservat Schorfheide-Chorin erwähnen 12 Prozent der auf diese Frage antwortenden Interviewpartnerinnen und -partner explizit, dass sie die Abwechslung und Vielfältigkeit der Landschaft schätzen.

Abbildung 5: Vielfältige Landschaft wird geschätzt –
hier ein Beispiel von der Insel Rügen (Foto: Franziska Solbrig)

Aspekte der Lebensqualität

Viele Bewohnerinnen und Bewohner, die auf die Frage, was sie an Natur und Landschaft schätzen, geantwortet haben, beschreiben Phänomene, die einen Bezug zur persönlichen Lebensqualität haben. Darunter sind vor allem Freizeitaktivitäten (z. B. Wandern, Radfahren und Spazierengehen) zu finden, die in den Biosphärenreservaten Mittelelbe und Schaalsee mit 11 beziehungsweise 18 Prozent die am häufigsten genannten Faktoren für die Lebensqualität mit Landschaftsbezug sind. In den Biosphärenreservaten Schorfheide-Chorin und Südost-Rügen wurden als solche Aspekte von Lebensqualität vor allem die sauberen Umweltmedien, die Nähe zu den Naturräumen oder der ästhetische Wert der Landschaft allgemein genannt (11 bzw. 9 Prozent der Befragten). Außerdem schätzen zwischen 2 Prozent und 11 Prozent der Antwortenden ‚Ruhe' an Natur und Landschaft.

In der Studie „Naturbewusstsein in Deutschland" wurde nach Substantiven gefragt, die mit ‚Natur' assoziiert werden. Mit folgenden Anteilen nannten die antwortenden Interviewpartnerinnen und -partner hier ebenfalls Aspekte, aus denen die Bedeutung der Landschaft für die Lebensqualität hervorgeht: ‚Freizeitaktivitäten'(8 Prozent), ‚Erholung' (7 Prozent), ‚Ruhe'(5 Prozent) (BMU/BfN 2010: 29).

In der Nachfolgeuntersuchung von 2011 wurden die Interviewpartnerinnen und -partner in einer offenen Frage explizit nach den von ihnen wahrgenommenen Leistungen der Natur gefragt. Dazu zählte für etwa ein Viertel der Befragten ‚Entspannung und Erholung' (BMU/BfN 2012: 54), Freizeitmöglichkeiten und Ruhe erreichten ähnliche Werte wie in der Vorgängerstudie.

Insgesamt geht die Bedeutung von Natur und Landschaft für die Lebensqualität aus allen sechs Befragungen hervor. Neben den Freizeit- und Erholungsmöglichkeiten, die einen wichtigen Aspekt der Lebensqualität durch Natur und Landschaft ausmachen, ist es vor allem die Ruhe, die geschätzt wird. Die Werte aus den Befragungen in den vier Biosphärenreservaten und den Naturbewusstseinsstudien sind größtenteils vergleichbar, nur die Möglichkeit für Freizeitaktivitäten in der Landschaft scheint in den Biosphärenreservaten noch etwas wichtiger zu sein als in der deutschlandweiten Untersuchung. Dies könnte damit zusammenhängen, dass in diesen eher ländlich geprägten Gebieten die entsprechenden Naturräume auch im Alltag leichter erreicht werden können. Doch die enorme Steigerung des Wertes für Erholung von der ersten zur zweiten Naturbewusstseinsstudie lässt vermuten, dass diese Unterschiede auch andere Gründe haben können.

3.2 Verbundenheit mit Region und Landschaft

Die emotionale Wertschätzung der Landschaft wird aus den Ergebnissen deutlich, nämlich dahin gehend, welche Rolle Natur und Landschaft für die Verbundenheit der lokalen Bevölkerung mit der Region spielen. Dafür sollten die Bewohnerinnen und Bewohner in den Biosphärenreservatsbefragungen in einem ersten Schritt die Stärke ihrer regionalen Verbundenheit einschätzen. Abbildung 6 enthält die Ergebnisse aller fünf möglichen Antwortkategorien.

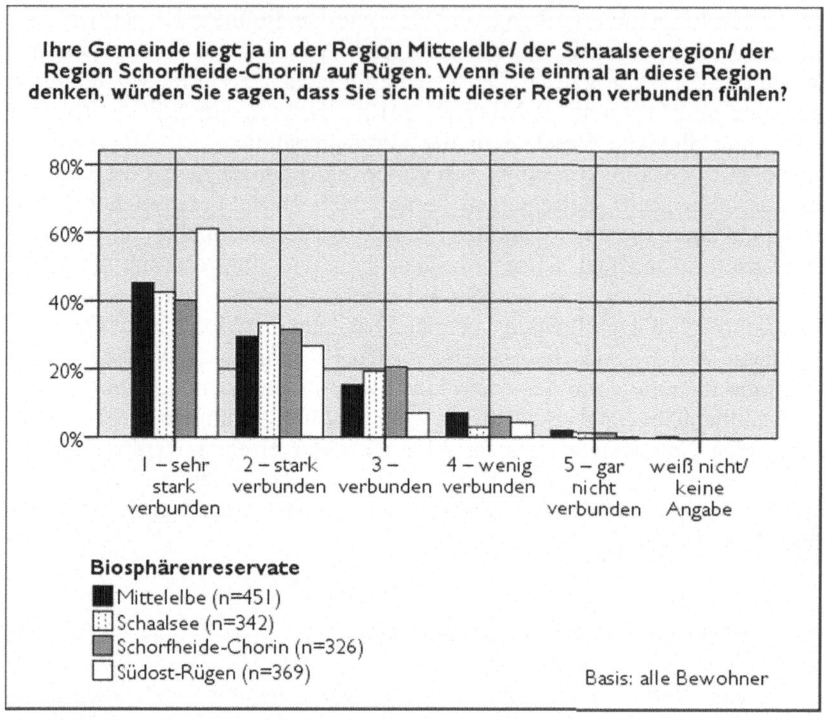

Abbildung 6: Verbundenheit mit der Region

Es zeigt sich insgesamt eine sehr deutlich ausgeprägte Verbundenheit, denn in allen vier Gebieten fühlen sich mindestens 40 Prozent der Befragten ‚sehr stark' mit ihrer Region verbunden (siehe Abbildung 6). Logistische Regressionsanalysen für alle vier Biosphärenreservate[9] zeigten in jeweils drei von vier Gebieten, dass eher Ältere und eher Einheimische mit der Region verbunden sind.

---

9 Folgende Regressoren sind in die Modelle eingeflossen: Alter (in drei Altersklassen), Herkunft aus der Region (einheimisch/ zugezogen), Geschlecht (männlich/ weiblich), Berufsbildung (Ausbildung/ Studium), ehrenamtliches Engagement (Ja/ Nein), Kenntnis der Regionalmarke des jeweiligen Biosphärenreservats (Ja/ Nein), persönliche Bedeutung des Biosphärenreservats (wichtig/ unwichtig), Infozentrumsbesuch (besucht/ nicht besucht). Die Modelle sind alle hochsignifikant und die Werte für R^2 reichen von 0,12 bis 0,3.

Auffällig ist, dass sich im Biosphärenreservat Südost-Rügen 61 Prozent der Befragten mit ihrer Region ‚sehr stark' verbunden fühlen. Dieser deutlich höhere Wert im Vergleich zu den anderen drei Gebieten kann damit zusammenhängen, dass die regionale Identität der Insulaner von Rügen generell stärker ausgeprägt ist als von Festlandsbewohnern (Hilmar Schnick, Mitarbeiter des Biosphärenreservates Südost-Rügen, mündliche Kommunikation). Hinzu kommt im Fall des Biosphärenreservats Südost-Rügen, dass es zum großen Teil aus der Halbinsel Mönchgut besteht, die kulturgeschichtlich eine eigene starke Identität in Abgrenzung zur Insel Rügen aufweist (Bahls et al. 1990).

Weiterhin wurden sechs Faktoren abgefragt, die einen Einfluss auf die Verbundenheit mit der Region nehmen können. Die Biosphärenreservatsbewohnerinnen und -bewohner sollten die hierzu formulierten Aussagen jeweils auf einer fünfstufigen Skala zwischen ‚trifft voll und ganz zu' und ‚trifft überhaupt nicht zu' einschätzen. In Tabelle 3 sind die Ergebnisse jeweils für die ersten Antwortkategorien zusammengestellt.[10]

[10] Zur besseren Übersicht sind die Werte absteigend nach dem Durchschnittswert aus den vier Gebieten sortiert. Dies ist nicht gleichbedeutend mit der generellen Rangfolge der Faktoren.

Tabelle 3: Mögliche Faktoren für die regionale Verbundenheit (Anteile der Antwortkategorie „trifft voll und ganz zu" von Einschätzungen auf 5er-Antwortskalen; Basis: Bewohner der Biosphärenreservate (BR), die sich mit ihrer Region verbunden fühlen; Angaben in Prozent)

	BR Mittelelbe (n=311)	**BR Schaalsee (n=188)**	**BR Schorfheide-Chorin (n=215)**	**BR Südost-Rügen (n=239)**
Regionsbezogene Faktoren:				
Natur und Landschaft sind wichtig für meine Verbundenheit mit der Region.	58	69	64	81
Die Mentalität und Lebensart der Menschen, die hier leben, sind wichtig für meine Verbundenheit mit der Region.	24	38	27	33
Persönliche Faktoren:				
Und würden Sie sagen, dass Sie hier aufgewachsen sind, ist wichtig für Ihre Verbundenheit mit der Region?[11]	62	70	73	82
Familie und Freunde in der Nähe sind wichtig für meine Verbundenheit mit der Region.	64	72	58	72
Dass ich hier seit vielen Jahren lebe, ist wichtig für meine Verbundenheit mit der Region.[12]	49	40	47	53
Ich habe eine Freizeitbeschäftigung, die mich mit der Region hier verbindet.	30	32	36	35

[11] Dies wurden nur Bewohner gefragt, die in der jeweiligen Region aufgewachsen sind.

[12] Dies haben nur Bewohner beurteilt, die nicht in der jeweiligen Region aufgewachsen sind.

Richtet man das Augenmerk auf den Einfluss von Natur und Landschaft, wird deutlich, dass insgesamt zwischen 58 und 81 Prozent der Antwortenden die Aussage „Natur und Landschaft sind wichtig für meine Verbundenheit mit der Region“ mit ‚trifft voll und ganz zu‘ bewerteten. In den Biosphärenreservaten Schorfheide-Chorin und Südost-Rügen wird die Tatsache, in der Region aufgewachsen zu sein, wichtiger eingeschätzt, in den Biosphärenreservaten Mittelelbe und Schaalsee sind es die Familie und Freunde, die höhere Werte erreichen. Insgesamt haben Natur und Landschaft aber einen mit diesen Faktoren vergleichbaren Einfluss auf die Verbundenheit mit der Region. Regressionsanalysen zur Frage nach der Bedeutung von Natur und Landschaft für die regionale Verbundenheit zeigten in jeweils zwei der vier Gebiete, dass beispielsweise eher Ältere, eher Frauen und eher Personen, die studiert haben, Natur und Landschaft eine Bedeutung für ihre regionale Verbundenheit[13] beimessen.

In den Studien zum Naturbewusstsein (BMU/BfN 2009, 2011) wurde nicht nach der Verbundenheit mit der Region, sondern mit Natur und Landschaft gefragt. Die Antwort erfolgte auf einer vierstufigen Skala mit zwei Zustimmungs- und zwei Ablehnungskategorien. Die Ergebnisse sind also inhaltlich und methodisch nicht vollständig mit den Befragungen in den Biosphärenreservaten vergleichbar, aber die Tendenzen können nebeneinandergestellt werden. Das Item „Ich fühle mich mit der Natur und Landschaft in der Region verbunden“ bewerteten 38 Prozent mit ‚trifft voll und ganz zu‘ (BMU/BfN 2012: 49), in der Befragung 2009 waren es 43 Prozent (BMU/BfN 2010: 34). Daraus lässt sich insgesamt eine hohe Bedeutung von Natur und Landschaft für die eigene Verbundenheit mit der Region ableiten, die in den untersuchten vier Biosphärenreservaten deutlich stärker ausgeprägt ist.

3.3 Wahrnehmung und Wertschätzung von Naturschutz

Auf die individuelle Bedeutung von Natur und Landschaft wurde bereits näher eingegangen, nun soll betrachtet werden, wie die Notwendigkeit des Erhalts von

13 Folgende Regressoren sind in die Modelle eingeflossen: Alter (in drei Altersklassen), Herkunft aus der Region (einhei-misch/ zugezogen), Geschlecht (männlich/ weiblich), Berufsbildung (Ausbildung/ Studium), ehrenamtliches Engagement (Ja/ Nein), Naturschutzeinschätzung (übermäßig/ angemessen/ unzureichend) Kenntnis der Regionalmarke des jeweiligen Biosphärenreservats (Ja/ Nein), persönliche Bedeutung des Biosphärenreservats (wichtig/ unwichtig), Infozentrumsbesuch (besucht/ nicht besucht). Drei Modelle sind hochsignifikant, eins signifikant und die Werte für R^2 reichen von 0,12 bis 0,3.

Natur und Landschaft eingeschätzt wird. Die Bewohnerinnen und Bewohner der Biosphärenreservate wurden deshalb gefragt, ob für Natur und Landschaft in der Region genug unternommen würde.[14] Die fünf Antwortkategorien spannen sich zwischen ‚bei Weitem zu viel' und ‚bei Weitem zu wenig' auf, die mittlere Kategorie wurde explizit mit ‚dem richtigen Ausmaß' vorgestellt. Abbildung 7 zeigt die Ergebnisse für die vier Biosphärenreservate im Vergleich, wobei jeweils die beiden Randkategorien zusammengefasst wurden, da man bei ihnen von genereller Zustimmung beziehungsweise Ablehnung ausgehen kann.

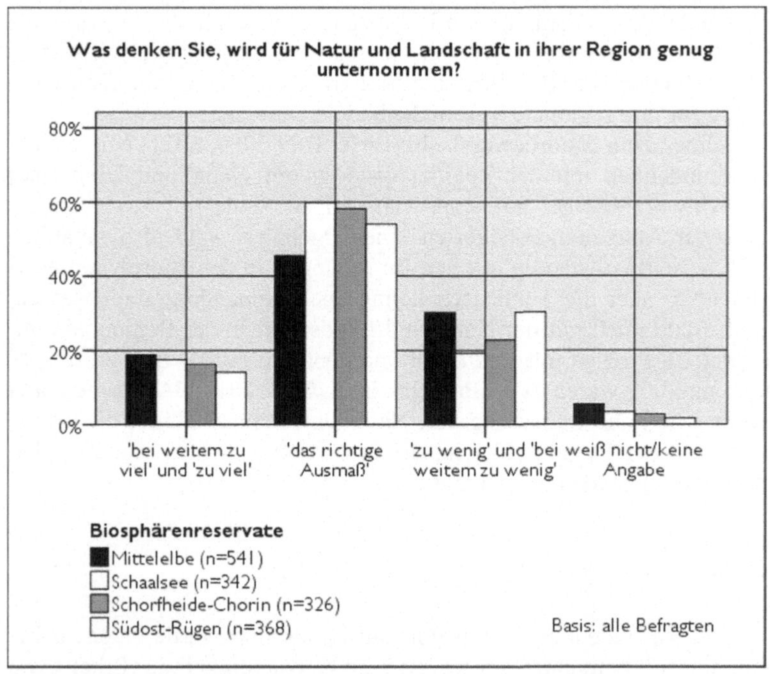

Abbildung 7: Einschätzung der Maßnahmen für Natur und Landschaft

Die meisten Befragten in allen vier Gebieten wählten die Antwortkategorie ‚das richtige Ausmaß' (46 bis 60 Prozent). Beachten muss man dabei, dass die über-

14 Diese Frage wurde gestellt, bevor das jeweilige Biosphärenreservat explizit erwähnt wurde, um die Meinung ohne Bezug zum Biosphärenreservat zu erfahren.

greifende Bewertung der Erhaltungsmaßnahmen für Natur und Landschaft anspruchsvoll ist. Daher kann vermutet werden, dass vielen, die mit dem Ausmaß zufrieden sind, eine Bewertung schwerfällt. Damit wird jeweils der Blick auf die beiden Randkategorien umso wichtiger. Dabei tendiert ein größerer Anteil der Befragten eher zur Kategorie, dass zu wenige Maßnahmen für Natur und Landschaft ergriffen werden (19 bis 30 Prozent). Im Vergleich dazu meinen 14 bis 19 Prozent der Befragten, dass eher zu viel für den Naturschutz unternommen wird.

In den Studien zum „Naturbewusstsein in Deutschland" von 2009 und 2011 sollte auf einer vierstufigen Skala die auf Deutschland bezogene Aussage eingeschätzt werden, dass genug getan werde, um die Natur zu schützen. Aus beiden Befragungen geht hervor, dass noch zusätzlicher Bedarf an Erhaltungsmaßnahmen für Natur und Landschaft gesehen wird. Fasst man die beiden zustimmenden Antwortkategorien zusammen, schätzten 52 Prozent im Jahr 2011 (BMU/BfN 2012: 36) und 45 Prozent der Befragten in der Vorgängerstudie (BMU/BfN 2010: 41) das Engagement für Natur und Landschaft in Deutschland allgemein als nicht ausreichend ein.

Insgesamt wird also sowohl in den Biosphärenreservatsbefragungen als auch in den Studien zum „Naturbewusstsein in Deutschland" ein weiterer Bedarf für Schutz und Erhaltung von Natur und Landschaft gesehen. Tendenziell wird der Bedarf an Naturschutz für Deutschland allgemein höher eingeschätzt (BMU/BfN 2012) als für die Regionen der vier untersuchten Biosphärenreservate.[15] Dies spiegelt den Trend wider, dass die Umweltsituation für das eigene, direkte Umfeld besser eingeschätzt wird als für die Regionen, die weiter entfernt liegen.[16] Inwieweit daher der Schluss zulässig ist, dass die Schutzmaßnahmen der jeweiligen Biosphärenreservate für die höhere Zufriedenheit ihrer Bewohner mit dem Erhaltungszustand von Natur und Landschaft verantwortlich sind, kann nur spekuliert werden.

In diesem Zusammenhang ist es interessant, näher zu betrachten, wie die Bewohnerinnen und Bewohner der Biosphärenreservate die Bedeutung des Großschutzgebiets, in dem sie leben, für sich persönlich einschätzen. Zum einen wurde erfragt, wie die Bewohner sich bei einer fiktiven Abstimmung über den Fortbestand des Biosphärenreservats verhalten würden. Zwischen 62 und 77

---

15 Durch die Unterschiede in den Antwortkategorien ist ein direkter Vergleich der Prozentwerte nur eingeschränkt möglich.

16 Aus den Umweltbewusstseinsstudien von 2000 bis 2012 geht beispielsweise hervor, dass die Befragten in sieben der acht untersuchten Jahre eine deutlich höhere subjektive Umweltqualität in der eigenen Stadt oder Gemeinde im Vergleich zu Gesamtdeutschland empfinden (BMU 2013: 23).

Prozent der Befragten würde ‚sicherlich für den Fortbestand‘ stimmen und damit eine deutliche Zustimmung zu den Großschutzgebieten signalisieren (siehe Tabelle 4). Zum anderen wurde gefragt, welche Bedeutung die Bewohnerinnen und Bewohner der Tatsache beimessen, in einem Biosphärenreservat zu leben. Diese Frage nach der persönlichen Relevanz geht über das reine Tolerieren und Akzeptieren eines Schutzgebiets hinaus. Zwischen 36 und 44 Prozent der Befragten ist es ‚sehr wichtig‘ oder ‚wichtig‘, im oder in der Nähe des Biosphärenreservats zu leben (siehe Abbildung 8).

Tabelle 4: Haltung zum Biosphärenreservat (BR), (Angaben in Prozent)

	BR Mittelelbe (n=410)	**BR Schaalsee (n=333)**	**BR Schorfheide-Chorin (n=312)**	**BR Südost-Rügen (n=346)**
Uneingeschränkte Zustimmung	77	62	76	76
Bedingte Zustimmung	15	23	13	14
Ablehnung	0	5	1	4
Stimmenthaltung	7	10	9	5
Weiß nicht/ keine Angabe	1	1	1	1

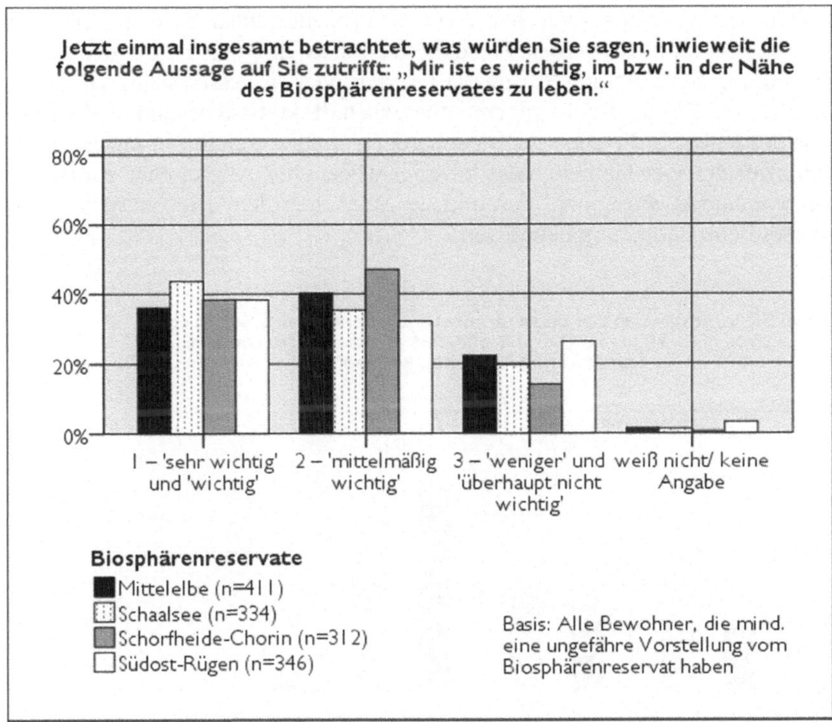

Abbildung 8: Bedeutung, im Biosphärenreservat zu leben

Betrachtet man die Zustimmung zum Biosphärenreservat und dessen persönliche Bedeutung im Zusammenhang, kann man grundlegend von einer hohen Akzeptanz der untersuchten Großschutzgebiete sprechen. Eine aktive Unterstützung ist jedoch nur von einem kleineren Anteil zu erwarten. Dies zeigt sich in der Untersuchung hinsichtlich der Frage, in welchem Maße die Menschen bereit wären, sich aktiv für die Vertretung ihrer Interessen einzusetzen. In Abbildung 9 sind die Ergebnisse für diese Frage für all diejenigen Befragten dargestellt, die wenigstens unter einer bestimmten Bedingung für den Fortbestand des Biosphärenreservats stimmen würden (Zeilen 1 und 2 in Tabelle 4). Bei ihnen kann man davon ausgehen, dass sie an einer Mitwirkung interessiert wären, die für das Biosphärenreservat grundsätzlich förderlich ist. Es zeigt sich, dass sich zwischen 18 und 23 Prozent der Befragten vorstellen können, ihre eigenen Interessen im Biosphärenreservat zu vertreten (Summe der Antwortkategorien ‚ja auf jeden Fall' und ,eher ja'). Zwischen 7 und 10 Prozent können es sich ,auf jeden Fall' vorstellen, aktiv zu werden. Bedenkt man, dass ein gutes Drittel der Tatsache Bedeutung beimisst, im Biosphärenreservat oder in dessen Nähe zu leben, erscheinen die Werte der Engagementbereitschaft konsistent und realistisch. Regressionsanalysen für alle vier Biosphärenreservate[17] zeigten in jeweils mindestens zwei der vier Gebiete, dass beispielsweise eher Ältere, eher ehrenamtlich Aktive und eher regional verbundene Menschen dem Biosphärenreservat eine persönliche Bedeutung beimessen.

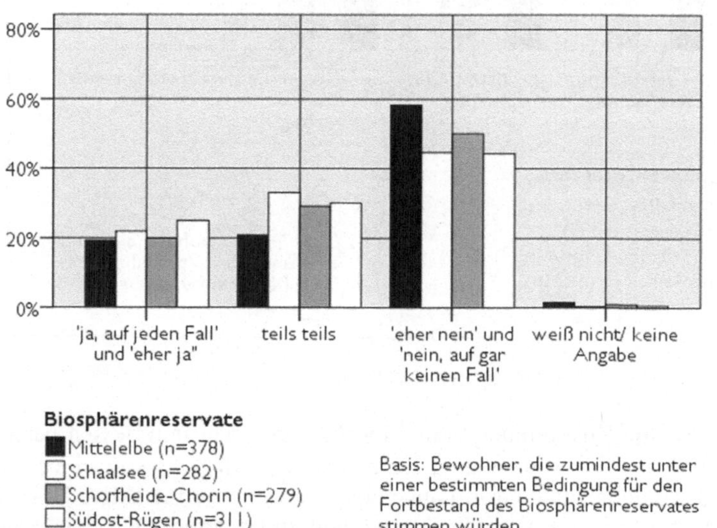

Abbildung 9: Interesse an Mitwirkung im Biosphärenreservat

17 Folgende Regressoren sind in die Modelle eingeflossen: Alter (in drei Altersklassen), Herkunft aus der Region (einheimisch/ zugezogen), Geschlecht (männlich/ weiblich), Berufsbildung (Ausbildung/ Studium), ehrenamtliches Engagement (Ja/ Nein), Kenntnis der Regionalmarke des jeweiligen Biosphärenreservats (Ja/ Nein), Infozentrumsbesuch (besucht/ nicht besucht). Die Modelle sind alle hochsignifikant und die Werte für R^2 reichen von 0,15 bis 0,32.

In den Studien zum „Naturbewusstsein in Deutschland“ von 2009 und 2011 wurde mit leicht verschiedenen Fragen untersucht, wie groß die Bereitschaft ist, sich in einer Naturschutzorganisation zu engagieren. Die Mitwirkung im Biosphärenreservat, um die eigenen Interessen zu vertreten, hat zwar einen etwas anderen Fokus. Das Grundanliegen, in einer Organisation zum Schutz der Natur und Landschaft mitzuwirken, sowie der räumliche Maßstab dieser Tätigkeiten sind aber ähnlich. 2009 wurde gefragt: „Inwieweit sind Sie persönlich bereit, in einem Naturschutzverband aktiv mitzuarbeiten, um die biologische Vielfalt zu schützen?“ Die Interviewpartnerinnen und -partner konnten dafür auf einer vierstufigen Skala von ‚sehr bereit‘ bis ‚gar nicht bereit‘ antworten. 11 Prozent sind ‚sehr bereit‘, sich in dieser Form zu engagieren, weitere 27 Prozent sind ‚eher bereit‘ (BMU/BfN 2010: 22). Insgesamt zeigen damit 38 Prozent der Befragten – deutlich mehr als in den Biosphärenreservatsbefragungen – die grundlegende Bereitschaft, sich zu engagieren. Erstaunlich größer scheint die Bereitschaft zum Engagement laut den Ergebnissen der Nachfolgerstudie zu sein, nach der 9 Prozent in einer Umwelt- oder Naturschutzorganisation bereits aktiv mitarbeiten und 53 Prozent sich dies vorstellen können (BMU/BfN 2012: 25). Danach sind insgesamt 62 Prozent der deutschen Bevölkerung schon engagiert oder bereit zum Engagement in einer Umwelt- beziehungsweise Naturschutzorganisation. Es liegt nahe, dass die veränderten Antwortkategorien im Vergleich zur Befragung 2009 diesen deutlichen Unterschied erklären, da es nicht realistisch erscheint, dass in zwei Jahren der Anteil der insgesamt Engagementwilligen um fast ein Viertel (von 38 auf 62 Prozent) gestiegen ist. Zusätzlichen Einfluss kann die Ergänzung „Umweltorganisation“ in der Fragestellung im Jahr 2011 genommen haben. Umweltaspekte könnten einen stärkeren alltagsweltlichen Bezug als „Natur“ haben, wodurch der größere Engagementwillen nachvollziehbar wird.

Unabhängig davon, wie die einzelnen Ergebnisse durch die Art der Fragestellung beeinflusst sind, lässt sich die Tendenz erkennen, dass ein gewisser Anteil der Bevölkerung bereit ist, sich zu engagieren. Geht man von den niedrigeren Werten aus, kann man damit rechnen, dass bei jedem Zehnten die Wahrscheinlichkeit hoch ist, dass man sie oder ihn dafür gewinnen kann, sich auf die eine oder andere Weise für Natur und Landschaft einzusetzen.

4 Diskussion

Aus den hier vorgestellten Ergebnissen der Bevölkerungsbefragungen in vier deutschen UNESCO-Biosphärenreservaten sowie der Studien zum „Naturbewusstsein in Deutschland" geht die persönliche Bedeutung von Natur und Landschaft für die Menschen in verschiedenster Weise hervor. Diese Relevanz resultiert vor allem aus der ästhetischen und emotionalen Wertschätzung von Natur und Landschaft sowie im weitesten Sinne aus den Erholungsaspekten:

In Bezug auf die ästhetische Wertschätzung von Natur und Landschaft zeigen besonders die Biosphärenreservatsbefragungen, dass Natur und Landschaft in ihrer gegebenen regionstypischen Ausprägung und Vielfalt geschätzt werden. Diese Vorliebe für abwechslungsreiche, vielfältige Landschaften wird beispielsweise auch in Untersuchungen von Wöbse (2002) beschrieben. Unabhängig vom räumlichen Maßstab der Befragungen wurde weiterhin deutlich, dass Natur und Landschaft neben dem ästhetischen Wert in Form von Regenerations- und Freizeitmöglichkeiten einen wichtigen Beitrag zur Lebensqualität leisten. Aus ihren Untersuchungen in einem Schweizer Biosphärenreservat leiten Karthäuser et al. (2012) sogar ab, dass Landschaft dort eine Schlüsselrolle für die Lebensqualität innehat. Außerdem kristallisiert sich aus allen sechs vorgestellten Befragungen die emotionale Bindung an die Region als weitverbreitetes Phänomen heraus, für welches Natur und Landschaft eine wichtige Rolle spielen. Es wird vermutet, dass die Wertschätzungen in Bezug auf Ästhetik und Regeneration dazu beitragen, dass Natur und Landschaft als bedeutend für die regionale Verbundenheit empfunden werden. Die Untersuchungen zur persönlichen Bedeutung der Biosphärenreservate für die lokale Bevölkerung bieten außerdem weitere Belege dafür, dass regionale Verbundenheit generell eher mit einer positiven Einstellung zum Naturschutz zusammenhängt, wie es auch von Buta et al. (2014) und Karthäuser et al. (2011) nachgewiesen wurde.

Weiterhin wird grundlegend der Schutz von Natur und Landschaft von den Menschen in seiner Notwendigkeit gesehen und auch geschätzt, aber besonders in den Biosphärenreservaten nur bedingt aktiv unterstützt. Folgende Anknüpfungspunkte der beschriebenen persönlichen Wertschätzung von Natur und Landschaft sind denkbar, um hier anzusetzen und für passive oder aktive Unterstützung zum Beispiel im Zusammenhang mit dem Management von Großschutzgebieten zu motivieren:

Maßnahmen, die die Vielfalt in der Landschaft erhalten und unterstützen, sollten auch in ihrem ästhetischen Wert deutlich kommuniziert werden. Denn sie treffen höchstwahrscheinlich auf eine grundlegende Zustimmung und haben damit das Potenzial, zu aktiver oder passiver Unterstützung zu motivieren. Entsprechend scheint es auch ratsam, die Absicht und Wirkung geplanter Eingriffe, die das bestehende – ästhetisch und emotional wertgeschätzte – Gefüge der Landschaftstypen deutlich verändern, besonders gut zu erklären, damit eine zumindest passive Unterstützung gewährleistet ist. Diese Empfehlung schließt an Lanninger und Langarová (2010: 135) an, die aufgrund der „identitätsstiftenden Merkmale der Landschaft“, wenn notwendig, „nur langsame Veränderung“ anraten. Daher sollten beispielsweise diejenigen, die in das Management von Großschutzgebieten involviert sind, sensibel bei der Umsetzung von Eingriffen in Natur und Landschaft vorgehen, die die beschriebenen persönlichen Werte berühren.

Für die Naturschutzargumentation ist hervorzuheben, dass mit regionaler Verbundenheit allgemein kein spezielles, kleines Segment der Bevölkerung angesprochen wird. Denn dass tendenziell besonders Ältere und Einheimische mit der Region verbunden sind, scheint gut nachvollziehbar und umfasst eine große Gruppe der Bevölkerung. Hinsichtlich dessen, was Natur und Landschaft als wichtige Faktoren für die Verbundenheit betrifft, zeigte sich, dass sie eher für Ältere, Frauen und Studierte von Bedeutung sind. Diese Tendenzen können nach Möglichkeit bei der Ausgestaltung von Naturschutzkommunikation oder bei der Erstellung von Angeboten, sich für Natur und Landschaft zu engagieren, bedacht werden. Insgesamt spricht aber vieles dafür, dass sich viele Menschen von dem Thema regionale Verbundenheit im Zusammenhang mit Natur und Landschaft ansprechen lassen.

In diesem Zusammenhang scheint es ebenfalls zielführend, die Lebensqualität steigernden Werte von Natur und Landschaft, wie Regenerationspotenzial und Ruhe, explizit zu verdeutlichen. Entsprechend wird hier also, wie es beispielsweise auch Piechocki (2010) fordert, nicht dafür plädiert, naturwissenschaftliche Aspekte völlig aus Naturschutzargumentationen zu verbannen. Motivation dafür sollte nicht zuletzt sein, dass ökologische Argumente durchaus in der Bevölkerung als Gründe für Naturschutzmaßnahmen gesehen werden (Reusswig 2003).

Sicher kann die Forderung nach einem Bezug der Naturschutzargumentation auf regionale Verbundenheit – oder anders gesagt „Heimat“ – ambivalent gesehen werden, da diese Kategorien vielfach mit einer rückwärtsgewandten Haltung in Verbindung gebracht werden. Doch das Verständnis einer Region als Heimat kann zukunftsorientiert besetzt werden, wenn es als aktive Gestaltung der eigenen Region verstanden wird, die zum Beispiel die Regionalisierung von Wirtschaftskreisläufen im Sinne einer nachhaltigen Entwicklung umfasst. Heimat beschreibt dann einen Raum, „wo sich Personen als tätige, mitgestaltende Gesellschaftsmitglieder erleben“ (Kühne/Spellerberg 2010: 15). Mit ihrer Erhebung zum Heimatgefühl konnten Kühne und Spellerberg (2010: 173) für ihr Untersuchungsgebiet im Saarland feststellen, dass „Heimat nicht als etwas Rückwärtsgewandtes, Bedrohtes wahrgenommen [wird], sondern als eine zeitgemäße, positive Erscheinung, die auf ein hohes Maß an Lebensqualität verweist“. Sie leiten daher ab, dass Heimat Entwicklungsimpulse für eine Region entfalten kann (ebd.). In diesem Sinne soll die hier formulierte Aufforderung gesehen werden, emotionale Verbindungen zur Region, zu denen Natur und Landschaft erheblich beitragen, in der Naturschutzargumentation stärker mit anzusprechen, so wie es zum Beispiel auch Piechocki et al. (2003) fordern. Mit der so gestärkten Unterstützung durch die lokale Bevölkerung können gerade Biosphärenreservate durch ihre vielseitigen Aufgaben den ländlichen Raum deutlich aufwerten (Stoll-Kleemann et al. 2012).

An den Appell, die ästhetischen, emotionalen und andere auf die Lebensqualität bezogenen Aspekte stärker in die Argumentation für den Erhalt von Natur und Landschaft einzubinden, schließt sich aus humangeografischer Sicht ein methodisches Plädoyer für regionalspezifische Studien an. In dem vorliegenden Beitrag konnte gezeigt werden, dass zum Beispiel die Anstrengungen für Natur und Landschaft auf nationaler Ebene im Vergleich zu denen in den Biosphärenreservaten dringender eingeschätzt werden. Auch die Bereitschaft, den Erhalt von Natur und Landschaft durch persönlichen Einsatz zu unterstützen, ist im nationalen Durchschnitt deutlich höher. Die Bedeutung der natürlichen Umgebung für die regionale Verbundenheit wird hingegen in den Biosphärenreservaten stärker gesehen. Es ist daher denkbar, dass die Meinungen und Wertschätzungen in den meist stärker ländlich geprägten Räumen von Großschutzgebieten anderes ausfallen als in einer deutschlandweiten Erhebung, in der die urbanen Räume ein deutlich höheres Gewicht haben. Entsprechend mögen die Ursachen für eine regionale Verbundenheit dort weniger in der Natur und Landschaft liegen, wenn man zum Beispiel die Bedeutung historischer Bauwerke, wie des Kölner Doms, bedenkt, der für die Stadtbewohner von zentraler identitätsstiftender Kraft ist (Klasen 2010).

Neben diesem Unterschied zwischen deutschlandweiten und regionalspezifischen Untersuchungen offenbaren die Biosphärenreservatsbefragungen außerdem, dass Natur und Landschaft je nach Gebiet unterschiedlich wahrgenommen und wertgeschätzt werden. Aus diesen Gründen sollten Erhebungen mit großem räumlichem Fokus, wie die Naturbewusstseinsstudien, durch regionale Untersuchungen, wie zum Beispiel die hier vorgestellten Befragungen in UNESCO-Biosphärenreservaten, ergänzt werden. Mit diesem Hintergrund liegen in diesem Fall dann sowohl generelle als auch auf Schutzgebietsebene fundierte Kenntnisse vor, um verschiedene emotionale und ästhetische Aspekte von Lebensqualität in die Naturschutzargumentation mit einzubeziehen.

Sicher werden sich die hier präsentierten Vorschläge nicht in jedem Fall umsetzen lassen. Die geschilderte Relevanz von Natur und Landschaft für die persönliche Wertschätzung der Region sollte jedoch zumindest dazu anregen, die Präferenzen der lokalen Bevölkerung in Bezug auf Ästhetik und Lebensqualität sowie ihre emotionale Bindung zu respektieren.

Literaturverzeichnis

Amt für das Biosphärenreservat Schaalsee (AfBRSCH)/ Trägergemeinschaft Regionale Agenda (Landkreis Ludwigslust, Landkreis Nordwestmecklenburg, Amt Gadebusch-Land, Amt Rehna, Amt Wittenburg-Land, Amt Zarrentin) (2003): Rahmenkonzept – Regionale Agenda 21. Bestandsanalyse.

Bahls, R.; Kliewe, H. (Hrsg.) (1990): Mönchgut. Eine Landschaftsstudie. Göhren, Greifswald: Mönchguter Museum/ Rat der Gemeinde Göhren (Rügen).

Buer, C.; Solbrig, F.; Stoll-Kleemann, S. (Hrsg.) (2013): Sozioökonomisches Monitoring in deutschen UNESCO-Biosphärenreservaten und anderen Großschutzgebieten. Dokumentation des gleichnamigen Workshops an der Internationalen Naturschutzakademie des BfN, Insel Vilm, 11. – 14.09.2011. In: BfN Skripten: 329, Bonn: Bundesamt für Naturschutz.

Bundesministerium für Umwelt, Naturschutz und Reaktorsicherheit (BMU)/ Umweltbundesamt (UBA) (2013): Repräsentativumfrage zu Umweltbewusstsein und Umweltverhalten im Jahr 2012. Berlin, Marburg: Bundesministerium für Umwelt, Naturschutz und Reaktorsicherheit (BMU).

Bundesministerium für Umwelt, Naturschutz und Reaktorsicherheit (BMU)/ Bundesamt für Naturschutz (BfN) (Hrsg.) (2010): Naturbewusstsein 2009 – Bevölkerungsumfrage zu Natur und biologischer Vielfalt. Berlin/Bonn: Bundesministerium für Umwelt, Naturschutz und Reaktorsicherheit (BMU) & Bundesamt für Naturschutz (BfN).

Bundesministerium für Umwelt, Naturschutz und Reaktorsicherheit (BMU)/ Bundesamt für Naturschutz (BfN) (Hrsg.) (2012): Naturbewusstsein 2011 – Bevölkerungsumfrage zu Natur und biologischer Vielfalt. Berlin/Bonn: Bundesministerium für Umwelt, Naturschutz und Reaktorsicherheit (BMU) & Bundesamt für Naturschutz (BfN).

Bundesministerium für Umwelt, Naturschutz und Reaktorsicherheit (BMU)/ Bundesamt für Naturschutz (BfN) (Hrsg.) (2014): Naturbewusstsein 2013 – Bevölkerungsumfrage zu Natur und biologischer Vielfalt. Berlin/Bonn: Bundesministerium für Umwelt, Naturschutz und Reaktorsicherheit (BMU) & Bundesamt für Naturschutz (BfN).

Europarat (2000): Europäisches Landschaftsübereinkommen. SEV 176. Florenz, 20.10.2000.

Gabler, S.; Ganninger, M. (2010): Gewichtung. In: Wolf; Best (Hrsg.): Handbuch der sozialwissenschaftlichen Datenanalyse. Wiesbaden: VS, Verlag für Sozialwissenschaften, 143-164.

Häder, S.; Glemser, A. (2006): Stichprobenziehung für Telefonumfragen in Deutschland. In: Diekmann, Andreas (Hrsg.): Methoden der Sozialforschung. In: Kölner Zeitschrift für Soziologie und Sozialpsychologie 44: 148-171.

Karthäuser, J. M.; Filli, F.; Mose, I. (2010): Perception of and attitudes towards a new Swiss biosphere reserve - a comparison of residents and visitors views. eco.mont, 3 (2), 5-12.

Klasen, O. (2010): 20 Zentimeter Kölsche Identität. Süddeutsche Zeitung, 22.12.2010 (online verfügbar unter: http://www.sueddeutsche.de/panorama/2.220/koelner-dom-kuerzer-als-gedacht-zentimeter-koelsche-identitaet-1.1039249).

Kühne, O.; Spellerberg, A. (2010): Heimat in Zeiten erhöhter Flexibilitätsanforderungen. Empirische Studien im Saarland. Wiesbaden: VS, Verlag für Sozialwissenschaften.

Lanninger, S.; Langarová, K. (2010): Landschaft und Identität. Theoretische Überlegungen zur Weiterentwicklung der Landschaftsbildbewertung. GAIA, 19, 129-139.

McNeely, J. A. (1995): Partnerships for conservation: an introduction. In: McNeely, J. A. (Hrsg.) (1995): Expanding Partnerships for Conservation. Island Press, S. 1-10.

Mose, I.; Weixlbaumer, N. (2007): A New Paradigm for Protected Areas in Europe? In: Mose, I.: Protected Areas and Regional Development in Europe. Towards a New Model for Protected Areas in the 21st Century. Aldershot, 3-20.

Piechocki, R. (2003): Standpunkte: Leserzuschriften zu den Vilmer Heimatthesen, Natur und Landschaft. In: Zeitschrift für Naturschutz und Landschaftspflege, 78 (9/10), 429-433.

Piechocki, R.; Eisel, U.; Körner, S.; Nagel, A.; Wiersbinski, N. (2003): Vilmer Thesen zu „Heimat" und Naturschutz. Natur und Landschaft. In: Zeitschrift für Naturschutz und Landschaftspflege, 78, 30-32.

Piechocki, R. (2010): Landschaft, Heimat, Wildnis. Schutz der Natur – aber welcher und warum? Beck.

Solbrig, F.; Buer, C.; Stoll-Kleemann, S. (2013a): Quantitative Bevölkerungsbefragung, In: Buer, C.; Solbrig, F.; Stoll-Kleemann, S. (Hrsg.): Sozioökonomisches Monitoring in deutschen UNESCO-Biosphärenreservaten und anderen Großschutzgebieten. Dokumentation des gleichnamigen Workshops an der Internationalen Naturschutzakademie des BfN, Insel Vilm, 11.-14.09.2011. BfN Skripten: 329. Bonn: Bundesamt für Naturschutz, 93-117.

Solbrig, F.; Buer, C.; Stoll-Kleemann, S. (2013b): Landschaftswahrnehmung, regionale Identität und Einschätzung des Managements im Biosphärenreservat Mittelelbe: Ergebnisse einer quantitativen Bevölkerungsbefragung. Greifswalder geographische Arbeiten, Bd. 45.

Solbrig, F.; Buer, C.; Stoll-Kleemann, S. (2013c): Landschaftswahrnehmung, regionale Identität und Einschätzung des Managements im Biosphärenreservat Schaalsee : Ergebnisse einer quantitativen Bevölkerungsbefragung. Greifswalder geographische Arbeiten, Bd. 46.

Solbrig, F.; Buer, C.; Stoll-Kleemann, S. (2013d): Landschaftswahrnehmung, regionale Identität und Einschätzung des Managements im Biosphärenreservat Südost-Rügen: Ergebnisse einer quantitativen Bevölkerungsbefragung. Greifswalder geographische Arbeiten, Bd. 48.

Stoll-Kleemann, S. (2001): Barriers to Nature Conservation in Germany: A Model Explaining Opposition to Protected Areas, Journal of Environmental Psychology, 21 (4), 369-385.

Stoll-Kleemann, S.; Buer, C.; Solbrig, F. (2010): Soziales Monitoring – Entscheidungshilfe für Großschutzgebiete. GAIA – Ecological Perspectives for Science and Society, 19 (4), 314-316.

Stoll-Kleemann, S.; Solbrig, F.; Buer, C. (2012): Biosphärenreservate – Chance zur Aufwertung des ländlichen Raumes? Ländlicher Raum 63(3), 86-89.

Stoll-Kleemann, S.; Solbrig, F.; Buer, C. (2013): Landschaftswahrnehmung, regionale Identität und Einschätzung des Managements im Biosphärenreservat Schorfheide-Chorin : Ergebnisse einer quantitativen Bevölkerungsbefragung. Greifswalder geographische Arbeiten, Bd. 47.

Umweltministerium Mecklenburg-Vorpommern (MV) (Hrsg.) (2003): Bericht zur periodischen Überprüfung des Biosphärenreservats Südost-Rügen durch die UNESCO. Zeitraum: 1990 – 2003.

Wallner, A.; Bauer, N.; Hunziker, M. (2007): Perceptions and evaluations of biosphere reserves by local residents in Switzerland and Ukraine Landscape and Urban Planning, 83, 104-114.

Wöbse, H. H. (2002): Landschaftsästhetik. Über das Wesen, die Bedeutung und den Umgang mit landschaftlicher Schönheit. Stuttgart: Eugen Ulmer Verlag.

Verzeichnis der Autorinnen und Autoren

Melanie Jaeger-Erben, Dr., ist Vorstandsmitglied und freie wissenschaftliche Mitarbeiterin im Institut für Sozialinnovation (ISInova e.V.) sowie Referentin im Wissenschaftlichen Beirat der Bundesregierung für Globale Umweltveränderungen (WBGU).

Jana Rückert-John, Prof., Dr. Professorin für „Soziologie des Essens" an der Hochschule Fulda und Mitglied des Instituts für Sozialinnovation e. V. (Berlin).

Franziska Solbrig arbeitete als wissenschaftliche Mitarbeiterin von 2009 bis 2013 am Lehrstuhl für Nachhaltigkeitswissenschaft und Angewandte Geographie der Universität Greifswald im DBU-Projekt „Gesellschaftliche Prozesse in vier deutschen UNESCO-Biospärenreservaten".

Clara Buer, Dr., arbeitete als wissenschaftliche Mitarbeiterin von 2009 bis 2013 am Lehrstuhl für Nachhaltigkeitswissenschaft und Angewandte Geographie der Universität Greifswald im DBU-Projekt „Gesellschaftliche Prozesse in vier deutschen UNESCO-Biospärenreservaten".

Susanne Stoll-Kleemann, Prof. Dr., Lehrstuhl für Angewandte Geographie und Nachhaltigkeitswissenschaft an der Mathematisch-Naturwissenschaftlichen Fakultät am Institut für Geographie und Geologie der Ernst-Moritz-Arndt Universität Greifswald.

Adrian Brügger, Dr., ist Oberassistent am Institut für Marketing und Unternehmensführung der Universität Bern.

Siegmar Otto, Dr., ist Senior Lecturer in der Abteilung für Sozial- und Persönlichkeitspsychologie an der Otto-von-Guericke-Universität Magdeburg.

Julia Lück, MA., wissenschaftliche Mitarbeiterin im Projekt „Nachhaltige Medienevents? Produktion und diskursive Wirkung globaler inszenierter politischer Medienevents am Beispiel des Klimawandels" am Mannheimer Zentrum für Europäische Sozialforschung (MZES).

Ulrich Gebhard, Prof. Dr., Professor für die Didaktik der Biowissenschaften an der Universität Hamburg.

Birgit Peuker, Dr., Wissenschaftliche Mitarbeiterin und Habilitandin am Institut für Sozial- und Kulturanthropologie, Katastrophenforschungsstelle (KFS), der Freien Universität Berlin.

Fritz Reusswig, Dr., ist Soziologe und Mitarbeiter am Potsdam Institut für Klimafolgenforschung (PIK).

Angelika Poferl, Prof., Dr., ist Professorin für Soziologie mit Schwerpunkt Globalisierung an der Hochschule Fulda.

Ute Eser, Dr., ist Biologin und Umweltethikerin und arbeitet im Büro für Umweltethik in Tübingen.

Silke Kleinhückelkotten, Dr., stellvertretende Geschäftsführerin und wissenschaftliche Mitarbeiterin des ECOLOG-Instituts für sozial-ökologische Forschung und Bildung gGmbH in Hannover.

Andreas Mues, Mitarbeiter des Bundesamts für Naturschutz (BfN) in Bonn.

Christiane Schell, Dr., Leiterin der Abteilung „Grundsatzangelegenheiten des Naturschutzes" im Bundesamt für Naturschutz (BfN) in Bonn.

Karl-Heinz Erdmann, Prof. Dr., Leiter des Fachgebiets „Gesellschaft, Nachhaltigkeit, Tourismus und Sport" im Bundesamt für Naturschutz (BfN) in Bonn.